国家"双高计划"高水平专业群建设成果系列教材·大数据技术专业

Spark 大数据技术与应用

王小洁　陈　炯　主编

电子工业出版社

Publishing House of Electronics Industry

北京·BEIJING

内 容 简 介

本书以大数据分析应用岗位职业能力递进为主线，较为全面地介绍了 Spark 大数据技术的相关知识。全书共 7 章，内容包括 Spark 生态圈中的 Spark Core、Spark SQL、Spark Streaming、GraphX、MLlib 等组件，以及海量离线数据的处理、基于历史数据的交互式查询、基于实时数据流的大数据处理、图计算、机器学习等知识点循序渐进地展开介绍。本书以 Spark Core、Spark SQL、Spark Streaming 相关知识为重点，GraphX、MLlib 等组件作为扩展性知识来介绍，书结合岗位胜任能力配套多个企业级实战案例与课后习题，帮助学习者更好地理解和巩固所学知识，熟练应用相关技术，提升专业能力和综合能力，为学习者技术提升和职业发展打下良好基础。

本书可以作为高等职业院校大数据技术、人工智能技术应用、软件技术等相关专业教材，也可以作为从事大数据处理与分析相关技术人员的参考用书。

图书在版编目（CIP）数据

Spark 大数据技术与应用 / 王小洁，陈炯主编. —北京：电子工业出版社，2023.12

ISBN 978-7-121-45448-6

Ⅰ. ①S⋯　Ⅱ. ①王⋯　②陈⋯　Ⅲ. ①数据处理软件－高等学校－教材　Ⅳ. ①TP274

中国国家版本馆 CIP 数据核字（2023）第 068217 号

责任编辑：王　花
印　　刷：三河市龙林印务有限公司
装　　订：三河市龙林印务有限公司
出版发行：电子工业出版社
　　　　　北京市海淀区万寿路 173 信箱　　邮编：100036
开　　本：787×1092　　1/16　　印张：14　　字数：368 千字
版　　次：2023 年 12 月第 1 版
印　　次：2023 年 12 月第 1 次印刷
定　　价：44.00 元

凡所购买电子工业出版社图书有缺损问题，请向购买书店调换。若书店售缺，请与本社发行部联系，联系及邮购电话：（010）88254888，88258888。

质量投诉请发邮件至 zlts@phei.com.cn，盗版侵权举报请发邮件至 dbqq@phei.com.cn。

本书咨询联系方式：010-88254609，hzh@phei.com.cn。

前 言

数字时代，数据制胜。

多少春秋，我们手捧着带有墨香的书籍，温顾着从结绳记事、兽骨刻文、竹简成书一直到笔墨纸砚记录的历史典籍。

曾几何时，我们习惯于面对屏幕，记录生活、学习、工作的点滴，浏览包罗万象的信息，享受大数据带给我们的一切便利。

从结绳到大数据，历史演绎的就是人类和数据在不同时代的精彩博弈，从数据的记录、处理、分析、运用、实践、生产的认知到革新。数据处理的技术越先进，人类文明的发展就越迅猛。人类文明触角所到之处各行业数据的发展必有燎原之势，这庞杂的大数据必定会反推着数据技术不断更新迭代。

在数字时代，数据已然成为基本的生产资料，对生产资料的加工会催生出新的技术。在众多大数据技术中，Spark 脱颖而出。Spark 已经从伯克利分校实验室的"小白鼠"，在 2014 年发展成为 Apache 软件基金会的顶级项目，一直到现在成为大数据领域最活跃、最热门、最高效的大数据通用计算生态平台之一。

Spark 生态圈中包含了 Spark Core、Spark SQL、Spark Streaming、GraphX、MLlib 等组件，对于海量离线数据的处理、基于历史数据的交互式查询、基于实时数据流的大数据处理、图计算、机器学习等业务场景都有完善的解决方案。

本书由校企合作共同开发，主要根据高等职业院校大数据技术专业的人才培养目标和行业用人标准，每个章节精选适用于读者的实战案例，以实战为导向、以项目为驱动、以能力达成为核心，在遵循 Spark 使用路径的同时兼顾认知规律，围绕大数据 Spark 生态相关技术展开介绍。

本书通过循序渐进的方式培养读者的专业认知能力、专业规范能力、岗位核心能力、岗位拓展能力、岗位综合能力和职业发展能力，扎实的职业技能是成为行业工匠的基石。每个章节都按照职业发展的规律来讲解，从新手上路、循序渐进、渐入佳境到实战演练，培养工匠精神、宣扬工匠文化。每个实战案例都是结合读者对象和行业用人标准精心选取的，让读者易于实操、敢于实战。

第 1 章主要培养读者的专业认知能力，主要从 Spark 概述与 Spark 环境安装两方面来介绍，通过实际项目的说明演示，让读者熟悉大数据的发展历程和趋势，熟知 Spark 的应用场景和知识体系，并熟练掌握 Spark 的开发环境，提高读者专业兴趣，为后续的学习和实战打下良好基础。

第 2 章主要培养读者的专业规范能力，主要讲解 Scala 编程语言，并通过实际项目贯穿，让读者切实了解大数据开发的基本语法，以及在项目开发中编程规范、编程思想的重要性，为后续项目实战奠定规范基础。

第 3 章主要培养读者的岗位核心能力。Spark Core 是从事该岗位需要具备的基础核心技能。本章通过智慧交通项目贯穿 Spark Core 核心编程的学习，通过实战任务进一步提升批量数据处理的实战能力。

第 4 章主要培养读者的岗位拓展能力。Spark SQL 是对 Spark Core 技术的扩展和抽象。本章通过在线教育平台项目贯穿 Spark SQL 的学习，通过实战任务进一步提升读者处理交互式数据的实战能力。

第 5 章主要培养读者的岗位综合能力。Spark Streaming 技术的学习标志着读者可以对批量数据、交互式数据和实时数据进行综合处理。本章通过电商项目贯穿 Spark Streaming 的学习，通过实战任务进一步提升读者处理实时数据的实战能力。

第 6 章和第 7 章主要培养读者的职业发展能力。Spark GraphX 图计算和 Spark MLlib 算法库是 Spark 生态圈中数据挖掘和机器学习的技术，这两章更多的是让读者了解 Spark 的生态，为后续的技能学习和职业发展打下良好的基础。

同时，每个章节的核心知识点都配套多个企业级实战案例与课后习题，可以帮助读者更好地理解和巩固所学知识，熟练应用相关技术，提升专业能力和综合能力，以胜任相应岗位。

未来技术的发展如何我们将拭目以待，但是希望本书能够帮助读者运用大数据技术和大数据思维，制胜未来！

本书特色

1．本书为校企联合研发教材，将切实践行职业教育法，将实战技术、实战理念纳入职业学校教材。

2．以实战为导向。每个章节都以实战为导向，通过知识点的讲解、项目的制作和习题的练习，提升读者的实战能力。

3．以项目为驱动。根据每个章节的技术，结合当前热门行业的项目，如智慧交通、视频平台、电商平台等，将技术和行业相结合、理论和实践相结合。

4．以能力达成为核心。读者通过完成相应的任务来熟练应用相关技术，并提升自身专业能力、综合能力，以胜任相应岗位。

在线资源

1．本书配套在线学习视频和学习习题。

2．本书每个章节贯穿项目的源码，为读者提供下载地址（华信教育资源网：https://www.hxedu.com.cn），用于学习和实战演练。

致谢

本书由山西职业技术学院王小洁任主编，山西职业技术学院陈炯和山西赛迩教育科技有限公司岳英俊任副主编，与华为技术有限公司、山西赛迩教育科技有限公司、山西多元合创教育科技有限公司、山西尚捷智途教育科技有限公司联合编写。

本书第 1 章由山西多元合创教育科技有限公司张秉琛、山西职业技术学院武欢欢编写；第 2 章由山西职业技术学院陈炯编写；第 3 章由山西职业技术学院王小洁编写；第 4 章由山西职业技术学院李红、山西尚捷智途教育科技有限公司丰泽编写；第 5 章由山西职业技术学院刘燕楠、李俊华编写；第 6 章由山西赛迩教育科技有限公司赵旺、山西职业技术学院任夏荔编写；第 7 章由山西赛迩教育科技有限公司支鹏、山西职业技术学院徐慧琼编写。

在本书编写过程中，编者参阅了国内外同行的相关著作和文献，谨向各位作者深表谢意！

电子工业出版社的编辑团队给予了我们全方位的支持，为教材的质量和价值提供了坚实的保障，向他们表示衷心的感谢和崇高的敬意！

由于作者水平有限，纰漏之处在所难免，恳请广大读者批评指正。

编者

目 录

第1章

专业认知能力培养：走进 Spark

实战任务

1. 熟悉并能讲述 Spark 的发展、组成、特点及应用场景。

2. 掌握 Spark 的架构和 Spark 的运行流程，并能使用思维导图绘制 Spark 的运行流程和架构。

3. 熟练搭建 Spark 在不同模式下的运行环境。

项目背景

本章以企业级项目 Spark 环境搭建为核心，从真实的企业级项目环境入手，带领读者了解 Spark 的发展历程、掌握 Spark 的基本概念、熟练搭建 Spark 在不同模式下的运行环境及掌握 Spark 的运行流程等。

在互联网飞速发展的时代，数据爆炸式增长，随之带来的问题就是我们应该如何存储和处理众多的数据。大数据的诞生为我们存储和处理海量数据提供了强有力的支持。

基于开源技术的 Hadoop 已经在大数据行业中被广泛应用，但是 Hadoop 本身存在众多缺陷。比如，Hadoop 内置的计算引擎 MapReduce 计算延迟过高，无法快速、实时地处理数据。Spark 作为大数据中的另一种计算引擎，弥补了 MapReduce 的缺陷，成为当今最流行的分布式大规模数据处理引擎，已经被广泛应用于各类大数据处理场景中。目前，Spark 技术已经成为大数据从业者必备的核心技能之一。

熟练搭建 Spark 在不同模式下的运行环境，是使用 Spark 相关技术的基础。

能力地图

本章通过讲解 Spark 概述、Spark 运行架构与运行模式及 Spark 在不同运行模式下的环境搭建，培养读者的专业认知能力，具体的能力培养地图如图 1-1 所示。

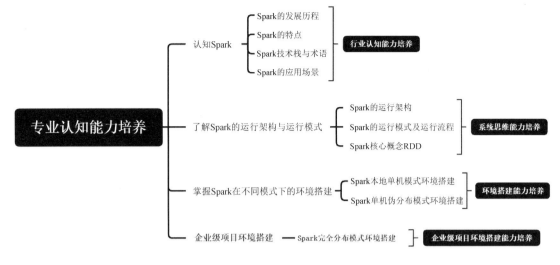

图 1-1　专业认知能力培养地图

新手上路 1.1：认知 Spark

没有专业认知，就无法建立专业兴趣；没有专业兴趣，就无从谈起学习目标。对于每一个领域的从业者来说，专业和行业的认知是进入本领域的基础。当然，进入大数据行业，学习 Spark 也需要对本专业有充分的认识。本章从 Spark 的发展历程、特点、技术栈及 Spark 的应用场景、运行架构、运行环境搭建等方面进行详细阐述，让读者认知大数据行业，并建立 Spark 系统思维、掌握 Spark 环境搭建流程，从而培养读者对专业的认知，建立专业兴趣，确立学习目标。

spark 概述

1.1.1　Spark 的发展历程

Spark 作为大数据行业中的核心技术，从诞生到如今的发展，都透露着它的不平凡。本节通过讲解 Spark 的发展史，初步培养读者的行业认知能力。

Spark 作为一个具有一定难度和复杂度的技术，从 2009 年诞生到 2014 年成为 Apache（Apache Software Foundation，ASF）软件基金会的顶级项目，用时不到 5 年，足以见证 Spark 的不平凡。图 1-2 所示为 Spark 的发展历程。

图 1-2　Spark 的发展历程

2009 年，Spark 诞生于伯克利大学的 AMPLab。最初，Spark 只是一个实验性的项目，代码量非常少，属于轻量级的框架。

2010 年，伯克利大学正式开源了 Spark 项目。

2013 年 6 月，Spark 成为 Apache 软件基金会下的项目，进入高速发展期。

2014 年 2 月，Spark 以飞快的发展速度成为了 Apache 软件基金会的顶级项目。

2014 年 5 月，Spark 1.0.0 版本被发布。

2015 年 3 月，Spark 1.3.0 版本被发布，增加了 DataFrame API。

2015 年 9 月，Spark 1.5.0 版本被发布，该版本主要提升了 Spark 的性能、可用性及操作稳定性。

2016 年 7 月，Spark 2.0.0 版本被发布，与以前的版本相比，Spark 2.0.0 版本解决了 API 的兼容性问题。

2020 年 6 月，Spark 3.0.0 版本被发布，此版本包含 3400 多个补丁，在 Python 和 SQL 功能方面带来了重大进展。

1.1.2　Spark 的特点

Spark 之所以能成为大数据行业中的一大核心技术体系，其重要原因在于 Spark 本身的一些特点与优势。本节通过讲解 Spark 的四大特点，培养读者对 Spark 和大数据行业的认知能力。

1．处理速度快

与 Hadoop 的 MapReduce 相比，Spark 基于内存的运算速度要快 100 倍以上，基于硬盘的运算速度也要快 10 倍以上。Spark 实现了高效的 DAG 执行引擎，可以通过基于内存来高效处理数据流，并且 Spark 计算的中间结果是存储于内存中的。

2．易用

Spark 支持通过 Java、Python 和 Scala 语言进行编程开发，同时支持超过 80 种高级算法，可以使开发者快速构建不同的应用。并且，Spark 支持基于 Python 和 Scala 语言的交互式 Shell 操作，开发者可以通过极为简单的方式在 Shell 中使用 Spark 相关命令连接 Spark 集群来研究某些问题的解决方案。

3．通用

Spark 提供了统一的解决方案。Spark 提供了批处理、交互式查询（Spark SQL）、实时流处理（Spark Streaming）、机器学习（Spark MLlib）和图计算（GraphX）工具库。开发者可以在一个应用中无缝地使用这些工具库。Spark 能够统一解决问题的特点非常具有吸引力，毕竟任何公司都想用统一的平台去处理遇到的问题，减少开发和维护的人力成本与部署平台的物力成本。

4．兼容性

Spark 可以非常方便地与其他开源产品进行融合。比如，Spark 可以使用 Hadoop 的 YARN 与 Apache Mesos 作为它的资源管理和调度器，并且可以处理所有 Hadoop 支持的数据，包括 HDFS、HBase 和 Cassandra 等。这对于已经部署 Hadoop 集群的用户特别重要，因为不需要做任何数据迁移就可以使用 Spark 的强大处理功能。Spark 可以不依赖于第三方的资源管理和调度器，实现了 Standalone 作为其内置的资源管理和调度框架，这进一步降低了 Spark 的使用门槛，使所有人都可以非常容易地部署和使用 Spark。

1.1.3 Spark 技术栈

Spark 能成为大数据行业的核心技术之一，一方面是因为 Spark 的四大特点，另一方面是因为 Spark 有强大的生态圈作为支撑。本节通过对 Spark 技术栈进行详细的讲解，更好地帮助读者了解 Spark 生态圈。

Spark 生态圈也被称为 BDAS（伯克利数据分析栈），是伯克利 AMPLab 打造的，力图在算法（Algorithms）、机器（Machines）、人（People）之间通过大规模集成来展现大数据应用的一个平台。目前，Spark 生态系统已经发展成为一个包含多个子项目的集合。其中，包含 Spark Core、Spark SQL、Spark Streaming、Spark MLlib、Spark GraphX 等子项目。Spark 是基于内存计算的大数据并行计算框架。除了扩展了被广泛使用的 MapReduce 计算模型，还支持更多计算模式，包括交互式查询和流处理。Spark 适用于原先需要多种不同的分布式平台的场景，包括批处理、迭代算法、交互式查询、流处理，Spark 可以在一个统一的框架下支持这些不同的计算，我们可以简单地把各种处理流程整合在一起。而这样的组合，在实际的数据分析过程中是很有意义的。不仅如此，Spark 的这种特性还大大减轻了原先需要对各种平台分别进行管理的负担。

Spark 作为一个大一统的软件栈，它的各个组件关系密切且可以被相互调用，这种设计有几个优点：

（1）软件栈中所有的程序库和高级组件都可以从下层的改进中获益。

（2）运行整个软件栈的代价变小了。不需要运行 5 到 10 套独立的软件系统了，一个机构只需要运行一套软件系统即可。系统的部署、维护、测试、支持等成本被大大缩减。

（3）能够构建出无缝整合不同处理模型的应用。

Spark 技术栈内置项目如图 1-3 所示。

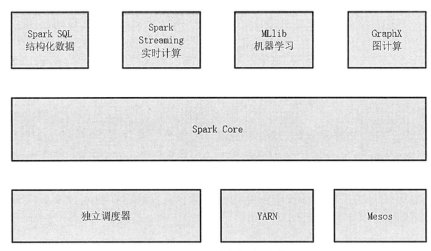

图 1-3   Spark 技术栈内置项目

Spark Core：Spark 的核心，实现了 Spark 的基本功能，包含任务调度、内存管理、错误恢复、与存储系统交互等模块。Spark Core 中还包含了对弹性分布式数据集（Resilient Distributed Dataset，RDD）的 API 定义。

Spark SQL：Spark 用来操作结构化数据的程序包。通过 Spark SQL，我们可以使用 SQL 或者 Apache Hive 版本的方言（HQL）来查询数据。Spark SQL 支持多种数据源，如 Hive 表、

Parquet 及 JSON 等。

Spark Streaming：Spark 提供的对实时数据进行流式计算的组件，提供了用来操作数据流的 API，并且与 Spark Core 中的 RDD API 高度对应。

Spark MLlib：Spark 的机器学习库，旨在简化机器学习的工程实践工作，方便扩展到更大规模；提供常见的机器学习功能的程序库，包括分类、回归、聚类、协同过滤等，还提供了模型评估、数据导入等额外的支持功能。

Spark GraphX：Spark 中用于图计算的 API，是构建在 Spark 之上的图计算框架，提供了一栈式图计算解决方案，开发者可以方便且高效地完成图计算的一整套流水作业。GraphX 最先是伯克利 AMPLab 的一个分布式图计算框架项目，后来整合到 Spark 中成为一个核心组件。

集群资源管理器：为了使 Spark 设计可以高效地在一个计算节点到数千个计算节点之间伸缩计算，同时获得最大灵活性，Spark 支持在各种集群管理器上运行，包括 Hadoop YARN、Apache Mesos，以及 Spark 自带的独立调度器。

Spark 得到了众多大数据公司的支持，这些公司包括 Hortonworks、IBM、Intel、Cloudera、MapR、Pivotal、百度、阿里、腾讯、京东、携程、优酷土豆。当前百度的 Spark 已经被应用到凤巢、大搜索、直达号、百度大数据等业务中；阿里使用 Spark GraphX 构建了大规模的图计算和图挖掘系统，实现了很多生产系统的推荐算法；腾讯 Spark 集群已达到 8000 台的规模，是当前已知的世界上最大的 Spark 集群。

1.1.4　Spark 术语

Spark 运行模式中的术语如表 1-1 所示。

表 1-1　Spark 运行模式中的术语

运行环境	模式	描述
Local	本地模式	常用于本地开发测试
Standalone	集群模式	典型的 Mater/Slave 模式，不过也能看出 Master 是有单点故障的；Spark 支持 ZooKeeper 来实现 HA
On YARN	集群模式	运行在 YARN 资源管理器框架之上，由 YARN 负责资源管理，Spark 负责任务调度和计算
On Mesos	集群模式	运行在 Mesos 资源管理器框架之上，由 Mesos 负责资源管理，Spark 负责任务调度和计算
On Cloud	集群模式	比如 AWS 的 EC2，使用这个模式能很方便地访问 Amazon 的 S3；Spark 支持多种分布式存储系统：HDFS 和 S3

Spark 常用术语如表 1-2 所示。

表 1-2　Spark 常用术语

术语	描述
Application	Spark 的应用程序，包含一个 Driver Program 和若干 Executor
SparkContext	Spark 应用程序的入口，负责调度各个运算资源，协调各个 Worker Node 上的 Executor
Driver program	运行 Application 的 main() 函数并创建 SparkContext
Executor	Executor 是 Application 运行在 Worker Node 上的一个进程，该进程负责运行 Task，并且负责将数据存在内存或者磁盘上。每个 Application 都会申请各自的 Executor 来处理任务

续表

术语	描述
Cluster Manager	在集群上获取资源的外部服务（例如：Standalone、Mesos、YARN）
Worker Node	集群中任何可以运行 Application 代码的节点，运行一个或多个 Executor 进程
Task	运行在 Executor 上的工作单元
Job	SparkContext 提交的具体 Action 操作，常和 Action 对应
Stage	每个 Job 会被拆分为很多组 Task，每组 Task 被称为 Stage，也被称为 TaskSet
RDD	Resilient Distributed Dataset 的简称，即弹性分布式数据集；是 Spark 最核心的模块和类
DAGScheduler	根据 Job 构建基于 Stage 的 DAG，并将 Stage 提交给 TaskScheduler
TaskScheduler	将 TaskSet 提交给 Worker Node 集群运行并返回结果
Transformations	Spark API 的一种类型，Transformation 返回值还是一个 RDD，所有的 Transformation 采用的都是懒策略，如果只是将 Transformation 提交，那么是不会执行计算的
Action	Spark API 的一种类型，Action 返回值不是一个 RDD，而是一个 Scala 集合；只有在 Action 被提交的时候，计算才会被触发

1.1.5 Spark 的应用场景

Spark 拥有完整的技术栈，可以胜任复杂的批数据处理、基于历史数据的交互式查询，以及基于实时数据流的大数据处理等各种数据处理场景。本节从 Spark 的应用领域和企业的成熟应用领域两方面为读者展现 Spark 目前的应用场景，使读者更好地了解 Spark 在各行各业中的应用场景。

1. Spark 的应用领域

基于 Spark 完整的技术栈，目前 Spark 可以应用在数据科学领域和数据处理领域。

将 Spark 应用在数据科学领域，主要是指利用 Spark 进行数据分析与建模。由于 Spark 具有良好的易用性，因此数据工程师只需要具备一定的 SQL 语言基础、统计学、机器学习等方面的知识即可胜任该工作。

将 Spark 应用在数据处理领域，主要是指将 Spark 应用于广告、报表、推荐系统等业务中，利用 Spark 系统进行应用分析、效果分析、定向优化、个性化推荐及热点点击分析等业务。

2. Spark 在国内外企业的成熟应用

目前，大数据在互联网公司中主要应用于广告、报表、推荐系统等业务上。在广告业务方面需要大数据进行应用分析、效果分析、定向优化等操作，在推荐系统业务方面则需要大数据优化相关排名、个性化推荐及热点点击分析等。

这些应用场景的普遍特点是计算量大、效率要求高。Spark 恰恰满足了这些要求，该项目一经推出便受到开源社区的广泛关注和好评，并在近两年内发展成为大数据处理领域炙手可热的开源项目之一。

1）Yahoo

Yahoo 将 Spark 应用于 Audience Expansion 中，进行点击预测和即席查询等操作。Audience Expansion 是在广告中寻找目标用户的一种方法：广告主提供一些观看了广告并且购买了产品的样本客户，并据此进行学习，寻找更多可能转换的用户，对他们进行定向广告。

2）淘宝

淘宝技术团队使用 Spark 来处理多次迭代的机器学习算法、高计算复杂度的算法等，并将 Spark 应用于内容推荐、社区发现等领域。

3）腾讯

腾讯大数据精准推荐借助了 Spark 快速迭代的优势，实现了在"数据实时采集、算法实时训练、系统实时预测"的全流程实时并行高维算法，最终成功应用于广点通 PCTR 投放系统上。

4）优酷土豆

优酷土豆将 Spark 应用于视频推荐（图计算）、广告业务中，主要用于实现机器学习、图计算等迭代计算。

循序渐进 1.2：了解 Spark 的运行架构与运行模式

本节主要讲解 Spark 的运行架构与运行模式等理论性知识体系，通过对 Spark 理论的讲解，培养读者的系统思维能力。在掌握了 Spark 理论知识的前提下，本节的学习可以帮助读者更好地理解 Spark 底层及环境搭建的原理。

在开始进行 Spark 编程前，首先需要了解 Spark 的运行架构、Spark 的运行模式和 Spark 的运行流程等 Spark 核心原理。了解了 Spark 的核心原理，读者才可以深入研究 Spark 编程。本节主要带领读者了解 Spark 的运行架构、Spark 的运行模式、在不同运行模式下 Spark 的运行流程及 Spark 中的重要概念等。

1.2.1　Spark 的运行架构

1.1.2 节讲解了 Spark 的四大特点，而 Spark 的这些特点离不开 Spark 内部作业的运行架构。本节主要对 Spark 内部作业的运行架构进行讲解，帮助读者掌握 Spark 的运行架构。

Spark 的运行架构如图 1-4 所示。

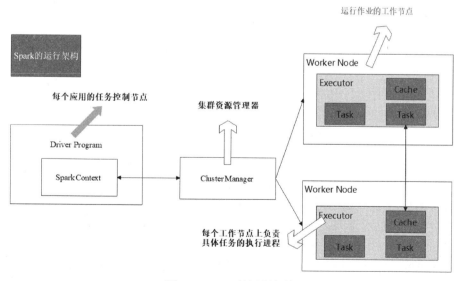

图 1-4　Spark 的运行架构

Spark 运行过程中的核心概念。

（1）Application：用户编写的 Spark 应用程序。

（2）Driver：Spark 中的 Driver。运行 Application 程序中的 main()函数并创建 SparkContext。创建 SparkContext 是为了准备 Spark 应用程序的运行环境。在 Spark 中，SparkContext 负责与 ClusterManager 通信，进行资源申请、任务的分配和监控等，当 Executor 部分运行完毕后，Driver 负责将 SparkContext 关闭。

（3）Executor：运行在工作节点（WorkerNode）的一个进程，负责运行 Task。

（4）RDD：弹性分布式数据集，是分布式内存的一个抽象概念，提供了一种高度受限的共享内存模型。

（5）DAG：有向无环图，反映 RDD 之间的依赖关系。

（6）Task：运行在 Executor 上的工作单元。

（7）Job：一个 Job 包含多个 RDD 及作用于相应 RDD 上的各种操作。

（8）Stage：Job 的基本调度单位。一个 Job 会被分为多组 Task，每组 Task 被称为 Stage，也被称为 TaskSet，代表一组关联的、相互之间没有 Shuffle 依赖关系的任务集。

（9）ClusterManager：在集群上获取资源的外部服务。目前有以下 3 种类型。

① Standalone：Spark 原生的资源管理器，由 Master 负责资源的分配。

② Apache Mesos：与 Hadoop MR 兼容性良好的一种资源调度框架。

③ Hadoop YARN：主要是指 YARN 中的 ResourceManager。

一个 Application 由一个 Driver 和若干个 Job 构成，一个 Job 由多个 Stage 构成，一个 Stage 由多个没有 Shuffle 关系的 Task 组成。

当执行一个 Application 时，Driver 会向集群管理器申请资源，启动 Executor，并向 Executor 发送应用程序代码和文件，然后在 Executor 上执行 Task，运行结束后，执行结果会返回给 Driver，或者写到 HDFS 或其他数据库中。

1.2.2　Spark 的运行模式及运行流程

本节重点研究 Spark 在不同环境下的运行模式及运行流程。通过本节的学习，读者可以掌握 Spark 的不同运行模式及运行流程。

Spark 的运行模式是多种多样、灵活多变的。当部署在单机上时，既可以用本地模式运行，也可以用伪分布模式运行。而当以分布式集群的方式部署时，有众多的运行模式可供选择，这取决于集群的实际情况，底层的资源调度可以依赖外部资源调度框架，主要有 3 种，分别为 Spark 内置的 Standalone 模式、Spark on YARN 模式及 Spark on Mesos 模式。

本节重点研究前两种运行模式。

1. Spark 内置的 Standalone 模式

Spark 内置的 Standalone 模式使用 Spark 自带的资源调度框架，采用 Master/Slaves 的典型架构。Spark 内置的 Standalone 模式框架结构如图 1-5 所示。

该模式主要有 Client 节点、Master 节点和 Worker 节点。其中，Driver 既可以运行在 Master 节点上，也可以运行在本地 Client 端。当使用 spark-shell 交互式工具提交 Spark 的 Job 时，Driver 运行在 Master 节点上；当使用 spark-submit 工具提交 Job 或者在 Eclipse、IntelliJ IDEA 等开发平台上运行 Spark 任务时，Driver 运行在本地 Client 端上。Spark 内置的 Standalone 模式运行流程如图 1-6 所示。

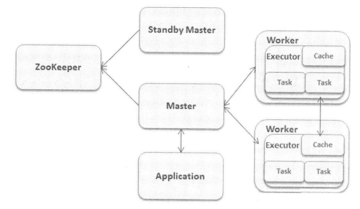

图 1-5　Spark 内置的 Standalone 模式框架结构

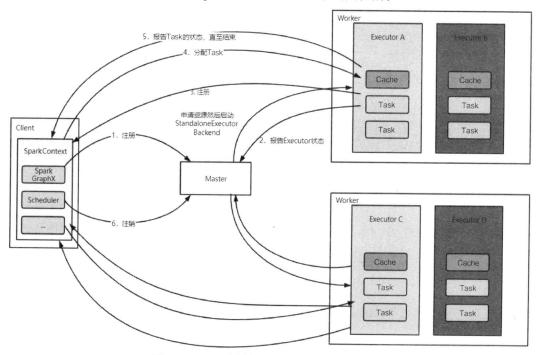

图 1-6　Spark 内置的 Standalone 模式运行流程

（1）SparkContext 连接到 Master，向 Master 注册并申请资源（CPU Core 和 Memory）。

（2）Master 根据 SparkContext 的资源申请要求和 Worker 心跳周期内报告的信息决定在哪个 Worker 上分配资源，然后在该 Worker 上获取资源，启动 StandaloneExecutorBackend。

（3）StandaloneExecutorBackend 向 SparkContext 注册。

（4）SparkContext 将 Applicaiton 代码发送给 StandaloneExecutorBackend，SparkContext 解析 Applicaiton 代码，构建 DAG 图，并提交给 DAGScheduler 分解成 Stage（当碰到 Action 操作时，就会催生 Job；每个 Job 中含有 1 个或多个 Stage，Stage 一般在获取外部数据和 Shuffle 之前产生），然后以 Stage（TaskSet）提交给 TaskScheduler，TaskScheduler 负责将 Task 分配给相应的 Worker，最后提交给 StandaloneExecutorBackend 执行。

（5）StandaloneExecutorBackend 会建立 Executor 线程池，开始执行 Task，并向 SparkContext 报告，直至 Task 完成。

（6）在所有 Task 完成后，SparkContext 向 Master 注销，释放资源。

2．Spark on YARN 模式

根据 Driver 在 YARN 集群中的位置，Spark on YARN 模式可以分为两种模式：一种是 YARN-Client 模式，另一种是 YARN-Cluster 模式，也可以称为 YARN-Standalone 模式。

1）YARN-Client 模式

在 YARN-Client 模式中，Driver 在客户端本地运行，这种模式可以使 Spark Application 和客户端进行交互，因为 Driver 在客户端，所以可以通过 webUI 访问 Driver 的运行状态。

YARN-Client 的工作流程如图 1-7 所示。

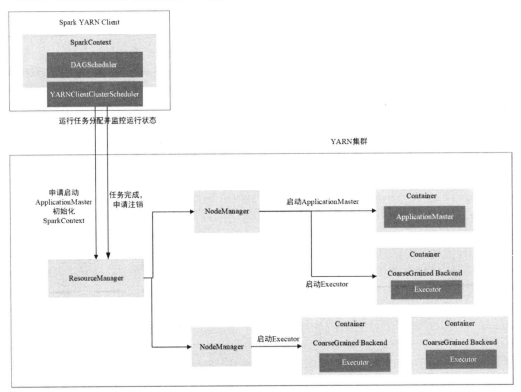

图 1-7　YARN-Client 的工作流程

（1）Spark YARN Client 向 YARN 的 ResourceManager 申请启动 ApplicationMaster，同时在 SparkContext 初始化中将创建 DAGScheduler 和 TASKScheduler 等，由于我们选择的是 YARN-Client 模式，因此程序会选择 YARNClientClusterScheduler 和 YARNClientSchedulerBackend。

（2）在 ResourceManager 收到请求后，会在集群中选择一个 NodeManager，为该应用程序分配第一个 Container，并要求它在这个 Container 中启动应用程序的 ApplicationMaster，与 YARN-Cluster 模式的区别在于该 ApplicationMaster 中不运行 SparkContext，只与 SparkContext 联系并进行资源的分派。Client 中的 SparkContext 在初始化完毕后，会与 ApplicationMaster 建立通信，向 ResourceManager 注册，根据任务信息向 ResourceManager 申请资源（Container）。

（3）一旦 ApplicationMaster 申请到资源（也就是 Container）后，便与对应的 NodeManager 通信，要求它在获得的 Container 中启动 CoarseGrainedExecutorBackend，CoarseGrained ExecutorBackend 启动后会向 Client 中的 SparkContext 注册并申请 Task。

（4）Client 中的 SparkContext 分配 Task 给 CoarseGrainedExecutorBackend 执行，Coarse

GrainedExecutorBackend 运行 Task 并向 Driver 汇报运行的状态和进度，让 Client 随时掌握各个任务的运行状态，从而可以在任务失败时重新启动任务。在应用程序运行完成后，Client 的 SparkContext 会向 ResourceManager 申请注销并自我关闭。

2）YARN-Cluster 模式

在 YARN-Cluster 模式中，当用户向 YARN 提交一个应用程序后，YARN 会分两个阶段运行该应用程序。

第一个阶段是把 Spark 的 Driver 作为一个 ApplicationMaster 在 YARN 集群中先启动。

第二个阶段先由 ApplicationMaster 创建应用程序，然后为它向 ResourceManager 申请资源，并启动 Executor 来运行 Task，同时监控它的整个运行过程，直到运行完成。

YARN-Cluster 的工作流程如图 1-8 所示。

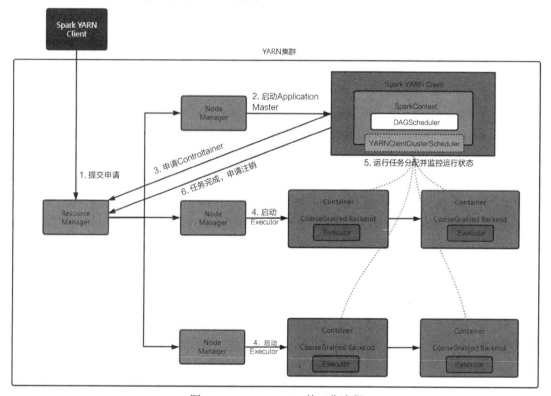

图 1-8　YARN-Cluster 的工作流程

（1）Client 向 YARN 中提交应用程序，包括 ApplicationMaster 程序、启动 Application Master 的命令、需要在 Executor 中运行的程序等。

（2）在 ResourceManager 收到请求后，会在集群中选择一个 NodeManager，并为该应用程序分配第一个 Container，要求它在这个 Container 中启动 ApplicationMaster。其中，ApplicationMaster 进行 SparkContext 等（Driver）的初始化。

（3）ApplicationMaster 向 ResourceManager 注册，这样开发者可以直接通过 Resource Manager 查看应用程序的运行状态，然后它将采用轮询的方式通过 RPC 协议为各个任务申请资源，并监控它们的运行状态直到运行结束。

（4）一旦 ApplicationMaster 申请到资源后，便与对应的 NodeManager 通信，要求它在获得的 Container 中启动 CoarseGrainedExecutorBackend。CoarseGrainedExecutorBackend 启动后

会向 ApplicationMaster 中的 SparkContext 注册并申请 Task。其中，SparkContext 在 Spark Application 中初始化时，使用 CoarseGrainedSchedulerBackend 配合 YARNClusterScheduler 进行任务的调度，YARNClusterScheduler 只是对 TaskSchedulerImpl 进行一个简单的包装。

（5）ApplicationMaster 中的 SparkContext 分配 Task 给 CoarseGrainedExecutorBackend 执行，CoarseGrainedExecutorBackend 运行 Task 并向 ApplicationMaster 汇报运行的状态和进度，以便让 ApplicationMaster 随时掌握各个任务的运行状态，从而可以在任务失败时重新启动任务。

（6）在应用程序运行完成后，ApplicationMaster 会向 ResourceManager 申请注销并自我关闭。

1.2.3 Spark 核心概念 RDD

在了解了 Spark 的运行架构、运行模式与运行流程后，本节将重点介绍在 Spark 中需要用到的核心概念，即弹性分布式数据集 RDD（Resilient Distributed Dataset），并通过介绍 RDD，帮助读者掌握 Spark 的核心概念。

1. RDD 介绍

RDD 是 Spark 中最基本的数据抽象，它代表一个不可变、可分区、里面的元素可并行计算的集合。在 Spark 中，对数据的所有操作不外乎创建 RDD、转化已有 RDD 及调用 RDD 进行求值。每个 RDD 都被分为多个分区，这些分区运行在集群中的不同节点上。RDD 可以包含 Python、Java、Scala 中任意类型的对象，甚至可以包含用户自定义的对象。RDD 具有数据流模型的特点：自动容错、位置感知性调度和可伸缩性。RDD 允许用户在执行多个查询时显式地将工作集缓存在内存中，在后续的查询中能够重用工作集，这极大地提升了查询速度。

RDD 支持两种操作：转换操作和行动操作。RDD 的转换操作是返回一个新的 RDD 操作，如 map() 和 filter()，而行动操作则是向驱动器程序返回结果或把结果写入外部系统的操作，如 count() 和 first()。

Spark 采用惰性计算模式，RDD 只有遇到一个行动操作算子之后才会真正进行数据计算。在默认情况下，Spark 的 RDD 会在每次对它们进行行动操作时重新计算。如果想在多个行动操作中重用同一个 RDD，则可以使用 RDD.cache() 或 RDD.persist()，让 Spark 把这个 RDD 缓存下来。

2. RDD 的依赖关系

RDD 和它依赖的父 RDD 的关系有两种不同的类型，即窄依赖（Narrow Dependency）和宽依赖（Wide Dependency），依赖关系如图 1-9 所示。

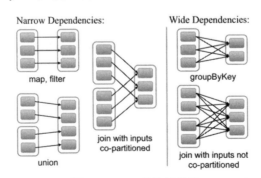

图 1-9 RDD 的依赖关系

窄依赖指的是每一个父 RDD 的分区（Partition）最多被子 RDD 的一个分区使用。窄依赖的表现一般可以分为两类：第一类为一个父 RDD 的分区对应一个子 RDD 的分区；第二类为多个父 RDD 的分区对应一个子 RDD 的分区。也就是说，一个父 RDD 的一个分区不可能对应一个子 RDD 的多个分区。在 RDD 执行 map、filter、union、join 等操作时，都会产生窄依赖。

宽依赖指的是多个子 RDD 的分区会依赖同一个父 RDD 的分区，会引起 Shuffle。在 RDD 执行 groupByKey 和 join 操作时，会产生宽依赖。

渐入佳境 1.3：掌握 Spark 在不同模式下的环境搭建

1.1 节和 1.2 节详细地讲解了 Spark 的相关概念、技术栈、特点及 Spark 运行架构和运行模式。在掌握了这些理论后，就可以搭建不同模式下的 Spark 环境。本节将带领读者从零开始完成 Spark 在不同运行模式下的环境搭建，最终让读者搭建起真实的企业级 Spark 运行环境，并掌握 Spark 环境的搭建流程。

Spark 的环境部署模式主要包括本地单机模式、单机伪分布模式、完全分布模式，本节主要带领读者学习如何搭建前两种模式下的 Spark 环境。本书使用的 Spark 安装包为 spark-2.3.1-bin-hadoop2.7.tgz，读者可以在 https://archive.apache.org/dist/spark/spark-2.3.1/网站上自行下载。

1.3.1　Spark 本地单机模式环境搭建

spark 本地单机
模式环境搭建

Spark 本地单机模式可以对 Spark 的应用程序进行测试工作，但无法应用在真实的企业级项目开发中。本节通过讲解 Spark 本地单机模式环境搭建流程，帮助读者掌握 Spark 的安装和环境配置，为搭建 Spark 单机伪分布式环境打下坚实的基础。

1. 创建软件安装目录

在/opt 目录下创建本课程软件安装目录 app，操作如图 1-10 所示。

```
[root@node1 ~]# mkdir /opt/app
[root@node1 ~]# cd /opt/
[root@node1 opt]# ll
总用量 4
drwxr-xr-x. 2 root root   6 7月  18 10:36 app
-rw-r--r--. 1 root root 539 6月  13 15:43 lience.txt
drwxr-xr-x. 6 root root  78 7月  10 00:21 soft
[root@node1 opt]#
```

图 1-10　创建软件安装目录

2. 上传安装包

将 Spark 安装包上传到 Linux 中的/opt/app/目录下，如图 1-11 所示。

```
[root@node1 app]# ll
总用量 220592
drwxr-xr-x. 11 root root      177 10月 30 2021 hadoop-2.8.5
drwxr-xr-x. 12 root root      233 8月  20 2021 hive-2.3.8
drwxr-xr-x.  8 root root      273 12月 16 2021 jdk1.8.0_321
drwxrwxr-x.  6 root root       50 11月 10 2017 scala-2.11.12
-rw-r--r--.  1 root root 225883783 7月  10 10:16 spark-2.3.1-bin-hadoop2.7.tgz
```

图 1-11　上传 Spark 安装包及展示

3. 将安装包解压缩到指定位置

将 Spark 安装包解压缩到/opt/app 目录下，如图 1-12 所示。

```
[root@node1 app]# tar -zxvf spark-2.3.1-bin-hadoop2.7.tgz -C /opt/app
```

图 1-12   解压缩 Spark 安装包

4．软件重命名

将解压缩后的 Spark 文件夹重命名为 spark-2.3.1，如图 1-13 所示。

```
[root@node1 app]# ll
总用量 220592
drwxr-xr-x. 11 root root       177 10月 30 2021 hadoop-2.8.5
drwxr-xr-x. 12 root root       233 8月  20 2021 hive-2.3.8
drwxr-xr-x.  8 root root       273 12月 16 2021 jdk1.8.0_321
drwxrwxr-x.  6 root root        50 11月 10 2017 scala-2.11.12
drwxrwxr-x. 15 root root       235 9月  14 2021 spark-2.3.1
-rw-r--r--.  1 root root 225883783 7月  10 10:16 spark-2.3.1-bin-hadoop2.7.tgz
```

图 1-13   Spark 文件夹重命名

5．配置 Spark 环境变量

在 /etc/profile 文件中配置 Spark 环境变量，添加配置信息，如代码 1-1 所示。

代码 1-1   Spark 环境变量配置信息

```
export SPARK_HOME=/opt/app/spark-2.3.1
export PATH=$PATH:$SPARK_HOME/bin:$SPARK_HOME/sbin
```

6．测试 Spark 环境变量

在配置完成 Spark 环境变量后，需要刷新 Linux 环境变量配置文件并测试 Spark 环境，若出现如图 1-14 所示的结果，则说明 Spark 环境安装成功。

```
[root@node1 app]# source /etc/profile
[root@node1 app]# spark-shell
22/07/10 10:20:53 WARN NativeCodeLoader: Unable to load native-hadoop library f
or your platform... using builtin-java classes where applicable
Setting default log level to "ERROR".
To adjust logging level use sc.setLogLevel(newLevel). For SparkR, use setLogLev
el(newLevel).
Spark context Web UI available at http://node1:4041
Spark context available as 'sc' (master = local[*], app id = local-165741965893
4).
Spark session available as 'spark'.
Welcome to
      ____              __
     / __/__  ___ _____/ /__
    _\ \/ _ \/ _ `/ __/  '_/
   /___/ .__/\_,_/_/ /_/\_\   version 2.3.1
      /_/

Using Scala version 2.11.8 (Java HotSpot(TM) 64-Bit Server VM, Java 1.8.0_321)
Type in expressions to have them evaluated.
Type :help for more information.

scala>
```

图 1-14   测试 Spark 环境变量

1.3.2   Spark 单机伪分布模式环境搭建

spark 单价伪分
布模式环境搭建

Spark 单机伪分布模式环境主要应用在 Spark 作业处理的数据量并不是很大的情况下。比如，本书第 3 章的企业级项目：智慧交通卡口车流量分析平台。该项目使用的数据量经过脱敏加工之后，抽取了几万条数据，数据量并不是非常庞大，使用单机伪分布模式环境足以完成该项目的开发。

本节通过讲解 Spark 单机伪分布模式环境搭建流程，帮助读者学会 Spark 单机伪分布模式环境搭建，为搭建 Spark 完全分布模式环境提供保障。

Spark 单机伪分布模式代表，在运行 Spark 程序时，由 Spark 自带的任务调度系统进行任务调度，Standalone 模式需要两个角色，即 Master 和 Worker。

其中，Master 负责任务资源调度，Worker 真正负责任务的运行。

（1）进入 Spark 安装目录下的 conf 配置文件所在文件夹，目录结构如图 1-15 所示。

```
[root@node1 app]# cd /opt/app/spark-2.3.1/conf/
[root@node1 conf]# ll
总用量 36
-rw-rw-r--. 1 root root  996 6月    2 2018 docker.properties.template
-rw-rw-r--. 1 root root 1105 6月    2 2018 fairscheduler.xml.template
-rw-rw-r--. 1 root root 2025 6月    2 2018 log4j.properties.template
-rw-rw-r--. 1 root root 7801 6月    2 2018 metrics.properties.template
-rw-rw-r--. 1 root root  865 6月    2 2018 slaves.template
-rw-rw-r--. 1 root root 1292 6月    2 2018 spark-defaults.conf.template
-rwxrwxr-x. 1 root root 4221 6月    2 2018 spark-env.sh.template
```

图 1-15　目录结构

（2）将 slaves.template 文件复制为 slaves，操作如图 1-16 所示。

```
[root@node1 conf]# ll
总用量 36
-rw-rw-r--. 1 root root  996 6月    2 2018 docker.properties.template
-rw-rw-r--. 1 root root 1105 6月    2 2018 fairscheduler.xml.template
-rw-rw-r--. 1 root root 2025 6月    2 2018 log4j.properties.template
-rw-rw-r--. 1 root root 7801 6月    2 2018 metrics.properties.template
-rw-rw-r--. 1 root root  865 6月    2 2018 slaves.template
-rw-rw-r--. 1 root root 1292 6月    2 2018 spark-defaults.conf.template
-rwxrwxr-x. 1 root root 4221 6月    2 2018 spark-env.sh.template
[root@node1 conf]# cp slaves.template slaves
[root@node1 conf]# ll
总用量 40
-rw-rw-r--. 1 root root  996 6月    2 2018 docker.properties.template
-rw-rw-r--. 1 root root 1105 6月    2 2018 fairscheduler.xml.template
-rw-rw-r--. 1 root root 2025 6月    2 2018 log4j.properties.template
-rw-rw-r--. 1 root root 7801 6月    2 2018 metrics.properties.template
-rw-r--r--. 1 root root  865 3月   13 09:38 slaves
-rw-rw-r--. 1 root root  865 6月    2 2018 slaves.template
-rw-rw-r--. 1 root root 1292 6月    2 2018 spark-defaults.conf.template
-rwxrwxr-x. 1 root root 4221 6月    2 2018 spark-env.sh.template
```

图 1-16　复制 slaves.template 文件

（3）将 spark-env.sh.template 文件复制为 spark-env.sh，操作如图 1-17 所示。

```
[root@node1 conf]# ll
总用量 40
-rw-rw-r--. 1 root root  996 6月    2 2018 docker.properties.template
-rw-rw-r--. 1 root root 1105 6月    2 2018 fairscheduler.xml.template
-rw-rw-r--. 1 root root 2025 6月    2 2018 log4j.properties.template
-rw-rw-r--. 1 root root 7801 6月    2 2018 metrics.properties.template
-rw-r--r--. 1 root root  865 3月   13 09:38 slaves
-rw-rw-r--. 1 root root  865 6月    2 2018 slaves.template
-rw-rw-r--. 1 root root 1292 6月    2 2018 spark-defaults.conf.template
-rwxrwxr-x. 1 root root 4221 6月    2 2018 spark-env.sh.template
[root@node1 conf]# cp spark-env.sh.template spark-env.sh
[root@node1 conf]# ll
总用量 48
-rw-rw-r--. 1 root root  996 6月    2 2018 docker.properties.template
-rw-rw-r--. 1 root root 1105 6月    2 2018 fairscheduler.xml.template
-rw-rw-r--. 1 root root 2025 6月    2 2018 log4j.properties.template
-rw-rw-r--. 1 root root 7801 6月    2 2018 metrics.properties.template
-rw-r--r--. 1 root root  865 3月   13 09:38 slaves
-rw-rw-r--. 1 root root  865 6月    2 2018 slaves.template
-rw-rw-r--. 1 root root 1292 6月    2 2018 spark-defaults.conf.template
-rwxr-xr-x. 1 root root 4221 3月   13 09:39 spark-env.sh
-rwxrwxr-x. 1 root root 4221 6月    2 2018 spark-env.sh.template
```

图 1-17　复制 spark-env.sh.template 文件

（4）修改 slaves 文件，并输入工作节点的主机名：node1，操作如图 1-18 所示。

```
#
# Licensed to the Apache Software Foundation (ASF) under one or more
# contributor license agreements.  See the NOTICE file distributed with
# this work for additional information regarding copyright ownership.
# The ASF licenses this file to You under the Apache License, Version 2.0
# (the "License"); you may not use this file except in compliance with
# the License.  You may obtain a copy of the License at
#
#    http://www.apache.org/licenses/LICENSE-2.0
#
# Unless required by applicable law or agreed to in writing, software
# distributed under the License is distributed on an "AS IS" BASIS,
# WITHOUT WARRANTIES OR CONDITIONS OF ANY KIND, either express or implied.
# See the License for the specific language governing permissions and
# limitations under the License.
#

# A Spark Worker will be started on each of the machines listed below.
node1
```

图 1-18　修改 slaves 文件

（5）修改 spark-env.sh 文件，添加配置信息，如代码 1-2 所示。

代码 1-2　添加配置信息

```
export SPARK_MASTER_HOST=node1
export SPARK_MASTER_PORT=7077
export SPARK_MASTER_WEBUI_PORT=8080
```

（6）配置成功，为 spark-env.sh 文件添加信息，操作如图 1-19 所示。

```
export SPARK_MASTER_HOST=node1
export SPARK_MASTER_PORT=7077
export SPARK_MASTER_WEBUI_PORT=8080
```

图 1-19　spark-env.sh 文件配置信息

（7）切换到 sbin 目录，修改 spark-config.sh 文件，添加如图 1-20 所示的 Java 环境变量配置信息。

```
export JAVA_HOME=/opt/app/jdk1.8.0_321
```

图 1-20　Java 环境变量配置信息

（8）重命名 Spark 集群启动/停止脚本（避免与 Hadoop 集群启动/停止脚本冲突），重命名操作如图 1-21 所示。

至此，Spark 单机伪分布模式环境配置完毕。下面测试配置的 Spark 环境。

（1）在 node1 上启动 Spark 集群，操作如图 1-22 所示。

（2）启动后执行 jps 命令，在当前节点上存在 Master 与 Worker 进程，进程状态如图 1-23 所示。

（3）登录 Spark 管理界面，查看集群状态（主节点），登录地址为 http://node1:8080/，界面如图 1-24 所示。

```
-rwxrwxr-x. 1 root root 2803 6月    2 2018 slaves.sh
-rwxrwxr-x. 1 root root 1473 5月   24 09:49 spark-config.sh
-rwxrwxr-x. 1 root root 5689 6月    2 2018 spark-daemon.sh
-rwxrwxr-x. 1 root root 1262 6月    2 2018 spark-daemons.sh
-rwxrwxr-x. 1 root root 1190 6月    2 2018 start-all.sh
-rwxrwxr-x. 1 root root 1274 6月    2 2018 start-history-server.sh
-rwxrwxr-x. 1 root root 2050 6月    2 2018 start-master.sh
-rwxrwxr-x. 1 root root 1877 6月    2 2018 start-mesos-dispatcher.sh
-rwxrwxr-x. 1 root root 1423 6月    2 2018 start-mesos-shuffle-service.sh
-rwxrwxr-x. 1 root root 1279 6月    2 2018 start-shuffle-service.sh
-rwxrwxr-x. 1 root root 3151 6月    2 2018 start-slave.sh
-rwxrwxr-x. 1 root root 1527 6月    2 2018 start-slaves.sh
-rwxrwxr-x. 1 root root 1857 6月    2 2018 start-thriftserver.sh
-rwxrwxr-x. 1 root root 1478 6月    2 2018 stop-all.sh
-rwxrwxr-x. 1 root root 1056 6月    2 2018 stop-history-server.sh
-rwxrwxr-x. 1 root root 1080 6月    2 2018 stop-master.sh
-rwxrwxr-x. 1 root root 1227 6月    2 2018 stop-mesos-dispatcher.sh
-rwxrwxr-x. 1 root root 1084 6月    2 2018 stop-mesos-shuffle-service.sh
-rwxrwxr-x. 1 root root 1067 6月    2 2018 stop-shuffle-service.sh
-rwxrwxr-x. 1 root root 1557 6月    2 2018 stop-slave.sh
-rwxrwxr-x. 1 root root 1064 6月    2 2018 stop-slaves.sh
-rwxrwxr-x. 1 root root 1066 6月    2 2018 stop-thriftserver.sh
[root@node1 sbin]# mv start-all.sh start-spark-all.sh
[root@node1 sbin]# mv stop-all.sh stop-spark-all.sh
[root@node1 sbin]# ll
总用量 92
-rwxrwxr-x. 1 root root 2803 6月    2 2018 slaves.sh
-rwxrwxr-x. 1 root root 1473 5月   24 09:49 spark-config.sh
-rwxrwxr-x. 1 root root 5689 6月    2 2018 spark-daemon.sh
-rwxrwxr-x. 1 root root 1262 6月    2 2018 spark-daemons.sh
-rwxrwxr-x. 1 root root 1274 6月    2 2018 start-history-server.sh
-rwxrwxr-x. 1 root root 2050 6月    2 2018 start-master.sh
-rwxrwxr-x. 1 root root 1877 6月    2 2018 start-mesos-dispatcher.sh
-rwxrwxr-x. 1 root root 1423 6月    2 2018 start-mesos-shuffle-service.sh
-rwxrwxr-x. 1 root root 1279 6月    2 2018 start-shuffle-service.sh
-rwxrwxr-x. 1 root root 3151 6月    2 2018 start-slave.sh
-rwxrwxr-x. 1 root root 1527 6月    2 2018 start-slaves.sh
-rwxrwxr-x. 1 root root 1190 6月    2 2018 start-spark-all.sh
-rwxrwxr-x. 1 root root 1857 6月    2 2018 start-thriftserver.sh
-rwxrwxr-x. 1 root root 1056 6月    2 2018 stop-history-server.sh
-rwxrwxr-x. 1 root root 1080 6月    2 2018 stop-master.sh
-rwxrwxr-x. 1 root root 1227 6月    2 2018 stop-mesos-dispatcher.sh
-rwxrwxr-x. 1 root root 1084 6月    2 2018 stop-mesos-shuffle-service.sh
-rwxrwxr-x. 1 root root 1067 6月    2 2018 stop-shuffle-service.sh
-rwxrwxr-x. 1 root root 1557 6月    2 2018 stop-slave.sh
-rwxrwxr-x. 1 root root 1064 6月    2 2018 stop-slaves.sh
-rwxrwxr-x. 1 root root 1478 6月    2 2018 stop-spark-all.sh
-rwxrwxr-x. 1 root root 1066 6月    2 2018 stop-thriftserver.sh
```

图 1-21　重命名 Spark 集群启动/停止脚本

```
[root@node1 sbin]# sh start-spark-all.sh
org.apache.spark.deploy.master.Master running as process 12942.  Stop it first.
node1: Warning: Permanently added the ECDSA host key for IP address '192.168.100.
101' to the list of known hosts.
root@node1's password:
node1: org.apache.spark.deploy.worker.Worker running as process 13159.  Stop it f
irst.
```

图 1-22　启动 Spark 集群

```
[root@node1 sbin]# jps
13159 Worker
43196 Jps
12942 Master
[root@node1 sbin]#
```

图 1-23　进程状态

Spark 2.3.1 **Spark Master at spark://node1:7077**

URL: spark://node1:7077
REST URL: spark://node1:6066 (cluster mode)
Alive Workers: 1
Cores in use: 2 Total, 0 Used
Memory in use: 1024.0 MB Total, 0.0 B Used
Applications: 0 Running, 0 Completed
Drivers: 0 Running, 0 Completed
Status: ALIVE

Workers (1)

Worker Id	Address	State	Cores	Memory
worker-20230206104809-192.168.100.200-41469	192.168.100.200:41469	ALIVE	2 (0 Used)	1024.0 MB (0.0 B Used)

Running Applications (0)

Application ID	Name	Cores	Memory per Executor	Submitted Time	User	State	Duration

Completed Applications (0)

Application ID	Name	Cores	Memory per Executor	Submitted Time	User	State	Duration

图 1-24　Spark 管理界面

若出现如图 1-24 所示界面，则代表 Spark 单机伪分布模式环境搭建完成。

实战演练 1.4   企业级项目环境搭建

Spark 完全分布模式环境主要应用在 Spark 处理的数据量比较大且对数据处理速度和资源环境有要求的情况下。比如，本书第 5 章使用的企业级项目：电商网站广告点击分析。该项目在开发过程中，对数据计算的资源、响应速度要求都很高。在这种情况下，Spark 本地单机模式环境和 Spark 单机伪分布模式环境都无法胜任，只能使用 Spark 完全分布模式环境。通过本节的学习，读者可以掌握企业级项目的 Spark 完全分布模式环境搭建。

Spark 完全分布模式环境搭建

1.3 节介绍了 Spark 本地单机模式环境搭建和 Spark 单机伪分布模式环境搭建，在此基础上，本节将带领读者搭建企业级项目 Spark 开发环境，以达到项目实战的目的。

sprak 完全分布
模式环境搭建

Spark 完全分布模式代表在运行 Spark 程序时，由 Spark 本身自带的任务调度系统进行任务调度，需要至少准备 3 个节点，3 个节点的主机名分别为 node1、node2、node3，具体的环境搭建步骤如下。

（1）将 Spark 安装路径下的 slaves.template 文件复制为 slaves（见图 1-16）。

（2）将 Spark 安装路径下的 spark-env.sh.template 文件复制为 spark-env.sh（见图 1-17）。

（3）修改 slaves 文件，输入工作节点 Worker 的主机名为 node1、node2、node3，添加配置信息，如图 1-25 所示。

```
#
# Licensed to the Apache Software Foundation (ASF) under one or more
# contributor license agreements.  See the NOTICE file distributed with
# this work for additional information regarding copyright ownership.
# The ASF licenses this file to You under the Apache License, Version 2.0
# (the "License"); you may not use this file except in compliance with
# the License.  You may obtain a copy of the License at
#
#    http://www.apache.org/licenses/LICENSE-2.0
#
# Unless required by applicable law or agreed to in writing, software
# distributed under the License is distributed on an "AS IS" BASIS,
# WITHOUT WARRANTIES OR CONDITIONS OF ANY KIND, either express or implied.
# See the License for the specific language governing permissions and
# limitations under the License.
#

# A Spark Worker will be started on each of the machines listed below.
node1
node2
node3
```

图 1-25   slaves 配置信息

（4）修改 spark-env.sh 文件，添加配置信息，如图 1-26 所示。

```
export SPARK_MASTER_HOST=node1
export SPARK_MASTER_PORT=7077
export SPARK_MASTER_WEBUI_PORT=8080
```

图 1-26   spark-env.sh 配置信息

（5）重命名 Spark 集群启动/停止脚本（避免与 Hadoop 集群启动/停止脚本冲突），重命名操作如图 1-27 所示。

```
-rwxrwxr-x. 1 root root 2803 6月    2 2018 slaves.sh
-rwxrwxr-x. 1 root root 1473 5月   24 09:49 spark-config.sh
-rwxrwxr-x. 1 root root 5689 6月    2 2018 spark-daemon.sh
-rwxrwxr-x. 1 root root 1262 6月    2 2018 spark-daemons.sh
-rwxrwxr-x. 1 root root 1190 6月    2 2018 start-all.sh
-rwxrwxr-x. 1 root root 1274 6月    2 2018 start-history-server.sh
-rwxrwxr-x. 1 root root 2050 6月    2 2018 start-master.sh
-rwxrwxr-x. 1 root root 1877 6月    2 2018 start-mesos-dispatcher.sh
-rwxrwxr-x. 1 root root 1423 6月    2 2018 start-mesos-shuffle-service.sh
-rwxrwxr-x. 1 root root 1279 6月    2 2018 start-shuffle-service.sh
-rwxrwxr-x. 1 root root 3151 6月    2 2018 start-slave.sh
-rwxrwxr-x. 1 root root 1527 6月    2 2018 start-slaves.sh
-rwxrwxr-x. 1 root root 1857 6月    2 2018 start-thriftserver.sh
-rwxrwxr-x. 1 root root 1478 6月    2 2018 stop-all.sh
-rwxrwxr-x. 1 root root 1056 6月    2 2018 stop-history-server.sh
-rwxrwxr-x. 1 root root 1080 6月    2 2018 stop-master.sh
-rwxrwxr-x. 1 root root 1227 6月    2 2018 stop-mesos-dispatcher.sh
-rwxrwxr-x. 1 root root 1084 6月    2 2018 stop-mesos-shuffle-service.sh
-rwxrwxr-x. 1 root root 1067 6月    2 2018 stop-shuffle-service.sh
-rwxrwxr-x. 1 root root 1557 6月    2 2018 stop-slave.sh
-rwxrwxr-x. 1 root root 1064 6月    2 2018 stop-slaves.sh
-rwxrwxr-x. 1 root root 1066 6月    2 2018 stop-thriftserver.sh
[root@node1 sbin]# mv start-all.sh start-spark-all.sh
[root@node1 sbin]# mv stop-all.sh stop-spark-all.sh
[root@node1 sbin]# ll
总用量 92
-rwxrwxr-x. 1 root root 2803 6月    2 2018 slaves.sh
-rwxrwxr-x. 1 root root 1473 5月   24 09:49 spark-config.sh
-rwxrwxr-x. 1 root root 5689 6月    2 2018 spark-daemon.sh
-rwxrwxr-x. 1 root root 1262 6月    2 2018 spark-daemons.sh
-rwxrwxr-x. 1 root root 1274 6月    2 2018 start-history-server.sh
-rwxrwxr-x. 1 root root 2050 6月    2 2018 start-master.sh
-rwxrwxr-x. 1 root root 1877 6月    2 2018 start-mesos-dispatcher.sh
-rwxrwxr-x. 1 root root 1423 6月    2 2018 start-mesos-shuffle-service.sh
-rwxrwxr-x. 1 root root 1279 6月    2 2018 start-shuffle-service.sh
-rwxrwxr-x. 1 root root 3151 6月    2 2018 start-slave.sh
-rwxrwxr-x. 1 root root 1527 6月    2 2018 start-slaves.sh
-rwxrwxr-x. 1 root root 1190 6月    2 2018 start-spark-all.sh
-rwxrwxr-x. 1 root root 1857 6月    2 2018 start-thriftserver.sh
-rwxrwxr-x. 1 root root 1056 6月    2 2018 stop-history-server.sh
-rwxrwxr-x. 1 root root 1080 6月    2 2018 stop-master.sh
-rwxrwxr-x. 1 root root 1227 6月    2 2018 stop-mesos-dispatcher.sh
-rwxrwxr-x. 1 root root 1084 6月    2 2018 stop-mesos-shuffle-service.sh
-rwxrwxr-x. 1 root root 1067 6月    2 2018 stop-shuffle-service.sh
-rwxrwxr-x. 1 root root 1557 6月    2 2018 stop-slave.sh
-rwxrwxr-x. 1 root root 1064 6月    2 2018 stop-slaves.sh
-rwxrwxr-x. 1 root root 1478 6月    2 2018 stop-spark-all.sh
-rwxrwxr-x. 1 root root 1066 6月    2 2018 stop-thriftserver.sh
```

图 1-27　重命名 Spark 集群启动/停止脚本

（6）切换到 sbin 目录，修改 spark-config.sh 文件，添加如图 1-28 所示的 Java 环境变量配置信息。

```
export JAVA_HOME=/opt/app/jdk1.8.0_321
```

图 1-28　Java 环境变量配置信息

（7）将配置好的 Spark 文件复制到其他节点上，如代码 1-3 所示。

代码 1-3　将配置好的 Spark 文件复制到其他节点上

```
[root@node1 opt]# scp -r /opt/app/spark-2.3.1 root@node2:/opt/app
[root@node1 opt]# scp -r /opt/app/spark-2.3.1 root@node3:/opt/app
```

Spark 集群配置完毕，目前是 1 个 Master（node1），3 个 Worker（node1、node2 和 node3），在 node1 上启动 Spark 集群。

启动后执行 jps 命令，主节点上有 Master 和 Worker 进程，其他子节点上只有 Worker 进程。登录 Spark 管理界面，查看集群状态（主节点），登录地址为 http://node1:8080/，界面如图 1-29 所示。

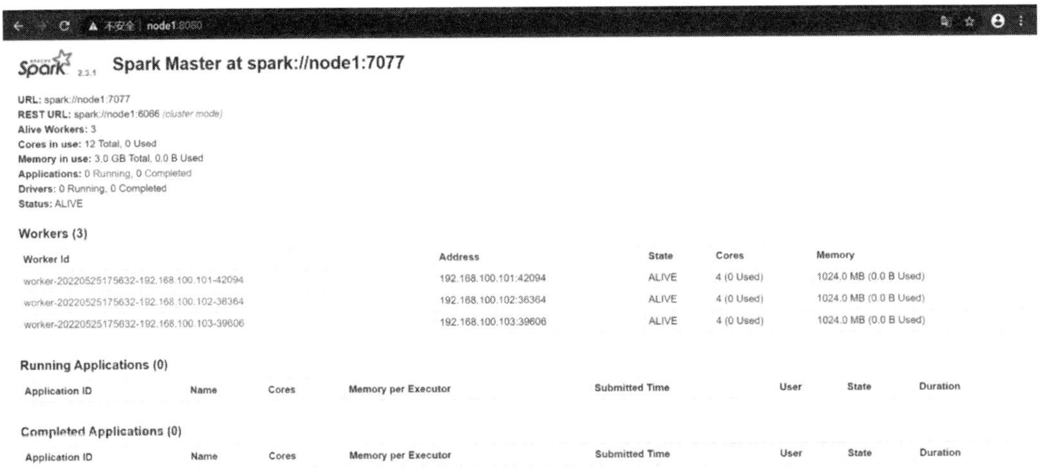

图 1-29　Spark 管理界面

至此，Spark 完全分布模式环境配置完毕。

归纳总结

本章共分为 4 节，详细讲解了 Spark 的概念、Spark 的环境搭建及 Spark 的运行架构和运行模式。通过本章的学习，读者可以认知大数据行业，并建立 Spark 系统思维、掌握企业级项目环境搭建流程。

第 1 节介绍了 Spark 的发展历程、Spark 的特点、Spark 技术栈与术语及 Spark 的应用场景。通过本节的学习，读者可以提高对大数据行业、Spark 基本概念及 Spark 应用场景的认知能力。

第 2 节介绍了 Spark 的运行架构、Spark 的运行模式、Spark 的运行流程及 Spark 的核心概念 RDD。通过本节的学习，读者可以了解 Spark 的运行架构、Spark 的运行模式，以及在不同运行模式下 Spark 的运行流程及 Spark 中的重要概念。

第 3 节介绍了 Spark 在不同模式下的环境搭建，包括 Spark 本地单机模式环境搭建、Spark 单机伪分布模式环境搭建。通过本节的学习，读者可以掌握 Spark 在不同运行模式下的环境搭建。

第 4 节介绍了企业级项目的 Spark 环境搭建流程，通过带领读者搭建企业级项目 Spark 开发环境，达到项目实战的目的。

勤学苦练

1.【实战任务 1】Spark 的特点包括（　　）。

A．快速　　　　　　　B．通用　　　　　　　C．可延伸　　　　　　D．兼容性

2.【实战任务 2】Spark 的组成不包括以下哪个？（　　）

A．Spark Core　　　B．Spark SQL　　　C．Spark Streaming　　D．MapReduce

3.【实战任务 1】与 Hadoop 相比，Spark 主要有以下哪些优点？（　　）

A．提供多种数据集操作类型而不仅限于 MapReduce

B．数据集中式，计算更加高效

C．提供了内存计算，带来了更高的迭代运算效率

D．基于 DAG 的任务调度执行机制

4．【实战任务 3】Spark 的环境搭建包括以下哪些模式？（　　）

A．本地单机模式   B．单机伪分布模式

C．完全分布模式   D．Standalone 模式

5．【实战任务 3】 Spark Driver 的功能是什么？（　　）

A．是作业的主进程   B．负责作业的调度

C．负责向 HDFS 申请资源   D．负责作业的解析

6．【实战任务 2】ClusterManager 是（　　）。

A．主节点   B．从节点

C．执行器   D．上下文

7．【实战任务 2】以下哪个不是 Spark 的组件？（　　）

A．DAGScheduler   B．MultiScheduler

C．TaskScheduler   D．SparkContext

8．【实战任务 2】以下哪个不是 Spark 的四大组件？（　　）

A．Spark Streaming   B．MLlib

C．GraphX   D．Spark R

9．【实战任务 2】以下哪个操作是窄依赖？（　　）

A．join   B．filter

C．group   D．sort

10．【实战任务 2】以下哪个操作肯定是宽依赖？（　　）

A．map   B．flatMap

C．reduceByKey   D．sample

11．【实战任务 1】Spark 是什么？（　　）

A．Spark 是基于内存计算的框架

B．Spark 是基于磁盘计算的框架

C．Spark 是一种基于 RDD 计算的框架

D．Spark 是一种并行计算框架

12．【实战任务 2】Spark 的核心模块是（　　）。

A．Spark Streaming   B．Spark Core

C．MapReduce   D．Spark SQL

13．【实战任务 1】Spark 的优势有（　　）。

A．完全依赖 Hadoop MapReduce 框架获得海量大数据计算能力

B．Spark 对小数据集能达到亚秒级的延迟

C．Spark 提供了不同层面的灵活性数据并行的范式

D．内存缓存、流数据处理、图数据处理等更为高级的数据处理能力

14．【实战任务 2】Spark 的部署模式有（　　）。

A．本地模式   B．Standalone 模式

C．Spark on YARN 模式   D．Mesos 模式

15.【实战任务 1】Spark 产生的原因是（　　）。

A．MapReduce 具有很多的局限性

B．Spark 不适合做交互式处理

C．现有的各种计算框架各自为战

D．Spark 只能进行交互式计算

16.【实战任务 1】Spark 图计算的产品是（　　）。

A．GraphX

B．Pregel

C．Flume

D．PowerGraph

17.【实战任务 1】Spark 的劣势是（　　）。

A．允许速度快

B．业务实现需要较少代码

C．提供很多函数

D．需要更多机器运行

第2章

专业规范能力培养：立足 Scala

实战任务

1. 熟悉并掌握 Scala 的使用规范、语法规范和编程规范。
2. 熟练搭建 Scala 的运行环境和相关配置。
3. 掌握 Scala 的面向对象、函数式编程的思想及 Scala 的高级用法。

项目背景

  Spark 框架是用 Scala 编写的，简洁且高效。开发者要想真正地理解 Spark 的编程规范、技术原理和体系架构，就需要熟悉 Spark 的源码，并熟练掌握 Scala。本章通过讲解 Scala 的基本语法、编程思想和数据集合，让读者掌握 Scala 环境安装规范、语法规范和编程规范，为后续的 Spark 框架学习和应用打下良好的基础。

  本章引入了智慧交通车牌分类识别项目，该项目是智慧交通车辆识别中的一个重要环节，通过编写 Scala 应用程序来对车牌信息进行分类识别。本项目可以让读者在实战中掌握 Scala 的使用规范，培养读者的编程规范能力，同时为后续综合性项目的规范操作奠定基础。

能力地图

  本章讲解了 Scala 简介、Scala 特性、Scala 环境配置及安装、Scala 基本语法、Scala 函数式编程、Scala 面向对象编程及 Scala 高级操作。读者通过本章的学习并最终编写车牌分类处理程序，可以掌握 Scala 编程规范并提升自身 Scala 编程能力，具体的能力培养地图如图 2-1 所示。

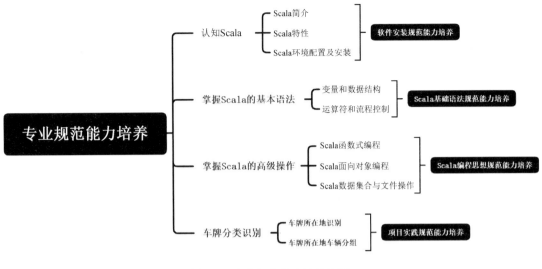

图 2-1　专业规范能力培养地图

新手上路 2.1：认知 Scala

2.1.1 Scala 简介

Scala 是一门多范式的编程语言，是一种类似于 Java 的编程语言，Scala 的设计初衷是实现可伸缩的语言，并集成面向对象编程和函数式编程的各种特性。Scala 是由联邦理工学院的马丁·奥德斯基（Martin Odersky）于 2001 年开始设计的，之后 Scala 主要被应用在大数据领域，也被大量应用在 Spark 编程和 Flink 编程领域，Scala 还可以应用在数据计算领域，也可以提供面向 Web 的服务。

2.1.2 Scala 特性

Scala 是一门以 Java 虚拟机（JVM）为运行环境，并将面向对象编程和函数式编程的最佳特性结合在一起的静态语言（静态语言是需要提前编译的，如 Java、C、C++等，动态语言如 JS）。

（1）Scala 是一门多范式的编程语言，Scala 支持面向对象编程和函数式编程（多范式，即多种编程方法。有面向过程、面向对象、泛型、函数式 4 种程序设计方法）。

（2）Scala 源代码（.scala）会被编译成 Java 字节码（.class），然后运行于 Java 虚拟机之上，并可以调用现有的 Java 类库，实现两种语言的无缝对接。

（3）Scala 单作为一门语言来看，非常简洁高效。

（4）在设计 Scala 时，马丁·奥德斯基参考了 Java 的设计思想，可以说 Scala 源于 Java。同时，马丁·奥德斯基也加入了自己的思想，将函数式编程语言的特点融合到 Java 中。

2.1.3 Scala 环境配置及安装

任何的编程语言都有自己的运行环境，Scala 也不例外，也有自己的运行环境。运行环境是指程序的运行平台。本节主要讲解如何安装 Scala 的运行环境，使读者掌握 Scala 运行环境的安装规范，具体安装步骤如下。

（1）查看本地安装的 JDK 版本。查看 JDK 版本的命令如图 2-2 所示。

```
[root@node1 ~]# java -version
java version "1.8.0_321"
Java(TM) SE Runtime Environment (build 1.8.0_321-b07)
Java HotSpot(TM) 64-Bit Server VM (build 25.321-b07, mixed mode)
```

图 2-2　查看 JDK 版本的命令

（2）打开 Scala 官网：https://www.scala-lang.org/download/all.html，下载 Scala 对应版本的安装文件，这里选择 scala-2.11.12.tgz 下载，如图 2-3 所示。

Archive	System	Size
scala-2.11.12.tgz	Mac OS X, Unix, Cygwin	27.77M
scala-2.11.12.msi	Windows (msi installer)	109.82M
scala-2.11.12.zip	Windows	27.82M
scala-2.11.12.deb	Debian	76.44M
scala-2.11.12.rpm	RPM package	108.60M
scala-docs-2.11.12.txz	API docs	46.17M
scala-docs-2.11.12.zip	API docs	84.26M
scala-sources-2.11.12.tar.gz	Sources	

图 2-3　下载安装文件

（3）将下载的文件上传到 Linux 指定目录下（/opt/app/），并解压缩文件，如图 2-4 所示。

```
[root@node1 app]# pwd
/opt/app
[root@node1 app]# ll
总用量 0
drwxr-xr-x. 11 root root 177 7月   10 00:12 hadoop-2.8.5
drwxr-xr-x.  2 root root   6 7月   18 11:01 hive-2.3.8
drwxr-xr-x.  2 root root   6 7月   18 11:17 jdk-1.8.0_321
drwxrwxr-x.  6 root root  79 3月   16 2020 scala-2.11.12
[root@node1 app]#
```

图 2-4　解压缩文件目录

（4）配置环境变量。

环境变量一般是指在操作系统中用于指定操作系统运行环境的一些参数，如临时文件夹位置和系统文件夹位置等。在 Linux 中将环境变量配置在/etc/profile 文件中，只需在文件末尾配置 Scala 环境变量，如图 2-5 所示。

```
export SCALA_HOME=/opt/app/scala-2.11.12
export PATH=$PATH:$SCALA_HOME/bin
```

图 2-5　配置环境变量

（5）测试安装。

重启终端，输入 Scala，安装成功的效果如图 2-6 所示。

```
[root@node1 scala-2.11.12]# scala
Welcome to Scala 2.11.12 (Java HotSpot(TM) 64-Bit Server VM, Java 1.8.0
_321).
Type in expressions for evaluation. Or try :help.

scala>
```

图 2-6　Scala 安装成功

2.1.4　Scala 环境的运行

在上节中，我们完成了 Scala 环境配置及安装。本节通过完成 Scala 最基础的操作来对 Scala 环境进行简单测试与使用。

1. 启动 Scala 环境

在终端输入 Scala 并按 Enter 键，启动 Scala 环境，然后定义两个变量，计算求和，如图 2-7 所示。

```
[root@node1 ~]# scala
Welcome to Scala 2.12.11 (Java HotSpot(TM) 64-Bit Server VM, Java 1.8.0_241).
Type in expressions for evaluation. Or try :help.

scala> var a=1;
a: Int = 1

scala> var b = 3;
b: Int = 3

scala> a+b
res0: Int = 4

scala>
```

图 2-7　Scala 运行图

2. 退出 Scala 环境

使用:quit 命令退出 Scala 环境，如图 2-8 所示。

```
scala> :quit
[root@node1 ~]#
```

图 2-8　退出 Scala 环境

新手上路 2.2：变量和数据类型

如果说 Scala 是 Spark 开发的规范，那么 Scala 变量和数据类型就是 Scala 语言的编程规范，学习任何一门语言，都应该先学习该语言的基础语法。本节通过讲解 Scala 的基础语法，使读者掌握 Scala 的变量和数据类型，培养读者的 Scala 基础语法规范能力。

2.2.1　注释

在编写程序时，为了让代码易于阅读，通常会在实现功能的同时为代码添加一些注释。注释是对程序的某个功能或某行代码的解释说明，它能够让开发者在后期阅读和使用代码时更容易理解代码的作用。注释只在源代码文件中有效，在编译程序时，编译器会忽略这些注释信息，不会将其编译到字节码文件中。

注释一般分为单行注释、多行注释和文档注释。

（1）单行注释通常用于对程序中的某一行代码进行解释，用符号"//"表示，"//"后面为被注释的内容。

（2）多行注释可以同时为多行内容进行统一注释，它以符号"/*"开头，并以符号"*/"结尾。

（3）文档注释通常是对程序中某个类或某个类中的方法进行系统性的解释说明。文档注释以符号"/**"开头，并以符号"*/"结尾。

2.2.2　常量和变量

在 Scala 中，数据分为两种类型，即常量和变量。

1. 常量

在程序运行期间，不会发生改变的量，用"val"来定义。常量一旦被定义，就不可被更改。常量命名格式如代码 2-1 所示。

代码 2-1　常量命名格式

```
val 常量名 [: 常量类型] = 初始值
```

2. 变量

在程序运行期间，可以发生改变的量被称为变量。

变量命名格式如代码 2-2 所示。

代码 2-2　变量命名格式

```
var 变量名 [: 变量类型] = 初始值
```

3. Scala 中声明变量的特点

（1）在声明变量时，类型可以省略，编译器会自动推导，即类型推导。

（2）在类型确定后，就不能被修改，说明 Scala 是强数据类型语言。

（3）在声明变量时，必须有初始值。

（4）在声明/定义一个变量时，可以使用 var 或 val 来修饰，var 修饰的变量可被改变，val 修饰的变量不可被改变。

（5）var 修饰的对象引用可被改变，val 修饰的对象则不可被改变，但对象的状态（值）是可以被改变的。

2.2.3　标识符和关键字

标识符是指在程序中，我们自己定义的内容。比如，类的名字、方法的名字和变量的名字等，它们都是标识符，Scala 和其他编程语言一样，使用标识符作为变量、对象、方法等的名字。本节通过讲解 Scala 的标识符和关键字，培养读者的 Scala 基础语法规范能力。

Scala 中的标识符命名规则有以下 3 种：

（1）以字母或下画线开头，后接字母、数字、下画线。

（2）以操作符开头，且只包含操作符（+、-、*、/、#、!等）。

（3）用反引号`....`包括的任意字符串，即使是 Scala 关键字（39 个）也可以。

Scala 中所有的关键字及其含义如表 2-1 所示。

表 2-1　Scala 中所有的关键字及其含义

关键字	含义
package	声明包
import	将一个或多个类型或类型的成员导入当前作用域
class	声明类
object	用于单例声明，单例是只有一个实例的类
trait	这是一个混入模块，对类的实例添加额外的状态和行为；也可以用于声明而不实现方法，类似 Java 的 interface
extends	表示接下来的 class 或 trait 是所声明的 class 或 trait 的父类型
with	表示所声明的类或实例化的对象包括后面的 trait
type	声明类型
for	for 循环
private	限制某个声明的可见性
protected	限制某个声明的可见性
abstract	做抽象声明
sealed	用于父类型，要求所有派生的子类型必须在同一个源文件中被声明
final	若用于 class 或 trait，则表示不能派生子类型；若用于类型成员，则表示可以派生子类型
implicit	使得方法或变量值可以被用于隐含转换；将方法参数标记为可选的，只要在调用该方法时，作用域内有类型匹配的候选对象，就会使用该对象作为参数
lazy	推迟 val 变量的赋值
override	当原始成员未被声明为 final 时，用 override 覆写类型中的一个具体成员
try	将可能抛出的异常的代码块包围起来
catch	捕捉抛出的异常
finally	finally 语句跟在相应的 try 语句之后，无论是否抛出异常都会执行
throw	抛出异常
if	判断语句
else	与 if 配对的 else 语句
match	用于类型匹配语句
case	match 表达式中的 case 子句；定义一个 case 类
do	用于 do…while 循环
while	用于 while 循环
for	用于 for 循环
yield	在 for 循环中返回元素，这些元素会构成一个序列
def	定义函数
val	声明一个只读变量
var	声明一个可读可写的变量
this	对象指向自身的引用
super	类似 this，指向父类
new	创建类的一个实例
true	Boolean 类型的 true 值
false	Boolean 类型的 false 值
null	尚未被赋值的引用变量的值

2.2.4　数据类型

在计算机科学和计算机编程中，数据类型是数据的一种属性，它会告诉编译器或解释器开发者如何使用数据。大多数编程语言支持整数、浮点数、字符和布尔值的基本数据类型，Scala 支持的数据类型如图 2-9 所示。

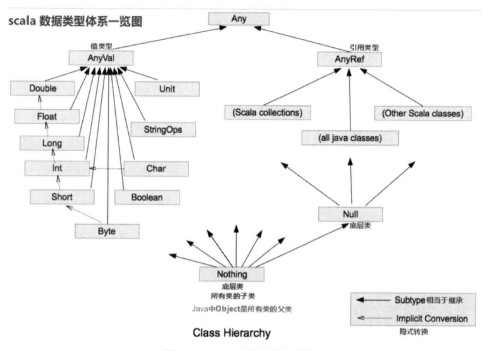

图 2-9　Scala 支持的数据类型

Scala 中的一切数据都是对象，都是 Any 的子类。Scala 中的数据类型分为两大类：数值类型（AnyVal）和引用类型（AnyRef），无论是数值类型还是引用类型都是对象。Scala 数据类型遵守低精度的值类型向高精度的值类型自动转换（隐式转换）规则。

1．整数类型

整数类型就是通常说的整型，如表 2-2 所示。

表 2-2　整数类型

数据类型	描述
Byte[1]	8 位有符号补码整数。数值区间为-128～127
Short[2]	16 位有符号补码整数。数值区间为-32 768～32 767
Int[4]	32 位有符号补码整数。数值区间为-2 147 483 648～2 147 483 647
Long[8]	64 位有符号补码整数。数值区间为 $-2^{63}～2^{(64-1)}-1$

整数类型特点：

（1）Scala 各整数类型有固定的表示范围和字段长度，不受具体操作的影响，以保证 Scala 程序的可移植性。

（2）Scala 的整型默认为 Int 型，要想声明 Long 型，需要在后面加 l 或 L。

（3）Scala 程序中变量常声明为 Int 型，只有不足以表示大数时，才使用 Long 型。

声明整数类型的变量如代码 2-3 所示。

代码 2-3　声明整数类型的变量

```
var num :Byte = 20
var x :Short = 25500
var y :Int = 8312
var z :Long = 92932321
var z :Long = 92932321L
```

定义整数类型的变量如图 2-10 所示。

```
scala> var num:Byte = 20
num: Byte = 20

scala> var x:Short = 25500
x: Short = 25500

scala> var y:Int = 8312
y: Int = 8312

scala> var z:Long = 92932321
z: Long = 92932321

scala> var z:Long = 92932321L
z: Long = 92932321
```

图 2-10　定义整数类型的变量

2. 浮点类型

Scala 的浮点类型有两种，即双精度浮点型（Double）和单精度浮点型（Float），如表 2-3 所示。

表 2-3　浮点类型

数据类型	描述
Float[4]	32 位，IEEE 754 标准的单精度浮点数
Double[2]	64 位，IEEE 754 标准的双精度浮点数

注意：Scala 的浮点型默认为 Double 型，要想声明 Float 型，需要在后面加 f 或 F。声明浮点类型的变量如代码 2-4 所示。

代码 2-4　声明浮点类型的变量

```
var num :Float = 0.0f
var num2 :Float = 0.0F
var pi :Double = 3.1415926
```

定义浮点类型的变量如图 2-11 所示。

```
scala> var num:Float = 0.0f
num: Float = 0.0

scala> var num2:Float = 0.0F
num2: Float = 0.0

scala> var pi:Double = 3.1415926
pi: Double = 3.1415926
```

图 2-11　定义浮点类型的变量

3．字符类型

字符类型表示单个字符，字符类型是 Char。字符常量是用单引号'' 括起来的单个字符。字符类型中存在一些特殊字符。

（1）\t：一个制表位，实现对齐的功能。

（2）\n：换行符。

（3）\\：表示\。

（4）\"：表示"。

声明字符类型的变量如代码 2-5 所示。

代码 2-5　声明字符类型的变量

```
var char1:Char = 97
var char2:Char = 'a'
```

定义字符类型的变量如图 2-12 所示。

```
scala> var char1:Char = 97
char1: Char = a

scala> var char2:Char = 'a'
char2: Char = a
```

图 2-12　定义字符类型的变量

4．布尔类型

布尔类型也叫作 Boolean 类型，布尔类型数据只允许取值 true 或 false，布尔类型数据占 1 字节。

声明布尔类型的变量如代码 2-6 所示。

代码 2-6　声明布尔类型的变量

```
var bool: Boolean = true
var boo1: Boolean = false
```

定义布尔类型的变量如图 2-13 所示。

```
scala> var bool:Boolean = true
bool: Boolean = true

scala> var boo1:Boolean = false
boo1: Boolean = false
```

图 2-13　定义布尔类型的变量

5．Unit、Null 和 Nothing 类型

在 Scala 类型系统中，Unit、Null、Nothing 这 3 种类型都表达了"空"的语义，但在实际使用中会有一些区别，容易混淆。表 2-4 将对这 3 种类型进行讲解。

表 2-4　Unit、Null 和 Nothing 类型

数据类型	描述
Unit	Unit 表示无值，和其他语言中的 Void 等同，用作不返回任何结果的方法的结果类型。Unit 只有一个实例值，写作()

续表

数据类型	描述
Null	Null 只有一个实例值 null
Nothing	Nothing 在 Scala 的类层级最低端；它是任何其他类型的子类型

Unit 用来标识过程，也就是没有明确返回值的函数。Unit 类似于 Java 中的 void。Unit 只有一个实例()，这个实例没有实质意义。

Null 只有一个实例对象，Null 类似于 Java 中的 null 引用。Null 可以赋值给任意引用类型（AnyRef），但是不能赋值给值类型（AnyVal）。

Nothing 可以作为没有正常返回值的方法的返回类型，非常直观地告诉用户这个方法不会正常返回，而且由于 Nothing 是其他任意类型的子类，因此能与要求返回值的方法兼容。

2.2.5 数据类型转换

在 Scala 中，不同数据类型的值需要经常进行相互转换，有 3 种类型的转换方式：数值类型转换、强制类型转换及数值类型和 String 类型转换。

1. 数值类型转换

当 Scala 程序在进行赋值或运算时，精度小的数值类型自动转换为精度大的数值类型，这就是自动类型转换（隐式转换）。数据类型按精度（容量）大小排序，如图 2-14 所示。

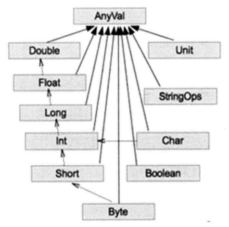

图 2-14　数据类型按精度大小排序

自动提升原则：有多种类型的数据在进行混合运算时，系统首先自动将所有的数据转换为精度大的数据类型，然后进行计算。当把精度大的数值类型赋值给精度小的数值类型时，就会报错，反之则会进行自动类型转换。

Byte、Short 和 Char 之间不会自动相互转换。Byte、Short、Char 三者之间可以进行数学计算，在计算时需要先将 Byte、Short 和 Char 类型的数据转换为 Int 类型。

自动类型转换如代码 2-7 所示。

代码 2-7 自动类型转换

```
val a:Int = 10
val b:Double = a + 3.5   // 结果为 Double 类型的值
val b:Byte = a + 1       // 结果会报错，Int 类型不会自动转换为 Byte 类型
```

```
val x:Byte = 10;
val y:Short = 20;
val z:Int = x + y;      //结果为 Int 类型的值
```

自动类型转换示例结果如图 2-15 所示。

```
scala> val a:Int = 10
a: Int = 10

scala> val b:Double = a + 3.5
b: Double = 13.5

scala> val b:Byte = a + 1;
<console>:12: error: type mismatch;
 found    : Int
 required: Byte
       val b:Byte = a + 1;
                       ^

scala> val x:Byte = 10;
x: Byte = 10

scala> var y:Short = 20;
y: Short = 20

scala> val z:Int = x+y
z: Int = 30
```

图 2-15　自动类型转换示例结果

2．强制类型转换

在将一个数值赋给一个 String 类型的数值时会发生编译错误，无法赋值，因为数据类型不一样，想要赋值成功，只能进行数据类型转换。

强制类型转换是自动类型转换的逆过程，是将精度大的数值类型转换为精度小的数值类型。转换时要加上强制转换函数，但可能会造成精度降低或溢出，要格外注意。

强制转换符号只对最近的操作数有效，往往会使用小括号提升优先级。

强制类型转换如代码 2-8 所示。

代码 2-8　强制类型转换

```
val x:Double = 1.9
val y:Int = x.toInt
```

强制类型转换示例结果如图 2-16 所示。

```
scala> val x:Double = 1.9
x: Double = 1.9

scala> val y:Int = x.toInt
y: Int = 1
```

图 2-16　强制类型转换示例结果

3．数值类型和 String 类型转换

在程序开发中，我们经常需要将基本数值类型转换为 String 类型，或者将 String 类型转换为基本数值类型。

基本数值类型转换为 String 类型（语法：将基本数值类型的值+""即可）。

String 类型转换为基本数值类型（语法：s1.toInt、s1.toFloat、s1.toDouble、s1.toByte、 s1.toLong、s1.toShort）。String 类型和数值类型的转换如代码 2-9 所示。

代码 2-9 String 类型和数值类型的转换

```
// 数值类型转字符串类型
var str:String = true + "";
var str1:String = 1 + "";
var str1:String = 1.0 + "";
// 字符串类型转数值类型
var num:Int = "123".toInt
var dou:Double = "123.22".toDouble
```

String 类型和数值类型转换示例结果如图 2-17 所示。

```
scala> var str:String = true+""
str: String = true

scala> var str1:String = 1+""
str1: String = 1

scala> var str2:String = 1.0+""
str2: String = 1.0

scala> var num:Int = "123".toInt
num: Int = 123

scala> var dou:Double = "123.22".toDouble
dou: Double = 123.22
```

图 2-17 String 类型和数值类型转换示例结果

需要注意的是，在将 String 类型转换为基本数值类型时，要确保 String 类型能够被转换为有效的数据。比如，可以把"123"转换为一个整数，但是不能把"hello"转换为一个整数。

2.2.6 Scala 输出

在编写 Scala 程序时，有时需要在屏幕上输出一些信息。本节主要讲解如何使用 printf/print 函数输出信息。

1. 基本语法一

printf 用法：字符串，通过%传值。传值符号如表 2-5 所示，输出语句如代码 2-10 所示。

表 2-5 传值符号

符号	传值类型
%d	十进制数字
%s	字符串
%c	字符
%e	指数浮点数
%i	整数（十进制）
%o	八进制
%u	无符号十进制
%x	十六进制
%%	打印

代码 2-10 输出语句

```
printf("name=%s","zhangsan")
```

2．基本语法二

字符串模板通过$获取变量值。输出语句的第 2 种形式如代码 2-11 所示。

代码 2-11 输出语句的第 2 种形式

```
print(s"username=$username,age = $age")
```

新手上路 2.3：运算符和流程控制

运算符在程序语言中是指进行特殊操作的符号。一个运算符就是一个符号，用于告诉编译器执行指定的数学运算和逻辑运算。在程序的执行过程中，各条语句的执行顺序对程序的运行结果是有直接影响的。所以，必须清楚每条语句的执行顺序，而流程控制就是指"程序怎么执行"或者"程序执行的顺序"。本节通过对 Scala 运算符和流程控制的讲解，培养读者的 Scala 编程规范能力。

Scala 中含有丰富的内置运算符，包括算术运算符、关系运算符、逻辑运算符、赋值运算符和位运算符 5 种，下面将详细介绍它们的使用方法。

2.3.1 算术运算符

算术运算符用于基本的数学运算，如加、减、乘、除和取模等。Scala 支持的算术运算符如表 2-6 所示。

表 2-6 算术运算符

运算符	描述	范例	结果
+	正号	+3	3
−	负号	b=4；−b	−4
+	加号	5+3	8
−	减号	8−3	5
*	乘	3*3	9
/	除	10/5	2
%	取模	7%5	2
+	字符串拼接	"He"+"llo"	"Hello"

对除号"/"而言，它的整数除法和小数除法是有区别的：整数之间进行除法运算时，只保留整数部分而舍弃小数部分。

"+"可以进行数学运算，也可以用于拼接字符串，并且任意类型的数据与字符串拼接，结果都将是一个新的字符串。

字符串类型使用示例如图 2-18 所示。

```
scala> var a:Int = +3
a: Int = 3

scala> var a:Int = -4
a: Int = -4

scala> var a:Int = 5+3
a: Int = 8

scala> var a:Int = 8-3
a: Int = 5

scala> var a:Int = 8*3
a: Int = 24

scala> var a:Int = 8%3
a: Int = 2

scala> var a:Int = 8/3
a: Int = 2

scala> var a:String = "He"+"llo"
a: String = Hello
```

图 2-18　字符串类型使用示例

2.3.2　关系运算符

关系运算符又称为比较运算符，用于判断两个变量或常量的大小，比较的结果是一个布尔值（true 或 false）。Scala 支持的关系运算符如表 2-7 所示。

表 2-7　关系运算符

运算符	描述	范例	结果
==	等于	3==4	false
!=	不等于	3!=4	true
<	小于	5<3	false
>	大于	8>3	true
<=	小于或等于	4<=3	false
>=	大于或等于	4>=3	true

关系运算符示例代码如图 2-19 所示。

```
scala> 3==4
res1: Boolean = false

scala> 3==3
res2: Boolean = true

scala> 3 == 3
res3: Boolean = true

scala> 3 ==4
res4: Boolean = false

scala> 3 != 4
res5: Boolean = true

scala> 5<3
res6: Boolean = false

scala> 8>3
res7: Boolean = true

scala> 4<= 3
res8: Boolean = false

scala> 4>=3
res9: Boolean = true
```

图 2-19　关系运算符示例代码

2.3.3　逻辑运算符

逻辑运算符用于连接多个条件判断语句，最终的结果是一个布尔值。Scala 支持的逻辑运算符如表 2-8 所示。

表 2-8　逻辑运算符

运算符	描述	范例（A=true B=false）	结果
&&	逻辑与	A && B	false
||	逻辑或	A || B	true
!	逻辑非	!A	false

逻辑运算符示例代码如图 2-20 所示。

```
scala> val A:Boolean = true
A: Boolean = true

scala> val B:Boolean = false
B: Boolean = false

scala> A && B
res10: Boolean = false

scala> A || B
res11: Boolean = true

scala> !A
res12: Boolean = false
```

图 2-20　逻辑运算符示例代码

注意：逻辑运算表达式无论复杂与否，最终结果都是一个布尔类型的值。Scala 中不能对一个布尔类型的值进行连续取反操作，如!!true。

2.3.4　赋值运算符

赋值运算符就是将某个运算后的值赋给指定的变量。Scala 支持的赋值运算符如表 2-9 所示。

表 2-9　赋值运算符

运算符	描述	范例
=	将表达式的值赋给左边变量	C = A + B 表示将 A + B 表达式的值赋给 C
+=	相加后再赋值	C+=A 等于 C=C+A
−=	相减后再赋值	C − A 等于 C = C − A
*=	相乘后再赋值	C *=A 等于 C = C * A
/=	相除后再赋值	C /= A 等于 C = C / A
%=	取模后再赋值	C %= A 等于 C = C % A
<<=	左移后赋值	C <<= 2 等于 C = C << 2
>>=	右移后赋值	C >>= 2 等于 C = C >> 2
&=	按位与后赋值	C &= 2 等于 C = C & 2
^=	按位异或后赋值	C ^= 2 等于 C = C ^ 2
|=	按位或后赋值	C |= 2 等于 C = C | 2

2.3.5 位运算符

位运算符用于对二进制位进行操作。Scala 支持的位运算符如表 2-10 所示。

表 2-10 位运算符

运算符	描述
&	按位与运算符
|	按位或运算符
^	按位异或运算符
~	按位取反运算符
<<	左移动运算符
>>	右移动运算符
>>>	无符号右移

位运算符只能针对整数类型的数据，并且位运算符操作是以二进制的方式进行的。

2.3.6 运算符优先级

运算符有不同的优先级，所谓优先级就是在表达式中的运算顺序。运算符的优先级取决于所属的运算符组，它会影响算式的计算。Scala 中的运算符优先级如表 2-11 所示，优先级从上到下依次递减，最上面的运算符具有最高的优先级，最下面的运算符具有最低的优先级。

表 2-11 运算符优先级

类别	运算符	关联性
1	() []	左到右
2	! ~	右到左
3	/ * %	左到右
4	+ -	左到右
5	>> >>> <<	左到右
6	> >= < <=	左到右
7	== !=	左到右
8	&	左到右
9	^	左到右
10	|	左到右
11	&&	左到右
12	||	左到右
13	= += -= *= /= %= >>= <<= &= ^= |=	右到左
14	,	左到右

2.3.7 流程控制

有了运算符就可以得到运算结果，有了结果就可以根据结果去执行相应的代码块，这就用到了流程控制，所谓流程控制就是指"程序怎么执行"或者"程序执行的顺序"。在编写一个 Scala 程序时，程序中有多行代码，这时就会出现一个问题：这些代码先执行哪行？后执行哪行？某行执行结束后再执行哪行？这些就是流程控制的主要内容。如果不掌握流程控制，就无法编写程序。

流程控制一般分为 3 类。

（1）顺序控制：代码从上往下执行。

（2）分支控制：部分代码执行，部分代码不执行。

（3）循环控制：部分代码重复执行。

下面主要介绍后两类流程控制。

1．分支控制

Scala 中的分支结构为 if 语句，if 语句使用布尔表达式作为分支条件来进行分支控制，一般有 3 种结构：单分支结构、双分支结构、多分支结构。

单分支结构的基本语法格式如代码 2-12 所示，当条件表达式的值为 true 时，就会执行 {} 中的执行代码块。

代码 2-12　单分支结构的基本语法格式

```
if(条件表达式){
    执行代码块
}
```

单分支结构示例如图 2-21 所示。

```
[root@node1 ~]# scala
Welcome to Scala 2.12.11 (Java HotSpot(TM) 64-Bit Server VM, Java 1.8.0_241).
Type in expressions for evaluation. Or try :help.

scala> var a=10;
a: Int = 10

scala> if(a<100){printf("name=%s","zhangsan" )}
name=zhangsan
scala> if(a>100){printf("name=%s","lisi" )}

scala>
```

图 2-21　单分支结构示例

双分支结构的基本语法格式如代码 2-13 所示，若条件表达式的值为 true，则执行代码块 1，否则执行代码块 2。

代码 2-13　双分支结构的基本语法格式

```
if(条件表达式){
    执行代码块 1
}else{
    执行代码块 2
}
```

双分支结构示例如图 2-22 所示。

```
[root@node1 ~]# scala
Welcome to Scala 2.12.11 (Java HotSpot(TM) 64-Bit Server VM, Java 1.8.0_241).
Type in expressions for evaluation. Or try :help.

scala> var a=100;
a: Int = 100

scala> if(a>100){print(123)}else{print(321)}
321
scala>
```

图 2-22　双分支结构示例

多分支结构的基本语法格式如代码 2-14 所示，当条件表达式 1 的值为 true 时，执行代码块 1；当条件表达式 2 的值为 true 时，执行代码块 2，否则将继续向下判断，如果所有的表达式都不满足，则会执行代码块 n。

代码 2-14　多分支结构的基本语法格式

```
if(条件表达式1){
    执行代码块1
}else if(条件表达式2){
    执行代码块2
}else if(条件表达式3){
    执行代码块3
}......
}else{
    执行代码块n
}
```

多分支结构示例如图 2-23 所示。

```
scala> var i =20;
i: Int = 20

scala> if(i==10){
        println("i的值=10")
        }else if(i==20){
         println("i的值=20")
        }else{
       println("输入错误!")
        }
i的值=20

scala>
```

图 2-23　多分支结构示例

2．循环控制

循环控制是指在某种条件下将一段代码按顺序重复执行。Scala 中有 3 种主要的循环结构，分别为 for 循环、while 循环和 do…while 循环。本节分别讲解 3 种循环的特点及用法，帮助读者更好地掌握程序中的循环控制。

1）for 循环

for 循环是最常用的一种循环。Scala 中的 for 循环有几种模式，如范围数据循环、循环守卫、循环步长等。

（1）基本语法一：范围数据循环 to。

范围数据循环 to 的基本语法格式如代码 2-15 所示。

代码 2-15　范围数据循环 to 的基本语法格式

```
for( i <- start to end ){
    循环体（语句）
}
```

i 表示循环的变量，<-表示遍历右边的语法结构，to 表示从 start 遍历到 end（左闭右闭）。

示例：使用范围数据循环 to 打印数字 1～10，如图 2-24 所示。

（2）基本语法二：范围数据循环 until。

范围数据循环 until 的基本语法格式如代码 2-16 所示。

```
scala> for(i <- 1 to 10){
           print(i+" ")
       }
1 2 3 4 5 6 7 8 9 10
scala>
```

图 2-24　范围数据循环 to 示例

代码 2-16　范围数据循环 until 的基本语法格式

```
for(i <- start until end ){
    循环体（语句）
}
```

i 表示循环的变量，<-表示遍历右边的语法结构，until 表示从 start 遍历到 end（左闭右开）。

示例：使用范围数据循环 until 打印数字 1～10，如图 2-25 所示。

```
scala> for(i <- 1 until 10){
           print(i+" ")
       }
1 2 3 4 5 6 7 8 9
scala>
```

图 2-25　范围数据循环 until 示例

（3）基本语法三：循环守卫。

循环守卫，即循环保护式（也称条件判断式）。若保护式为 true，则进入循环体内部；若保护式为 false，则跳过。循环守卫的基本语法格式如代码 2-17 所示。

代码 2-17　循环守卫的基本语法格式

```
for (i <- start to end){
    循环体（语句）
}
```

示例：使用循环守卫打印数字 1～10，当 i=5 时跳过本次循环，如图 2-26 所示。

```
scala> for(i <- 1 to 10){
           if(i!=5){
           print(i+" ")
           }
       }
1 2 3 4 6 7 8 9 10
scala>
```

图 2-26　循环守卫示例

（4）基本语法四：循环步长。

在普通 for 循环中，i 默认每次增加的值为 1。在循环步长模式中，可以通过设定 num 的值来设置每次增加的值，循环步长的基本语法格式如代码 2-18 所示。

代码 2-18　循环步长的基本语法格式

```
for(i <- start to end by num){
    循环体（语句）
}
```

示例：使用循环步长打印 1～10 之间的奇数，by num 代表每次 i 增加的值，如图 2-27 所示。

```
scala> for ( i <- 1 to 10 by 2) {
            print(i+" ")
        }
1 3 5 7 9
scala>
```

图 2-27　循环步长示例

（5）基本语法五：循环嵌套。

for 循环嵌套也叫作多重循环，指在两个或多个区间内多次循环，多个循环区间用分号隔开。循环嵌套的基本语法格式如代码 2-19 所示。

代码 2-19　循环嵌套的基本语法格式

```
for(i <- start to end ; j <- start to end ){
    循环体(语句)
}
```

示例：使用循环嵌套打印九九乘法表，如图 2-28 所示。

```
scala> for(i <- 1 to 9;j <- 1 to i){
            print(i +"*"+ j +"=" +i*j+" ");
             if (i == j )  println()
        }
1*1=1
2*1=2 2*2=4
3*1=3 3*2=6 3*3=9
4*1=4 4*2=8 4*3=12 4*4=16
5*1=5 5*2=10 5*3=15 5*4=20 5*5=25
6*1=6 6*2=12 6*3=18 6*4=24 6*5=30 6*6=36
7*1=7 7*2=14 7*3=21 7*4=28 7*5=35 7*6=42 7*7=49
8*1=8 8*2=16 8*3=24 8*4=32 8*5=40 8*6=48 8*7=56 8*8=64
9*1=9 9*2=18 9*3=27 9*4=36 9*5=45 9*6=54 9*7=63 9*8=72 9*9=81
```

图 2-28　循环嵌套示例

2）while 循环

while 循环在每次执行循环体之前，会先对循环条件求值，如果循环条件为 true，则执行循环体部分。while 循环的基本语法格式如代码 2-20 所示。

代码 2-20 while 循环的基本语法格式

```
循环变量初始化;
while(循环条件){
    循环体(语句)
    循环变量迭代
}
```

示例：使用 while 循环打印数字 1～10，如图 2-29 所示。

```
scala> var i:Int = 1;
        while(i<=10){
            print(i+"  ");
            i+=1
        }
1  2  3  4  5  6  7  8  9  10  i: Int = 11
```

图 2-29　while 循环示例

循环条件是返回一个布尔值的表达式。

与 for 语句不同，while 语句没有返回值，即整个 while 语句的结果为 Unit 类型()。因为 while 中没有返回值，所以当用该语句计算并返回结果时，就不可避免要使用变量，而变量需要被声明在 while 循环的外部，就等同于循环的内部对外部的变量造成了影响，因此不推荐使用 while 循环，而推荐使用 for 循环。

3）do…while 循环

do…while 循环与 while 循环的区别在于：while 循环时先判断循环条件，如果条件为真，则执行循环体，而 do…while 循环是先执行循环体，再判断循环条件，如果循环条件为真，则执行下一次循环，否则终止循环。do…while 循环的基本语法格式如代码 2-21 所示。

代码 2-21 do…while 循环的基本语法格式

```
循环变量初始化；
do{
    循环体（语句）
    循环变量迭代
}
while(循环条件)
```

示例：使用 do…while 循环打印数字 1～10，如图 2-30 所示。

```
scala> var i:Int = 1;
        do{
            print(i+"  ");
            i+=1;
        }while(i<=10)
1  2  3  4  5  6  7  8  9  10  i: Int = 11
```

图 2-30   do…while 循环示例

注意：do…while 循环的特点是不论循环条件是否满足，都先执行一次循环体。

循序渐进 2.4：函数式编程

在掌握了 Scala 的基本语法后，接下来我们需要学习 Scala 的编程思想。Scala 源于 Java 和 JavaScript，因此 Scala 既有 Java 面向对象的特征，也有 JavaScript 中函数的特点。在 Scala 中，既有面向对象编程思想，也有函数式编程思想。读者在学习前首先需要认识函数式编程与面向对象编程的区别。

函数式编程：在解决问题时，先将问题分解成一个一个的步骤，然后将每个步骤进行封装（函数），通过调用这些封装好的步骤解决问题。Scala 是一个完全函数式的编程语言。

面向对象编程：在解决问题时，先分解对象、行为、属性，然后通过对象的关系及行为的调用来解决问题。Scala 是一个完全面向对象的编程语言。

在 Scala 中，函数式编程和面向对象编程完美地融合在一起。通过本节的学习，读者可以掌握 Scala 中函数式编程思维。

2.4.1　函数的定义

函数是指一段可以直接被另一段程序或代码引用的程序或代码。

2.4.2　函数基本语法

Scala 函数通过 def 关键字来定义，包含函数名、参数列表、返回值类型及函数体，定义函数的基本语法格式如代码 2-22 所示。

代码 2-22 定义函数的基本语法格式

```
def 函数名(参数列表)：返回值类型={
    函数体
}
```

1. 函数分类

Scala 中的函数分类如下：

（1）无参，无返回值函数。

（2）无参，有返回值函数。

（3）有参，无返回值函数。

（4）有参，有返回值函数。

（5）多参，无返回值函数。

（6）多参，有返回值函数。

示例：定义函数如代码 2-23 所示。

代码 2-23 定义函数

```
object TestFunctionDeclare {
    def main(args: Array[String]): Unit = {
        // 函数 1：无参，无返回值
        def test1 (): Unit ={
            println("无参，无返回值")
        }
        // 函数 2：无参，有返回值
        def test2 ():String={
            return "无参，有返回值"
        }
        // 函数 3：有参，无返回值
        def test3 (s:String):Unit={
            println(s)
        }
        // 函数 4：有参，有返回值
        def test4 (s:String):String={
            return s+"有参，有返回值"
        }
        // 函数 5：多参，无返回值
        def test5 (name:String, age:Int):Unit={
            println(s"$name, $age")
        }
    }
}
```

2. 函数参数

函数的参数主要有以下几种形式。

1）可变长参数

在 Scala 中，有时需要将函数定义为参数个数可变的形式，此时可以使用可变长参数定义函数，示例如图 2-31 所示。

可变长参数的特点：如果参数列表中有多个参数，那么可变参数一般被放置到最后。

```
scala> def test(str:String*):Unit={
            print(str.length)
       }
test: (str: String*)Unit

scala> test("abc")
1
scala> test("abc","def","xyz")
3
scala>
```

图 2-31　可变长参数示例

2）参数有默认值

一般将有默认值的参数放置在参数列表的后面，如果参数有默认值，那么在调用该参数时可以不传递该参数值，示例如图 2-32 所示。

```
scala> def showMsg(a:Int ,name:String="zs") : Unit = {
              print(a + name);
          }
showMsg: (a: Int, name: String)Unit

scala> showMsg(20)
20zs
scala> showMsg(20,"lisi")
20lisi
scala>
```

图 2-32　参数有默认值示例

3）带名参数

在定义函数时，如果有一个参数没有默认值，并且位于参数列表的最后，则可以使用参数名=参数值的形式传递数据，示例如图 2-33 所示。

```
scala> def eat(name:String="zs" ,age:Int) :Unit ={
            print(age+name);
       }
eat: (name: String, age: Int)Unit

scala> eat(age=10)
10zs
```

图 2-33　带名参数示例

2.4.3　函数和方法的区别

为完成某一功能的程序语句的集合被称为函数，类中的函数被称为方法。函数没有重载和重写的概念，但方法可以进行重载和重写，并且 Scala 中的函数可以被嵌套定义，如代码 2-24 所示。

代码 2-24　函数的嵌套定义

```
object TestFunction {
  // 方法可以进行重载和重写，程序可以执行
  def main(): Unit = {}
  def main(args: Array[String]): Unit = {
    // Scala 可以在任何的语法结构中声明任何的语法
    import java.util.Date
    new Date()
    // 函数没有重载和重写的概念，程序报错
    def test (): Unit ={
        println("无参，无返回值")
```

```
    }
    def test (name:String):Unit={
        println()
    }
    // Scala 中的函数可以被嵌套定义
    def test2 (): Unit ={
            def test3 (name:String):Unit={
                    println("函数可以被嵌套定义")
            }
    }
    }
}
```

2.4.4 函数至简原则

Scala 函数遵循至简原则，Scala 函数代码在有些情况下可以被省略，具体如下。

（1）可以省略 return 关键字，Scala 会使用函数体的最后一行代码作为返回值，如代码 2-25 所示。

代码 2-25 省略 return 关键字的函数

```
def test(a:String ):String = {
      a
}
print(test("abc"))    //执行结果为 abc
```

（2）如果函数体只有一行代码，则可以省略大括号，如代码 2-26 所示。

代码 2-26 省略大括号的函数

```
def test(a:String):String=
    a
```

（3）返回值类型如果能被推断出来，那么可以省略返回值类型（:和返回值类型一起省略），如代码 2-27 所示。

代码 2-27 省略返回值类型的函数

```
def test(age:Int):Int= {
  age
}
//省略返回值类型后
def test(age:Int)= {
  age
}
```

（4）如果有 return 关键字，则不能省略返回值类型，且必须指定，如代码 2-28 所示。

代码 2-28 有 return 关键字不能省略返回值类型的函数

```
def test(age:Int):Int= {
    return age
}
```

（5）如果函数明确声明 Unit，那么即使函数体中使用 return 关键字也不起作用。

（6）如果 Scala 期望是无返回值类型，那么可以省略等号，如代码 2-29 所示。

代码 2-29 省略等号的函数

```
def test(age:Int){}
```

（7）如果函数无参，但是声明了参数列表，那么在调用函数时，可以省略小括号，如代码 2-30 所示。

代码 2-30 无参函数可省略小括号

```
def test(){}
def main(args: Array[String]): Unit = {
    test()
     test
}
```

（8）如果函数没有参数列表，那么可以省略小括号，在调用函数时小括号必须被省略，如代码 2-31 所示。

代码 2-31 无参数列表时省略小括号

```
def test{}
def main(args: Array[String]):Unit={
    test
}
```

（9）如果不关心函数名称，只关心逻辑处理，那么可以省略函数名（def），这类函数被称作匿名函数。

2.4.5　匿名函数

匿名函数就是没有名字的函数。Scala 中定义匿名函数的基本语法格式如代码 2-32 所示，=>左边是参数列表，右边是函数体，使用匿名函数可以使代码更简洁。

代码 2-32 定义匿名函数的基本语法格式

```
(x:数据类型) => {函数体}
```

x：表示参数类型；数据类型：表示输入参数类型；函数体：表示具体代码。

2.4.6　高阶函数

高阶函数（Higher-Order Function）就是操作其他函数的函数。Scala 中允许使用高阶函数，高阶函数可以使用其他函数作为参数，或者使用函数作为返回值。

（1）函数可以作为值进行传递，基本语法格式如代码 2-33 所示。

代码 2-33 定义高阶函数的基本语法格式

```
var 变量 = 函数名 _
```

（2）函数作为值进行传递的示例如图 2-34 所示。

（3）函数作为参数进行传递，可以扩展函数的功能，并提高函数的灵敏度。

定义一个函数 f1，函数参数还是一个函数，函数名称为 f，f 函数的参数为(Int,Int)，表示输入 2 个 Int 类型的参数，f 和 f1 函数的返回值均为 Int 类型。

定义一个新函数，参数、返回值类型和 f1 函数的输入参数一致，示例如图 2-35 所示。

```
scala> def f(a:Int) :Int={
         a
       }
f: (a: Int)Int

scala> var b:Int=>Int =f
b: Int => Int = $Lambda$1067/702340380@7cdb7fc

scala> var b= f _
b: Int => Int = $Lambda$1068/2079743503@33215ffb

scala> print(b)
$line11.$read$$iw$$iw$$$Lambda$1068/2079743503@33215ffb
scala> print(b(1))
1
          _
```

图 2-34   函数作为值传递示例

```
scala> def f1(f:(Int,Int)=>Int):Int={
          f(2,4)
        }
f1: (f: (Int, Int) => Int)Int

scala> def add(a:Int , b:Int):Int = a+b
add: (a: Int, b: Int)Int

scala> print(f1(add))
6
scala>
```

图 2-35   函数作为参数传递示例

（4）函数可以作为函数返回值进行传递，示例如图 2-36 所示。

```
scala> def f1():(Int,Int)=>String={
     |    def f2(a:Int,b:Int):String={
     |       a+b+""
     |    }
     |    f2
     | }
f1: ()(Int, Int) => String

scala> val f = f1()
f: (Int, Int) => String = $Lambda$1075/2046364218@22bdb1d0

scala> println(f(1,2))
3

scala> f1()(1,2)
res1: String = 3

scala>
```

图 2-36   函数作为函数返回值传递示例

2.4.7 函数柯里化

在函数编程中，接受多个参数的函数都可以转化为接受单个参数的函数，这个转化过程被称为柯里化，柯里化证明了函数只需要一个参数即可。柯里化是以函数为主体的思想发展必然产生的结果，函数柯里化示例如图 2-37 所示。

```
scala> def mul(x:Int,y:Int) = x*y

mul: (x: Int, y: Int)Int

scala> print(mul(10,10))
100
scala> def mulCurry(x:Int) = (y:Int) => x*y
mulCurry: (x: Int)Int => Int

scala> print(mulCurry(10)(9))
90
scala> def mulCurry2(x:Int)(y:Int) = x*y
mulCurry2: (x: Int)(y: Int)Int

scala> print(mulCurry2(10)(8))
80
scala>
```

图 2-37 函数柯里化示例

循序渐进 2.5：面向对象编程

面向对象思想是一种程序设计思想，在面向对象思想的指引下，使用程序语言去设计、开发计算机程序。这里的对象泛指现实中的一切事物，每种事物都具备自己的属性和行为。面向对象思想就是在设计计算机程序的过程中，参照现实中的事物，将事物的属性特征、行为特征抽象出来，描述成计算机事件的设计思想。它区别于面向过程思想，强调的是通过调用对象的行为来实现功能，而不是通过自己一步一步地操作来实现。通过本节的学习，读者可以更清晰地掌握程序设计中面向对象的编程思维。

2.5.1 包

包用于将类、子包、特征和其他包放在一起。它是 Scala 文件和目录中代码的命名空间，用于将代码维护在文件夹中，以使其与其他成员隔离，还可以使用访问说明符（如 public（未指定任何内容），特定于包、受保护的、私有的）来管理对成员的访问。

1. 包的声明语法

在 Scala 中，声明包的基本语法格式如代码 2-34 所示。

代码 2-34 声明包的基本语法格式

```
package package_name
```

在编写 Scala 源代码时，包名和源代码所在的目录结构可以不一样。在编译后，字节码文件和包路径会保持一致（编译器自动完成）。

2. 包的命名规则

在 Scala 中，包的命名需要遵循以下规则。

（1）包名由数字、大小写英文字母、_和$组成，多级包中间用.分隔。

（2）命名规范一般为小写字母+小圆点，具体格式：com.公司名.项目名.业务模块名。

3. 包的管理

在 Scala 中，包的管理方式有以下两种。

（1）每个源文件一个包，包名用 "." 进行分隔以表示包的层级关系。

（2）通过嵌套的方式表示层级关系。

包的管理方式示例如代码 2-35 所示。

代码 2-35 包的管理方式示例

```
// 以.分隔方式
package com.uek.scala
// 嵌套方式
package com{
    package uek{
            package scala{
                }
        }
}
```

其中，使用嵌套方式声明包，一个源文件中可以声明多个包，并且子包中的类可以直接访问父包中的内容，不需要导包。

4. 包对象

在 Scala 中，可以为每一个包定义一个同名的包对象，定义在包对象的成员，作为其对应包下的所有 class 和 object 的共享变量，可以被直接访问。

定义包对象示例如代码 2-36 所示。

代码 2-36 定义包对象示例

```
package object com{
    val shareValue = "share"
    def shareMethod()={}
}
```

5. 导包方式

Scala 类如果需要使用某一个包下的代码，则需要将该包导入 Scala 类中，具体的导入方式如下。

（1）使用 import 导入：可以在顶部使用 import 导入，在这个文件中的所有类都可以使用。

（2）局部导入：什么时候使用，什么时候导入，在其作用范围内都可以使用。

（3）通配符导入：import java.util._。

（4）给类起名：import java.util.{ArrayList=>JL}。

（5）导入相同包的多个类：import java.util.{HashSet, ArrayList}。

（6）屏蔽类：import java.util.{ArrayList =>_,_}。

（7）导入包的绝对路径：new _root_.java.util.HashMap。

2.5.2　类和对象

类（Class）是面向对象设计（Object-Oriented Programming，OOP）实现信息封装的基础，是一种用户定义的引用数据类型，是对现实生活中一类具有共同特征的事物的抽象。类的内部封装了属性和方法，用来操作自身的成员。对象是一类事物的具体表现形式，必然具备该事物的属性和行为。类是对象的抽象，对象是类的具体表现形式。

定义类的基本语法格式如代码 2-37 所示。

代码 2-37 定义类的基本语法格式

```
[修饰符] class 类名 {
      类体
}
```

类可以被访问控制修饰符控制修饰类的权限。同时，类中可以具备属性、方法和构造器，在一个 Scala 文件中可以声明多个类。

1. 属性

属性是类的组成部分，用于描述事物的状态信息。例如，猫的颜色、体重、年龄。

定义属性的基本语法格式如代码 2-38 所示。

代码 2-38 定义属性的基本语法格式

```
[修饰符] var|val 属性名称 [：类型] = 属性值
```

2. 方法

方法是类的组成部分，又称为类的行为，表明该类可以做什么。例如，猫会走路、会叫、会吃东西。

定义方法的基本语法格式如代码 2-39 所示。

代码 2-39 定义方法的基本语法格式

```
def 方法名(参数列表) [：返回值类型] = {
      方法体
}
```

3. 构造器

Scala 构造对象也需要调用构造方法，并且可以有任意多个构造方法。Scala 类的构造器包括主构造器和辅助构造器。定义构造器的基本语法格式如代码 2-40 所示。

代码 2-40 定义构造器的基本语法格式

```
class 类名(形参列表) {   // 主构造器
      // 类体
      def  this(形参列表) {  // 辅助构造器
      }
      def  this(形参列表) {  //辅助构造器可以有多个...
      }
}
```

Scala 构造器的注意事项：

（1）辅助构造器函数的名称为 this，可以有多个，编译器通过参数的个数及类型来区分。

（2）辅助构造方法不能直接构建对象，必须直接或间接调用主构造方法。

（3）构造器调用其他构造器，要求被调用的构造器必须提前声明。

（4）如果主构造器无参数，则可省略小括号，在构建对象时也可以省略调用的构造方法的小括号。

2.5.3 封装

封装就是把抽象出来的数据和对数据的操作封装在一起。数据被保护在内部，程序无法直接访问数据，需要通过被提供的接口或者惭怍（成员方法）才能对数据进行操作。

一般的封装操作如下。

（1）将类中的属性私有化。

（2）提供一个公共的 get 方法用于获取属性的值。

（3）提供一个公共的 set 方法用于对属性赋值。

Scala 建议设置 get、set 方法并通过@BeanProperty 注解实现。在 Scala 中，也可以使用类似于 Java 中的访问控制修饰符达到同样的效果，但在使用上有区别，具体的访问控制修饰符使用区别如下。

（1）Scala 中属性和方法的默认访问权限为 public，但 Scala 中无 public 关键字。

（2）private 为私有权限，只可以在类的内部和伴生对象中被使用。

（3）protected 为受保护权限，Scala 中受保护权限比 Java 中更严格，同类、子类可以访问，但同包无法访问。

（4）private[包名]增加包访问权限，包名下的其他类也可以使用，如代码 2-41 所示。

代码 2-41 增加包访问权限

```
private[test] var name:String = "zs"   //代表 test 类下也可以访问该私有类
```

2.5.4 继承

当多个类中存在相同属性和行为时，如果将这些内容抽取到单独一个类中，那么多个类无须再定义这些属性和行为，只要继承那一个类即可。继承的基本语法格式如代码 2-42 所示。

代码 2-42 继承的基本语法格式

```
class 子类名 extends 父类名 { 类体 }
```

子类继承父类后，子类可以拥有父类的属性和方法，在 Scala 中只有单继承。

继承的相关注意事项：

（1）继承的主类可以直接调用父类的属性和行为。

（2）继承运行的是父类的构造器。

（3）在运行子类的构造器之前会先运行父类的构造器。

（4）在继承父类的有参构造器时，要保证子类的主构造器的参数小于继承父类的构造器。

继承示例如代码 2-43 所示。

代码 2-43 继承示例

```
class Person(){
 var name:String = "zhangsan"
 def sayHi():Unit = {
  println(s"hi $name")
 }
 def this(name: String) = {
  this()
  println("父类的辅助构造器")
  this.name = name
 }
}
class Student(name:String,age:Int) extends Person(name:String){
 def this(name: String) = {
  this(name,18)
```

```
    println("子类的辅助构造器")
  }
}
```

2.5.5 抽象类

在 Scala 中，一个被 abstract 关键字修饰的类，若类中包含没有实现的成员，即对象没有初始值，定义的方法没有方法体，则该类就是抽象类。

抽象类、抽象属性、抽象方法的定义如下。

（1）抽象类：定义抽象类的基本语法格式如代码 2-44 所示。

代码 2-44 定义抽象类的基本语法格式

```
abstract class Person{}
```

（2）抽象属性：没有初始化的属性。定义抽象属性的基本语法格式如代码 2-45 所示。

代码 2-45 定义抽象属性的基本语法格式

```
val | var name:String
```

（3）抽象方法：只声明而没有实现的方法，就是抽象方法。定义抽象方法的基本语法格式如代码 2-46 所示。

代码 2-46 定义抽象方法的基本语法格式

```
def  hello():String
```

抽象类的特点：

（1）如果父类为抽象类，那么子类需要将抽象的属性和方法实现，否则子类也需要声明为抽象类。

（2）重写非抽象方法需要用 override 关键字修饰，但重写抽象方法可以不加 override 关键字。

（3）使用 super 关键字可以在子类中调用父类的方法。

（4）子类对抽象属性进行实现，父类抽象属性可以用 var 关键字修饰。

（5）子类对非抽象属性进行重写，父类非抽象属性只支持 val 关键字，而不支持 var 关键字。

2.5.6 伴生对象

Scala 是完全面向对象的语言，它没有类似于 Java 中的静态的操作，但为了能够和 Java 交互，就产生了一种特殊的对象来模拟类对象，这种特殊的对象被称为单例对象。若单例对象名与类名一致，则称该单例对象为这个类的伴生对象，这个类的所有"静态"内容都可以放置在它的伴生对象中声明。

定义伴生对象的基本语法格式如代码 2-47 所示。

代码 2-47 定义伴生对象的基本语法格式

```
object Person{
}
```

伴生对象的特点：

（1）单例对象使用 object 关键字声明。

（2）单例对象对应的类被称为伴生类，伴生对象的名称应该和伴生类名一致。

（3）单例对象中的属性和方法都可以通过伴生对象名（类名）直接调用访问。

伴生对象的 apply 方法：

（1）通过伴生对象的 apply 方法，可以实现不使用 new 关键字创建对象。

（2）如果想让主构造器变为私有的，则可以在()前加上 private 关键字。

（3）apply 方法可以重载。

（4）当使用 new 关键字创建对象时，调用的是类的构造方法；当直接使用类名创建对象时，调用的是伴生对象的 apply 方法。

创建对象示例如代码 2-48 所示。

代码 2-48 创建对象示例

```scala
object Test {
    def main(args: Array[String]): Unit = {
        //通过伴生对象的 apply 方法，可以实现不使用 new 关键字创建对象。
        val p1 = Person()
        println("p1.name=" + p1.name)
        val p2 = Person("bobo")
        println("p2.name=" + p2.name)
    }
}
//如果想让主构造器变为私有的，则可以在()前加上 private 关键字
class Person private(cName: String) {
    var name: String = cName
}
object Person {
    def apply(): Person = {
        println("apply 空参被调用")
        new Person("xx")
    }
    def apply(name: String): Person = {
        println("apply 有参被调用")
        new Person(name)
    }
}
```

2.5.7 特质

在 Scala 中，采用特质 trait（特征）来代替 Java 中接口的概念。也就是说，多个类具有相同的特质（特征）时，就可以将这个特质（特征）独立出来，并使用 trait 关键字声明。

Scala 的特质中既可以有抽象的属性和方法，也可以有具体的属性和方法，一个类可以混入（mixin）多个特质。所有的 Java 接口都可以当作 Scala 特质使用。Scala 引入 trait 特征，既可以替代 Java 的接口，也是对单继承机制的一种补充。

1. 定义特质

定义特质的基本语法格式如代码 2-49 所示。

代码 2-49 定义特质的基本语法格式

```scala
trait 特质名{
    trait 主体
}
```

```
// 示例代码
trait PersonTrait {
    // 声明属性
    var name:String = _
    // 声明方法
    def eat():Unit={ }
    // 抽象属性
    var age:Int
    // 抽象方法
    def say():Unit
}
```

2．特质的使用

如果一个类具有某个特质（特征），就意味着这个类满足了这个特质（特征）的所有要素。所以在使用时，应该使用 extends 关键字来继承特质，如果有多个特质或存在父类，那么需要使用 with 关键字连接，使用特质的基本语法格式如代码 2-50 所示。

代码 2-50　使用特质的基本语法格式

```
class 类名 extends 特质 1 with 特质 2 with 特质 3 …
```

使用特质的注意事项：

（1）类和特质的关系是使用继承的关系。

（2）当一个类去继承特质时，第一个连接词是 extends，后面是 with。

（3）如果一个类同时继承特质和父类，那么应当把父类写在 extends 后面。

（4）动态混入：创建对象时混入特质，无须使类混入该特质；如果混入的特质中有未实现的方法，则需要实现。

循序渐进 2.6：数据集合与文件操作

数据集合与文件操作都是处理数据的方式，集合是一组可变数量的数据项（数据项可能为 0 个）的组合，这些数据项可能共享某些特征，需要以某种操作方式对数据项一起进行操作。一般来讲，这些数据项的类型是相同的。Scala 提供了一套很好的集合实现，提供了一些集合类型的抽象。Scala 集合分为可变集合和不可变集合。可变集合可以在适当的地方被更新或扩展，这意味着可变集合中的元素可以被修改、添加或移除。相比之下，不可变集合中的元素永远不会被改变。不过，用户仍然可以模拟添加、移除或更新操作。但是，这些操作将在每一种情况下都返回一个新的集合，同时使原来的集合不发生改变。通过本节的学习，读者可以掌握常用集合类型的应用及文件操作的相关语法。

2.6.1　集合简介

Scala 的集合有三大类：序列 Seq、集 Set、映射 Map。所有的集合都扩展自 Iterable 特质。对于几乎所有的集合类，Scala 都提供了可变和不可变两个版本，分别位于以下两个包。

（1）不可变集合：scala.collection.immutable，指该集合对象不可被修改，每次修改都会返回一个新对象，而不会修改原对象。

（2）可变集合：scala.collection.mutable，指集合可以直接修改原对象，而不会返回新的对象。

Scala 集合体系如图 2-38 所示。

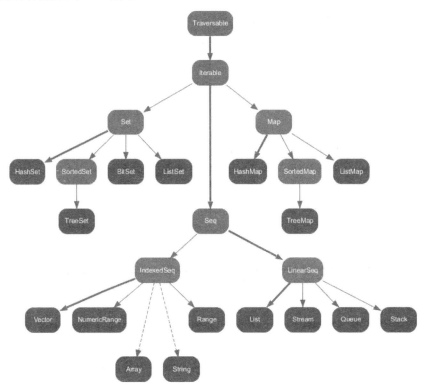

图 2-38　Scala 集合体系

2.6.2　数组

Scala 提供了一种数据结构，这种数据结构被称为数组，数组是一种存储相同类型元素的固定大小的顺序集合。数组用于存储数据集合，但通常将数组视为相同类型变量的集合更有用。在 Scala 中，数组分为不可变数组和可变数组。

1．不可变数组（Array）

不可变数组指数组的长度不可以改变，不可以添加或删除元素。定义不可变数组的方式如代码 2-51 所示。

代码 2-51　定义不可变数组一

```
val arr = new Array[Int] (10)
```

new 是关键字，用于创建数组。[Int]是指定存放的数据类型，如果希望存放任意数据类型的数据，则指定 Any。(10)表示数组的长度，确定后就不可以改变。

定义不可变数组的第二种方式如代码 2-52 所示。在定义数组时，直接给定数组的初始值。

代码 2-52　定义不可变数组二

```
val arr = array(1,2,3,4,5)
```

2．可变数组（ArrayBuffer）

可变数组指数组的长度可以改变，可以添加或删除元素。定义可变数组的方式如代码 2-53 所示。

代码 2-53 定义可变数组

```
val arr = ArrayBuffer[Any](3,2,5)
```

[Any]表示存放任意数据类型，(3,2,5)表示初始化好的 3 个元素。可变数组增加元素使用 append()方法，支持可变参数。

3．不可变数组和可变数组的转换

不可变数组和可变数组之间是可以互相转换的，具体转换方式如下。

（1）不可变数组转换为可变数组：arr1.toBuffer。返回的结果是一个可变数组，arr1 本身不发生改变。

（2）可变数组转换为不可变数组：arr2.toArray。返回的结果是一个不可变数组，arr2 本身不发生改变。

2.6.3　列表

列表分为 List 和 ListBuffer。其中，List 为不可变列表，ListBuffer 为可变列表。不可变列表修改（添加、删除等操作）元素必须生成一个新的列表当作修改后的结果，原有的列表是不变的；而可变列表可以直接对原有列表进行修改（添加、删除等操作），可以生成新列表也可以不生成新列表，原有的列表可以被改变。

1．List

List 默认为不可变列表，List 列表中的数据有顺序、可重复。List 列表的基本操作如代码 2-54 所示。

代码 2-54 List 列表的基本操作

```
object TestList {
def main(args: Array[String]): Unit = {
        //List 默认为不可变列表
        //创建一个 List（数据有顺序、可重复）
        val list: List[Int] = List(1,2,3,4,3)
        //空集合 Nil
        val list5 = 1::2::3::4::Nil
        //List 增加数据
        //::的运算规则为从右向左
        //val list1 = 5::list
         val list1 = 7::6::5::list
         //添加到第一个元素位置
         val list2 = list.+:(5)
           //集合间合并：将一个整体拆分为一个一个的个体，也称为扁平化
        val list3 = List(8,9)
        //val list4 = list3::list1
        val list4 = list3:::list1
        //取指定数据
        println(list(0))
        //遍历 List
        //list.foreach(println)
        //list1.foreach(println)
        //list3.foreach(println)
        //list4.foreach(println)
        list5.foreach(println)
```

```
    }
}
```

2. ListBuffer

ListBuffer 为可变列表，可以对列表进行修改、添加、删除等操作。ListBuffer 列表的基本操作如代码 2-55 所示。

代码 2-55　ListBuffer 列表的基本操作

```
import scala.collection.mutable.ListBuffer
object TestList {
    def main(args: Array[String]): Unit = {
        //创建一个可变列表
        val buffer = ListBuffer(1,2,3,4)
        //向列表中添加数据
        buffer.+=(5)
        buffer.append(6)
        buffer.insert(1,2)
        //打印数据
        buffer.foreach(println)
        //修改数据
        buffer(1) = 6
        buffer.update(1,7)
        //删除数据
        buffer.-(5)
        buffer.-=(5)
        buffer.remove(5)
    }
}
```

不可变列表与可变列表的区别在于添加一个新元素时：

（1）若使用的是:+方法，则 List 和 ListBuffer 都会生成一个新的列表，原列表都不变。

（2）若使用的是+=方法，则 List 会报错（List 没有+=方法）；ListBuffer 会生成一个新的列表，原列表会发生改变。

（3）若使用的是.append 方法，则 List 会报错（List 没有.append 方法）；ListBuffer 不会生成新列表，原列表会发生改变。

2.6.4　Set 集合

Scala 的 Set 集合中不存在重复元素，Set 集合是无序的。Scala 中的集合分为不可变集合和可变集合，Set 集合也是如此。

1. 不可变 Set 集合

Set 集合默认为不可变集合，不可以对集合进行增加或删除等操作。不可变 Set 集合的创建与操作如代码 2-56 所示。

代码 2-56　不可变 Set 集合的创建与操作

```
def test() = {
    val x = Set[String]("a","c","b")
    //x.add("d")无法使用，因为是不可变集合，所以没有 add 方法
    val y = x + "d" + "f"   // 增加新的元素，生成一个新的集合
    val z = y - "a"   // 删除一个元素，生成一个新的集合
    val a = Set(1,2,3)
```

```
        val b = Set(1,4,5)
        val c = a ++ b  // 生成一个新的集合，增加集合
        val d = a -- b  // 生成一个新的集合，去除集合
        val e = a & b  // 与操作
        val f = a | b  // 或操作
}
```

由于集合类型为不可变类型，因此所有的语句结果都生成一个新的集合。

2. 可变集合 mutable.Set

Scala 中的 Set 集合默认为不可变集合，如果要使用可变集合，则需要引用 scala.collection. mutable 包。可变 Set 集合的创建与操作如代码 2-57 所示。

代码 2-57 可变 Set 集合的创建与操作

```
object TestSet {
    def main(args: Array[String]): Unit = {
        //创建可变集合
        val set = mutable.Set(1,2,3,4,5,6)
        //集合添加元素
        set += 8
        //向集合中添加元素，并返回一个新的 Set
        val ints = set.+(9)
        println(ints)
        println("set2=" + set)
        //删除数据
        set-=(5)
        //打印集合
        set.foreach(println)
        println(set.mkString(","))
    }
}
```

2.6.5 Map 集合

Map 是日常开发中使用非常频繁的一种数据结构。Map 作为一个存储键-值对（key-value）的容器，key 值必须是唯一的。

1. 不可变 Map

在默认情况下，可以通过 Map 直接创建一个不可变的 Map 容器对象，这时容器中的内容是不能被改变的。不可变 Map 的创建及操作如代码 2-58 所示。

代码 2-58 不可变 Map 的创建及操作

```
object TestMap {
    def main(args: Array[String]): Unit = {          // Map
        //创建不可变集合 Map
        val map = Map( "a"->1, "b"->2, "c"->3 )
        //访问数据
        for (elem <- map.keys) {
            //使用 get 访问 Map 集合的数据
            //会返回特殊类型 Option（选项）：有值（Some）、无值（None）
            println(elem + "=" + map.get(elem).get)
}

        //如果 key 不存在，则返回 0
```

```
        println(map.get("d").getOrElse(0))
        println(map.getOrElse("d", 0))
        //循环打印
        map.foreach((kv)=>{println(kv)})
    }
}
```

2. 可变 Map

如果要使用可变 Map，则需要使用 mutable 中的 map 相关类。可变 Map 的创建及操作如代码 2-59 所示。

代码 2-59 可变 Map 的创建及操作

```
object TestSet {
    def main(args: Array[String]): Unit = {
        //创建可变集合
        val map = mutable.Map( "a"->1, "b"->2, "c"->3 )
        //向集合中增加数据
        map.+=("d"->4)
        // 将数值 4 添加到集合中，并将集合中的原值 1 返回
        val maybeInt: Option[Int] = map.put("a", 4)
        println(maybeInt.getOrElse(0))
        //删除数据
        map.-=("b", "c")
        //修改数据
        map.update("d",5)
        map("d") = 5
        //打印集合
        map.foreach((kv)=>{println(kv)})
    }
}
```

2.6.6 元组

元组也可以理解为一个容器，用于存放各种相同或不同类型的数据。简单来讲，将多个无关的数据封装为一个整体，就是元组。元组中最多只能有 22 个元素。

元组的特点如下。

（1）声明元组的方式：(元素 1,元素 2,元素 3)。

（2）访问元组。

（3）Map 中的键-值对其实就是元组，只不过元素个数为 2，我们称之为对偶。

元组相关操作如代码 2-60 所示。

代码 2-60 元组操作

```
object TestTuple {
    def main(args: Array[String]): Unit = {
        //声明元组的方式：（元素 1,元素 2,元素 3）
        val tuple: (Int, String, Boolean) = (40,"bobo",true)
        //访问元组
        //通过元素的顺序进行访问，调用方式：_顺序号
        println(tuple._1)
        println(tuple._2)
        println(tuple._3)
        //通过索引访问数据
```

```
println(tuple.productElement(0))
//通过迭代器访问数据
for (elem <- tuple.productIterator) {
    println(elem)
}
//Map 中的键-值对其实就是元组，只不过元素个数为 2，我们称之为对偶
val map = Map("a"->1, "b"->2, "c"->3)
val map1 = Map(("a",1), ("b",2), ("c",3))
map.foreach(tuple=>{
println(tuple._1 + "=" + tuple._2)
})
    }
}
```

2.6.7 文件操作

对文件进行操作也是对数据进行处理。文件操作是在文件中读取、存储、删除和修改数据。在 Scala 中，我们可以从文件中获取数据，并以不同的方式将数据存储在文件中。Scala 通过使用 Java 中的库实现文件操作，Scala 在文件处理中使用的库为 java.io.File。通过本节的学习，读者可以掌握 Scala 中操作文件的方式。

1. 读取文件内容

在 Scala 中可以逐行读取文件内容。读取 myfile.txt 文件中的内容如代码 2-61 所示。

代码 2-61 读取 myfile.txt 文件中的内容

```
import scala.io.Source  object MainObject{
    def main(args:Array[String]){
        //file name
        val filename = "myfile.txt"
        //文件读取，通过传递创建对象名
        //文件名，即文件对象
        val filereader = Source.fromFile(filename)
        //循环输入每行内容
        for(line<-filereader.getLines){
            println(line)
        }
    //关闭流
    filereader.close()
    }
}
```

2. 写入文件内容

在 Scala 中可以创建文件，并在文件中写入内容。

创建一个名为 myfile.txt 的文件，并在该文件中写入内容，如代码 2-62 所示。

代码 2-62 创建 myfile.txt 文件并写入内容

```
import java.io._  object WriteFileExample {
    def main(args:Array[String]){
        //创建文件对
        val file = new File("myfile.txt" )
        //创建 PrintWriter 的对象
```

```
    val pw = new PrintWriter(file)
    //将文本写入文件
    pw.write("Welcome @ NHOOO\n")
    pw.write("writing text to the file\n")
    //关闭 PrintWriter
    pw.close()
    println("PrintWriter saved and closed...")
  }
}
```

实战演练 2.7：智慧交通车牌分类识别

近几年，计算机技术、图像处理技术和成像识别技术的高速发展，为传统的交通车辆管理带来了巨大的变革。先进的计算机技术可以快速处理、识别车辆信息，图像处理技术和成像识别技术的高速发展提高了车辆识别的准确性。在此基础上，开发智慧交通车牌分类识别系统显得尤为重要。

每个地区的车牌都有固定的车牌信息，通过本章的学习，读者可以编写 Scala 应用程序来查询车牌归属地。本项目不仅让读者掌握智慧交通车牌分类识别系统的实现逻辑，还为后续的项目开发打下了良好的基础。

2.7.1 函数识别车牌所在地

实现函数识别车牌所在地需要以下几个步骤。

（1）定义车牌分类数组。数组用于存放不同省份的车牌，如"晋A：山西省太原市"，如图 2-39 所示。

```
scala> val hebei = Array("冀A","冀B","冀C","冀D","冀E","冀F","冀H","冀G","冀J","冀R"
,"冀T")
hebei: Array[String] = Array(冀A, 冀B, 冀C, 冀D, 冀E, 冀F, 冀H, 冀G, 冀J, 冀R, 冀T)

scala> val shanxi = Array("晋A","晋B","晋C","晋D","晋E","晋F","晋H","晋J","晋K","晋L
","晋M")
shanxi: Array[String] = Array(晋A, 晋B, 晋C, 晋D, 晋E, 晋F, 晋H, 晋J, 晋K, 晋L, 晋M)

scala> val beijing = Array("京A","京B","京C","京D","京E","京F","京G","京H","京J","京
K","京L","京M","京N","京O","京P","京Q","京V")
beijing: Array[String] = Array(京A, 京B, 京C, 京D, 京E, 京F, 京G, 京H, 京J, 京K, 京L
, 京M, 京N, 京O, 京P, 京Q, 京V)
```

图 2-39   定义车牌分类数组

（2）定义识别车牌地区函数，并用该函数查询开头为晋的车牌号码，如图 2-40 所示。

```
scala> def identify(lience:String)={
        if(shanxi.contains(lience)){
            println("车牌属于山西省")
        }else if(beijing.contains(lience)){
            println("车牌属于北京市")
        }else if(hebei.contains(lience)){
            println("车牌属于河北省")
        }else{
            println("属于其他省份")
        }
    }
identify: (lience: String)Unit

scala> identify("晋K")
车牌属于山西省
```

图 2-40   识别车牌地区

2.7.2　统计太原市车牌数量

　　每个车牌都有特定的管辖区，同一省份的车牌也分别会被某一个城市管辖，每一个城市的车牌数量从客观上可以反映该地区的发展程度，也可以从侧面反映该地区的人流量。以太原市为例，统计太原市的车牌数量。上一节统计了山西省的车牌数量，本节要求筛选出山西省太原市的车牌数量，要完成这一任务，需要用到定义函数 count(lience:String)。首先用数组存储数据，并初始化 sum 值为 0，然后遍历该数组是否含有参数 lience（如晋 A），若有，则 sum+1，如图 2-41 所示。

```scala
scala> def count(lience:String){
          val arr = Array("1001,晋A11111,白色,轿车,奔驰",
                          "1002,京B12443,黑色,轿车,大众",
                          "1003,京A83921,黄色,SUV,本田",
                          "1004,京B83921,灰色,轿车,日产");
          var sum = 0;
          for(a<-arr;if a.contains(lience)){
              sum = sum+1;
          };
           println(sum);
          }
count: (lience: String)Unit

scala> count("晋A")
2
```

图 2-41　统计太原市车牌数量

2.7.3　根据车牌所在地对车牌数据分组

　　上一节统计了山西省太原市的车牌数量，本节要求筛选各地区的所有车牌数据。要完成这一任务，需要先对各个地区的车牌号进行分组，然后根据地区获取分组内的车牌号，如图 2-42 所示。

```scala
scala> val lience:List[String]=List("1001,晋A11111,白色,轿车,奔驰",
                                    "1002,京B12443,黑色,轿车,大众",
                                    "1003,晋A83921,黄色,SUV,本田",
                                    "1004,京B83921,灰色,轿车,日产")
lience: List[String] = List(1001,晋A11111,白色,轿车,奔驰, 1002,京B12443,黑色,轿车,大
众, 1003,晋A83921,黄色,SUV,本田, 1004,京B83921,灰色,轿车,日产)

scala> lience.groupBy(x=>x.split(","))
res1: scala.collection.immutable.Map[Array[String],List[String]] = Map(Array(1003,
晋A83921, 黄色, SUV, 本田) -> List(1003,晋A83921,黄色,SUV,本田), Array(1001, 晋A1111
1, 白色, 轿车, 奔驰) -> List(1001,晋A11111,白色,轿车,奔驰), Array(1004, 京B83921, 灰
色, 轿车, 日产) -> List(1004,京B83921,灰色,轿车,日产), Array(1002, 京B12443, 黑色,
轿车, 大众) -> List(1002,京B12443,黑色,轿车,大众))
```

图 2-42　车牌所在地分组

2.7.4　车牌所在地信息查询程序

　　本节要求读取完整的数据，并编写车牌所在地信息查询程序。要完成这一任务，首先需要定义一个单例对象，在该对象中定义一个方法，在该方法中读取完整的数据，并将数据存储在一个列表中，然后输入要查询的车牌号，程序在接收到屏幕指令后，会遍历存储数据的列表，如果列表中存在该元素，则将该元素的信息打印出来，如代码 2-63 所示。

代码 2-63　车牌所在地信息查询程序

```scala
import scala.io.Source;
object Lience{
```

```
def checkLience(){
    val lience = for(line<-Source.fromFile("/opt/lience.txt").getLines)yield line;
    val lienceList:List[String]=lience.toList;
    var num:String = Console.readLine;
    for(line <- lienceList;if line.contains(num)){
        println(line);
    };
}
```

使用":psate"模式，粘贴上述代码，导入 Lience 对象，调用 Lience 中的 checkLience()方法，输入一个车牌号，按 Enter 键就可以打印出该车牌的信息，如图 2-43 所示。

```
import scala.io.Source;
object Lience{
    def checkLience(){
        val lience = for(line<-Source.fromFile("/opt/lience.txt").getLines)yield line;
        val lienceList:List[String]=lience.toList;
        var num:String = Console.readLine;
        for(line <- lienceList;if line.contains(num)){
            println(line);
        };
    }
}

// Exiting paste mode, now interpreting.

<console>:16: warning: method readLine in class DeprecatedConsole is deprecated (since
2.11.0): use the method in scala.io.StdIn
                var num:String = Console.readLine;
                                 ^
import scala.io.Source
defined object Lience

scala> import Lience.checkLience
import Lience.checkLience

scala> checkLience()
1,1001,晋A12211,白色,奥迪,轿车
```

图 2-43　车牌所在地信息查询程序

归纳总结

本章共分为 7 节，详细讲解了 Scala 简介、Scala 的基本语法、Scala 的函数式编程及面向对象编程，并进行了 Scala 实战演练。通过本章的学习，读者可以认知 Scala 的基本语法，掌握 Scala 的函数式编程和面向对象编程。

第 1 节介绍了 Scala 的发展、Scala 的特性及 Scala 的环境配置及安装。通过本节的学习，读者可以深入培养自身对于大数据行业、Scala 及 Scala 应用场景的认知能力。

第 2、3 节介绍了 Scala 的常量、变量、数据类型、运算符和流程控制等。通过第 2、3 节的学习，读者可以掌握 Scala 的基本语法及 Scala 循环与判断的语法格式。

第 4、5、6 节介绍了 Scala 的函数式编程、面向对象编程及数据集合与文件操作。通过这 3 节的学习，读者可以掌握 Scala 的 Array、List、Map 的用法，以及 Scala 的函数式编程和面向对象编程。

第 7 节介绍了智慧交通车牌分类识别系统，带领读者完成真实企业项目，在巩固 Scala 知识的基础上，达到项目实战的目的。

勤学苦练

1.【实战任务 2】Scala 关于变量定义、赋值，错误的是（　　）。

A．val a = 3

B．var a:String = 3

C．var b:Int = 3;b = 6

D．var b = "Hello World" ; b = "123"

2.【实战任务 2】下列选项输出内容与其他选项不一致的是（　　）。

A．println("Hello World")

B．print("Hello World\n")

C．printf("Hello %s", "World\n")

D．val w = "World" ; println("Hello $w")

3.【实战任务 7】关于元组 Tuple 说法错误的是（　　）。

A．元组可以包含不同类型的元素

B．访问元组第一个元素的方式为 pair._1

C．元组是不可改变的

D．元组最多只有 2 个元素

4.【实战任务 5】对于函数下列说法正确的是（　　）。

```
def getGoodsPrice(goods:String) = {
val prices = Map("book" -> 5, "pen" -> 2, "sticker" -> 1)
prices.getOrElse(goods, 0)
}
```

A．getGoodsPrice("book") // 等于 5

B．getGoodsPrice("pen") // 等于 2

C．getGoodsPrice("sticker") // 等于 1

D．getGoodsPrice("sock") // 等于 "sock"

5.【实战任务 4】表达式 for(i <- 1 to 3; for(j <- 1 to 3; if i != j) print((10 * i + j)) + " "输出结果正确的是（　　）。

A．11 12 13 21 22 23 31 32 33

B．11 13 21 23 31 33

C．12 13 21 23 31 32

D．11 12 21 22 31 32

6.【实战任务 5】关于函数 def fac(n:Int) = { var r = 1 ; for(i <- 1 to n) r = r * i ; r} fac(5)输出结果正确的是（　　）。

A．15　　　　　　　　　　　　B．120

C．200　　　　　　　　　　　　D．300

7.【实战任务 4】在 Scala 中，下列选项中哪一个定义类的语法格式是错误的？（　　）

A．class Counter{def counter = "counter"}

B．class Counter{val counter = "counter"}

C. class Counter{var counter:String}

D. class Counter{def counter () {}}

8.【实战任务 5】有关柯里化描述错误的是（　　　）。

A. 柯里化是指将原来接受两个参数的函数变成新的接受一个参数的函数的过程。新的函数返回一个以原有第二个参数作为参数的函数

B. 有时，使用柯里化将某个函数参数单拎出来，可以提供更多用于类型推断的信息

C. 将函数 def add(x: Int, y: Int) = x + y 变为 def add(x: Int)(y: Int) = x + y 的过程是一个柯里化过程

D. 柯里化是多参数列表函数的特例

9.【实战任务 8】对 Scala 中的文件操作相关描述正确的是（　　　）。

A. 可以直接使用 Scala 的库来读取二进制文件

B. 可以直接使用 Scala 的库来写入文件

C. 在读取文件时，如果不指定文件编码格式，则 Scala 会推断出正确的格式并进行读取

D. 以上描述均不正确

10.【实战任务 8】有关操作符优先级的描述不正确的是（　　　）。

A. *=的优先级低于+

B. >的优先级高于&

C. 后置操作符的优先级高于中置操作符

D. %的优先级高于+

11.【实战任务 1】Scala 有哪些特点？（　　　）（多选）

A. Scala 是一门多范式的编程语言，设计初衷是要继承面向对象编程和函数式编程的各种特性

B. Scala 运行在 Java 虚拟机上，并兼容现有的 Java 程序

C. Scala 源代码被编译成 Java 字节码，可以运行在 JVM 上，也可以调用现有的 Java 类库

D. Scala 语言简洁高效，很多大数据底层框架采用 Scala 去实现与编程

12.【实战任务 2】Scala 通过（　　　）来定义变量。

A. val　　　　　　　　B. define　　　　　　　C. def

13.【实战任务 2】Scala 使用哪些修饰符？（　　　）

A. public　　　　　　　　　　　　　　B. Scala

C. private　　　　　　　　　　　　　　D. bool

14.【实战任务 2】在 Scala 中，数据分为哪两类？（　　　）（多选）

A. 常量　　　　　　　　　　　　　　　B. 常数

C. 变数　　　　　　　　　　　　　　　D. 变量

15.【实战任务 4】在 Scala 中属于匿名函数的是（　　　）。

A. =>　　　　　　　　　　　　　　　　B. =》

C. <-　　　　　　　　　　　　　　　　D. ->

16.【实战任务 1】有关 Scala 的安装下列说法错误的是（　　　）。

A. Scala 语言可以运行在 Windows 系统上

B. Scala 语言基于 Java，大量使用 Java 的类库和变量，使用 Scala 前需要安装 Java1.4 版本

C．Scala 可以运行在 Linux、UNIX 等系统上

D．Scala 语言可以运行在 macOS 系统上

17．【实战任务 4】Scala 函数支持（　　）。

A．递归函数　　　　　　　　　　　　B．高阶函数

C．柯里化　　　　　　　　　　　　　D．匿名函数

18．【实战任务 5】Scala 中允许继承多个父类。（　　）

A．正确　　　　　　　　　　　　　　B．错误

第3章

岗位核心能力培养：聚焦 Spark Core

实战任务

1. 熟悉 Spark 中的 RDD 原理并掌握 RDD 的创建方法。
2. 掌握 RDD 的各种算子操作及文件操作。
3. 熟练使用 IntelliJ IDEA 等相关工具开发 Spark 程序。
4. 熟悉智慧交通相关业务流程，并能熟练使用 Spark Core 解决相关问题。

项目背景

在社会经济高速发展的环境下，交通问题日益突出，尤其是城市交通问题急需得到解决。打造安全有序的城市交通管理系统，需要准确、及时、高效地获取路面的交通信息，并对信息进行整理和分析，从而建设智能交通体系。2019 年 9 月，中共中央、国务院印发了《交通强国建设纲要》。这份文件明确提出："推动大数据、互联网、人工智能、区块链、超级计算等新技术与交通行业深度融合。"随后，一系列旨在创造市场并推动智慧交通大规模应用的法规应运而生，为智能交通的技术突破、产业繁荣，以及为用户提供更好的出行体验奠定了政策基础，也积极引导了智能交通产业快速健康发展。

在大数据时代背景下，基于我国国情，充分运用高新科学技术，并结合智慧城市的全面建设来构建具有中国特色的新一代智能交通系统，是我国智能交通发展的重要方向。

智能交通的核心要点是将先进的科学技术沉淀并有效运用于交通运输领域，使车辆、道路、交通参与者之间产生紧密的联系，从而构建安全、高效、环保的交通运输体系。在我国信息技术稳定高速的发展趋势中，大数据技术应运而生，以其多样性、可视化、高速度、大容量、共存性和高价值的"6V"特征为智能交通发展带来了新机遇。

能力地图

本章将从 Spark Core 核心数据集 RDD 的简介、特点到 RDD 的创建及 RDD 常见算子操作展开介绍，并讲解使用 IntelliJ IDEA 开发 Spark 程序的方法、Spark Core 在智慧交通项目领域的应用。通过理论与实战相结合的方式，让读者既能掌握 Spark Core 核心数据集 RDD 的理论知识体系，又能通过实战加深 Spark 的编程思想，进而培养读者的岗位核心能力，具体的能力培养地图如图 3-1 所示。

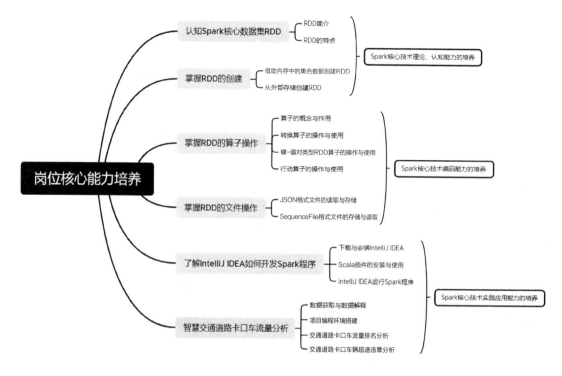

图 3-1　岗位核心能力培养地图

新手上路 3.1：认知 Spark 核心数据集 RDD

在第 1 章的 1.2 节中已经介绍了 Spark 的核心数据抽象模型 RDD 的基本原理，本节将在此基础上深入介绍 RDD 的概念与特点。

在许多大数据计算框架中，不同计算阶段之间会重用中间结果，即一个阶段的输出结果会作为下一个阶段的输入内容，如 Hadoop 中的 MapReduce 分布式计算框架采用了非循环式的数据流模型，将中间计算结果写入 HDFS 分布式文件存储系统，但是该操作会涉及大量的数据复制、磁盘 I/O 和序列化开销，并且只支持特定的计算模式：map/reduce。在 MapReduce 中并没有提供一种通用的数据抽象来进行中间计算结果的存储。

Spark 计算框架与 MapReduce 计算框架的区别之一在于，Spark 计算框架提供了一个核心的数据抽象 RDD 用于进行数据计算。数据抽象 RDD 的存在让使用者无须考虑如何将底层数据分布存储的问题，RDD 天然就是分布式的结构，使用者只需将具体的应用逻辑转换为一系列 RDD 的操作函数。同时，不同 RDD 之间也可以存在依赖关系，正是因为依赖关系的存在减少了计算中间结果的存在，所以极大地降低了由于中间结果导致的数据复制、磁盘 I/O 和序列化开销。本节深入介绍 RDD 的相关概念及特点，帮助读者完成 Spark 核心技术理论与认知能力的培养。

3.1.1　RDD **简介**

RDD 是一个抽象的分布式数据集，是 Spark 提供的核心数据抽象，全称为 Resillient Distributed Dataset（弹性分布式数据集）。RDD 本质上是一个只读的分区记录集合，每个 RDD 的内容都是不可变的，并且可以被分为多个分区，每个分区就是一个数据集片段，并且一个 RDD 的不同分区可以被保存到集群中的不同节点上，从而可以在集群中的不同节点上进行并行计算。

RDD 中提供了众多操作，可以帮助使用者快速构建分布式计算应用的开发，包括 RDD 的创建操作、转换操作（Transformation）、缓存操作、行动操作（Action）等。其中，RDD 之间可以根据调用关系构建成依赖链，并且 RDD 采用惰性计算机制，只有在依赖链中遇到行动操作才会发生真正的计算。如图 3-2 所示，输入数据之后首先通过 RDD 的创建操作形成 A、B 两个 RDD，其次 A、B 两个 RDD 通过转换操作形成 C、D 两个 RDD，然后 C、D 两个 RDD 通过转换操作形成 E-RDD，最终 E-RDD 通过行动操作进行数据输出。在整个依赖链中，只有遇到行动操作，才会进行 RDD 的创建和转换操作。

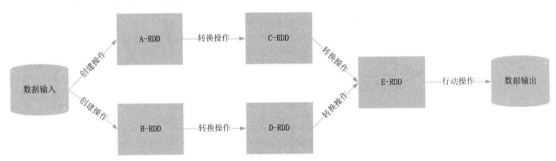

图 3-2　RDD 依赖链案例

3.1.2　RDD **的特点**

在 Spark 计算框架中引入 RDD 之后能够高效地进行分布式计算，这离不开 RDD 的 5 个特性。RDD 的 5 个特性描述如下。

RDD 简介

1．**分区列表**

RDD 本质上是一个只读的分区记录集合，一个 RDD 可以包含多个分区，每个分区就是一个数据集片段，每一个分区都有一个计算任务 Task 需要处理，分区个数决定了并行计算的数量，可以在创建 RDD 时指定 RDD 分区个数。

2．**每一个分区都有一个计算函数**

在 Spark 计算框架中，RDD 的计算函数是以分区为基本单位的，每个 RDD 都会实现 compute 函数，并对具体的分区进行计算。

3．**依赖于其他 RDD 的列表**

RDD 每次转换操作都会生成新的 RDD，所以 RDD 会生成前后依赖关系。RDD 之间的依赖关系有两种：一种是窄依赖，另一种是宽依赖。窄依赖是指每一个父 RDD 的分区最多被子 RDD 的一个分区所使用；宽依赖是指多个子 RDD 的分区会依赖同一个父 RDD 的分区。图 3-3 所示为 RDD 的窄依赖与宽依赖。

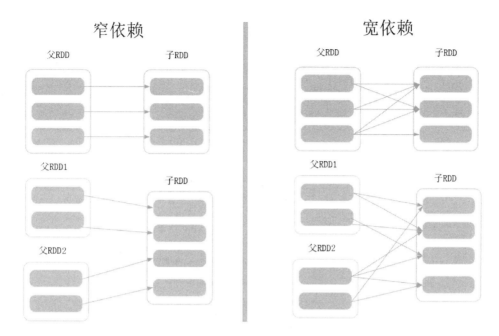

图 3-3　RDD 的窄依赖与宽依赖

4．key-value 数据类型的 RDD 分区器

如果 RDD 存储的是 key-value 数据类型，则可以传递一个自定义的 Partitioner（分区函数）进行重新分区。

5．每个分区都有一个优先位置列表

优先位置列表存储着每个分区的优先位置。在进行计算时，每个计算任务通过优先位置列表拉取计算数据进行计算。优先位置列表的优点是可以尽可能地避免数据的移动，会在数据所在节点或距离数据最近的节点进行计算。

新手上路 3.2：掌握 RDD 的创建

Spark 计算最为关键之处在于如何创建 RDD，RDD 的转换操作与行动操作都是基于创建的 RDD 进行计算的。Spark 主要提供了两种创建 RDD 的方式：一种是利用程序内存中的集合创建 RDD，另一种是利用外部存储创建RDD。例如，通过本地文件或者 HDFS 文件系统上的文件创建 RDD。

RDD 的创建_1

在 Spark 中创建 RDD 需要借助 SparkContext 对象。SparkContext 是 Spark 功能的主要入口，可以与 Spark 集群连接，并且能够在集群上进行 RDD 的创建等操作。

在第 1 章安装完成 Spark 环境之后，Spark 提供了一个交互式编程环境 Spark Shell。在 Spark Shell 交互式编程环境中提供了简单的方式进行 Spark 的 API 操作，在这个环境下输入一条指令语句，它会立即执行语句并返回结果。同时，在 Spark Shell 交互式编程环境中，已经为使用者初始化了一个 SparkContext 对象实例 sc，使用者可以使用 sc 对象直接进行 RDD 的创建操作等。其中，在安装了 Spark 环境的任意节点的任意目录下输入如代码 3-1 所示的命令即可进入 Spark Shell 交互式编程环境。

代码 3-1 Spark Shell 交互式编程环境进入命令

```
spark-shell --master <master-url>
```

在上述命令中，需要添加一个 master 参数，它代表 Spark Shell 交互式编程环境的运行模式。其中，<master-url>常用的可选值如表 3-1 所示。

表 3-1　<master-url>常用的可选值

可选值	含义
local	在本地模式中启动一个线程运行 Spark 程序
local[n]	在本地模式中启动 n 个线程运行 Spark 程序
local[*]	在本地模式中启动与机器逻辑内核数量一致的线程运行 Spark 程序
spark://HOST:PORT	连接到 Spark 集群运行 Spark 程序
YARN	连接到 YARN 集群运行 Spark 程序

也可以不添加 master 参数，如果不添加 master 参数，则默认使用 local[*]的运行模式。

图 3-4 所示为执行"spark-shell"命令并使用默认模式进入的 Spark Shell 交互式编程环境界面。Spark Shell 交互式编程环境支持 Scala 与 Python 编程语言，使用"spark-shell"命令进入的 Spark Shell 交互式编程环境默认使用的编程语言是 Scala。在第 2 章中，我们已经对 Scala 编程语言进行了详细讲解。

```
[root@node1 ~]# spark-shell
22/07/09 11:05:15 WARN NativeCodeLoader: Unable to load native-hadoop l
ibrary for your platform... using builtin-java classes where applicable
Setting default log level to "ERROR".
To adjust logging level use sc.setLogLevel(newLevel). For SparkR, use s
etLogLevel(newLevel).
Spark context Web UI available at http://node1:4042
Spark context available as 'sc' (master = local[*], app id = local-1657
335921435).
Spark session available as 'spark'.
Welcome to
      ____              __
     / __/__  ___ _____/ /__
    _\ \/ _ \/ _ `/ __/  '_/
   /___/ .__/\_,_/_/ /_/\_\   version 2.3.1
      /_/

Using Scala version 2.11.8 (Java HotSpot(TM) 64-Bit Server VM, Java 1.8
.0_321)
Type in expressions to have them evaluated.
Type :help for more information.

scala>
```

图 3-4　Spark Shell 交互式编程环境界面

在后续章节中若无特殊说明，则所有的 Spark 相关代码操作均是在 Spark Shell 交互式编程环境中完成的。在了解了 Spark Shell 交互式编程环境及 SparkContext 对象之后，下面我们将详细介绍 RDD 的两种创建方式。

3.2.1　借助内存中的集合数据创建 RDD

在 Spark 中，用户可以通过内存中的集合数据创建 RDD。在 SparkContext 类中定义了如表 3-2 所示的创建函数，用于借助内存中的集合数据创建 RDD。

表 3-2　基于集合数据创建 RDD 的函数

创建函数	说明
parallelize(seq: Seq[T], numSlices: Int = defaultParallelism): RDD[T]	根据集合和分区数量创建 RDD。其中，分区数量可以不填写，若不填写，则使用默认分区数量
makeRDD(seq:Seq[T],numSlices:Int= defaultParallelism): RDD[T]	根据集合和分区数量创建 RDD，使用方式与 parallelize 完全一致
makeRDD(seq:Seq[(T,Seq[String])]): RDD[T]	根据集合创建 RDD。与上述两种方式的区别在于，该函数需要传递的数据类型为 Seq[(T,Seq[String])]。其中，除了包含集合元素 T，还包含数据的计算位置信息 Seq[String]

在借助内存中的集合数据创建 RDD 的过程中，可以传递一个参数为创建的 RDD 的分区数。该参数可以不用传递，如果不传递，那么使用 Spark 的默认分区数 defaultParallelism。如果 Spark 的运行模式为本地模式，那么默认分区数为指定的线程数；如果使用的是集群模式，那么默认分区数为 Spark 集群总的线程核数与 2 之间的最大值。

图 3-5 所示为使用表 3-2 中的函数创建 RDD。其中，图 3-5 中的 rdd2 除了具备数据，还包含了每一个数据的计算位置，如 rdd2 中的第一个数据在"node1"节点进行计算。

```
scala> import org.apache.spark.rdd.RDD
import org.apache.spark.rdd.RDD

scala> val rdd:RDD[Int] = sc.parallelize(List(1,2,3));
rdd: org.apache.spark.rdd.RDD[Int] = ParallelCollectionRDD[5] at parall
elize at <console>:31

scala> rdd.collect.foreach(x=>print(x));
123
scala> val rdd1:RDD[Int] = sc.makeRDD(List(1,2,3));
rdd1: org.apache.spark.rdd.RDD[Int] = ParallelCollectionRDD[6] at makeR
DD at <console>:31

scala> rdd1.collect.foreach(x=>print(x));
123
scala> val rdd2:RDD[Int] = sc.makeRDD(List((1,List("node1")),(2,List("n
ode2")),(3,List("node3"))));
rdd2: org.apache.spark.rdd.RDD[Int] = ParallelCollectionRDD[7] at makeR
DD at <console>:31

scala> rdd2.collect.foreach(x=>print(x));
123
```

图 3-5　借助内存中的集合数据创建 RDD

3.2.2　从外部存储创建 RDD

Spark 除了支持从内存的集合数据中创建 RDD，还支持从外部存储的文本文件来创建 RDD。例如，从本地文件或 HDFS 分布式文件系统创建 RDD。从外部存储创建 RDD 需要借助 SparkContext 中的 textFile 函数，在 textFile 函数创建的 RDD 中，一条数据即为文本文件中的一行数据。同时，textFile 函数需要传递两个参数，参数的详细解释如下。

（1）path: String：代表外部存储的文本文件的路径，可以为本地文件系统路径，也可以为 HDFS 分布式文件系统路径。

（2）minPartitions: Int = defaultMinPartitions：此参数可以不用填写，代表创建的 RDD 的最小分区数。如果该参数不传递，那么会使用 Spark 默认的最小分区数，最小分区数的默认值为 math.min(defaultParallelism,2)。

如图 3-6 所示，通过 textFile 算子读取 Linux 本地文本文件及 HDFS 上的文本文件数据创建 RDD 数据集。其中，读取的 Linux 文本文件路径为"/opt/spark/wc.txt"，读取的 HDFS 的文本文件路径为"/opt/spark/wc.txt"。wc.txt 文本文件内容如表 3-3 所示。

```
scala> import org.apache.spark.rdd.RDD
import org.apache.spark.rdd.RDD

scala> val rdd1:RDD[String] = sc.textFile("/opt/spark/wc.txt");
rdd1: org.apache.spark.rdd.RDD[String] = /opt/spark/wc.txt MapPartition
sRDD[11] at textFile at <console>:35

scala> rdd1.collect.foreach(x=>println(x));
Spark Scala Java
Kafka Flink Hadoop
HDFS MapReduce Spark

scala> val rdd2:RDD[String] = sc.textFile("hdfs://node1:9000/spark/wc.t
xt");
rdd2: org.apache.spark.rdd.RDD[String] = hdfs://node1:9000/spark/wc.txt
 MapPartitionsRDD[13] at textFile at <console>:35

scala> rdd2.collect.foreach(x=>println(x));
Spark Scala Java
Kafka Flink Hadoop
HDFS MapReduce Spark
```

图 3-6　从外部存储创建 RDD

表 3-3　wc.txt 文本文件内容

Spark Scala Java
Kafka Flink Hadoop
HDFS MapReduce Spark

循序渐进 3.3：掌握 RDD 的算子操作

在前两节中提到，Spark 中提供了一个核心数据抽象 RDD，RDD 中又提供了众多的转换操作与行动操作用于帮助使用者完成应用业务逻辑的开发。RDD 中的转换操作与行动操作也可以称为算子操作。算子操作包括输入算子、转换算子、缓存算子及行动算子等。上一节已经为读者详细介绍了输入算子，本节将从算子的概念与作用开始讲解，结合 RDD 中常用算子操作，详细地为读者介绍 RDD 算子的使用，并通过案例实操，培养读者的 Spark 核心技术编码能力。

3.3.1　算子的概念与作用

Spark 开发的应用计算逻辑基本上都是通过 RDD 算子对 RDD 进行计算的。其中，算子是 RDD 中定义的函数，可以通过算子函数进行 RDD 数据的创建、转换、缓存及行动操作。算子函数中最重要的就是转换算子操作及行动算子操作。其中，RDD 经过转换算子操作会返回一个新的 RDD，经过行动算子操作返回的可能是一个整数值、一个集合或者没有返回值，而不是一个新的 RDD。同时，RDD 因为依赖链的存在及惰性计算的特性，只有当遇到行动算子时才会按照依赖链去执行其中的输入算子操作、转换算子操作、缓存算子操作及行动算子操作。图 3-7 所示为 Spark 官方提供的 RDD 的算子执行流程图。

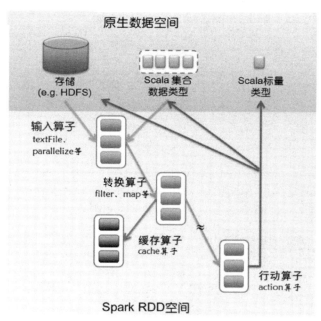

图 3-7　RDD 的算子执行流程图

3.3.2　转换算子的操作与使用

　　一个 RDD 经过转换算子操作会被转换为一个新的 RDD。但是，RDD 的转换算子操作并不是被立即执行的，当时仅记住了数据集的转换操作逻辑，只有遇到行动算子才会真正地进行 RDD 的转换算子操作。在 Spark 中，RDD 的转换算子分为值（value）类型 RDD 的转换算子与键-值对（key-value）类型 RDD 的转换算子。本节重点介绍值类型 RDD 的转换算子，键-值对类型 RDD 的转换算子将在下节展开介绍。

　　RDD 中常用的值类型 RDD 的转换算子如表 3-4 所示。

表 3-4　值类型 RDD 的转换算子

算子	功能
map(func)	RDD 中的每个元素经过自定义 func 函数计算得到一个新的 RDD。其中，func 函数必须满足输入一个 RDD 元素返回一个新的 RDD 元素
filter(func)	RDD 中的每个元素经过自定义 func 函数计算得到一个布尔类型的值，并最终得到一个 RDD，该 RDD 中包含所有计算值为 true 的数据
flatMap(func)	类似 map 算子操作，但是每一个输入元素在经过自定义 func 函数操作后会输出 0 到多个元素
union(otherDataset)	将原 RDD 与参数 RDD 联合形成一个新的 RDD，返回的新的 RDD 中包含两个 RDD 的全部数据
intersection(otherDataset)	将原 RDD 与参数 RDD 取交集形成一个新的 RDD
distinct()	将原 RDD 中的元素去重得到一个新的 RDD

　　下面进行 Spark 的值类型 RDD 的转换算子操作，读者需要将 a.txt 文件和 b.txt 文件上传至 HDFS 的"/spark"路径下。其中，a.txt 与 b.txt 的文件内容如表 3-5 所示。

表 3-5　a.txt 与 b.txt 的文件内容

//a.txt 文件内容
Spark Scala Java
Kafka Flink Hadoop
HDFS MapReduce Spark
//b.txt 文件内容
Spark Scala Java
SparkCore SparkSQL
SparkStreaming SparkMLlib

文件数据上传成功，借助 RDD 的 textFile 输入算子将 a.txt 文件内容创建为 aRDD 对象，将 b.txt 文件内容创建为 bRDD 对象，具体操作如图 3-8 所示。

```
scala> import org.apache.spark.rdd.RDD
import org.apache.spark.rdd.RDD

scala> val aRDD = sc.textFile("hdfs://node1:9000/spark/a.txt");
aRDD: org.apache.spark.rdd.RDD[String] = hdfs://node1:9000/spark/a.txt
MapPartitionsRDD[4] at textFile at <console>:27

scala> val bRDD = sc.textFile("hdfs://node1:9000/spark/b.txt");
bRDD: org.apache.spark.rdd.RDD[String] = hdfs://node1:9000/spark/b.txt
MapPartitionsRDD[6] at textFile at <console>:27

scala> aRDD.collect.foreach(line=>println(line));
Spark Scala Java
Kafka Flink Hadoop
HDFS MapReduce Spark

scala> bRDD.collect.foreach(line=>println(line));
Spark Hive HBase
SparkCore SparkSQl
SparkStreaming SparkMLlib
```

图 3-8　将文件数据创建为 RDD

1. map 转换算子

map 转换算子需要传入一个自定义函数 func。RDD 中的每一条数据在经过该函数操作后会返回一个新的数据，最终将返回的数据封装为一个新的 RDD。如图 3-9 所示，aRDD 中的每一条数据在经过 map 转换算子操作后会返回一个新的 RDD，新 RDD 的每一条数据后拼接了一个 "RDD" 单词。

转换算子一：map 和 filter 算子的操作与使用

```
scala> val rdd = aRDD.map(line=>line+" RDD");
rdd: org.apache.spark.rdd.RDD[String] = MapPartitionsRDD[7] at map at <
console>:28

scala> rdd.collect.foreach(line=>println(line));
Spark Scala Java RDD
Kafka Flink Hadoop RDD
HDFS MapReduce Spark RDD
```

图 3-9　map 转换算子的使用

2. filter 转换算子

filter 转换算子也被称为过滤算子，该函数需要传入一个自定义函数 func，RDD 中的每一条数据在经过该函数操作后会返回一个布尔类型的值，并将返回结果为 true 的数据封装为一个新的 RDD。如图 3-10 所示，aRDD 经过 filter 转换算子操作后，仅保留了包含"Spark"字符串的数据。

```
scala> val rdd = aRDD.filter(line=>line.contains("Spark"));
rdd: org.apache.spark.rdd.RDD[String] = MapPartitionsRDD[9] at filter a
t <console>:28

scala> rdd.collect.foreach(line=>println(line));
Spark Scala Java
HDFS MapReduce Spark
```

图 3-10　filter 转换算子的使用

3. flatMap 转换算子

flatMap 转换算子需要传入一个自定义函数 func，RDD 中的每一条数据在经过该函数操作后会返回 0 或多个数据，最终将返回的数据封装为一个新的 RDD。如图 3-11 所示，aRDD 经过 flatMap 转换算子操作后得到一个由单词组成的 RDD。

转换算子的操作与使用二
(flatmap union intersection distinct)

```
scala> val rdd = aRDD.flatMap(line=>line.split(" "));
rdd: org.apache.spark.rdd.RDD[String] = MapPartitionsRDD[10] at flatMap
 at <console>:28

scala> rdd.collect.foreach(line=>println(line));
Spark
Scala
Java
Kafka
Flink
Hadoop
HDFS
MapReduce
Spark
```

图 3-11　flatMap 转换算子的使用

4. union 与 intersection 转换算子

union 转换算子会获取两个 RDD 的并集，而 intersection 转换算子会获取两个 RDD 的交集。如图 3-12 所示，获取 aRDD 与 bRDD 的并集与交集。

```
scala> val rdd = aRDD.union(bRDD);
rdd: org.apache.spark.rdd.RDD[String] = UnionRDD[33] at union at <conso
le>:30

scala> rdd.collect.foreach(line=>println(line));
Spark Scala Java
Kafka Flink Hadoop
HDFS MapReduce Spark
Spark Scala Java
SparkCore SparkSQL
SparkStreaming SparkMLlib

scala> val rdd1 = aRDD.intersection(bRDD);
rdd1: org.apache.spark.rdd.RDD[String] = MapPartitionsRDD[39] at inters
ection at <console>:30

scala> rdd1.collect.foreach(line=>println(line));
Spark Scala Java
```

图 3-12　union 与 intersection 转换算子的使用

5. distinct 转换算子

distinct 转换算子是将原 RDD 的数据去重得到一个新的 RDD。如图 3-13 所示，aRDD 经过 flatMap 转换算子操作后得到单词 RDD，随后对得到的由单词组成的 RDD 进行去重。

```
scala> val rdd = aRDD.flatMap(line=>line.split(" "));
rdd: org.apache.spark.rdd.RDD[String] = MapPartitionsRDD[45] at flatMap
 at <console>:28

scala> val rdd1 = rdd.distinct();
rdd1: org.apache.spark.rdd.RDD[String] = MapPartitionsRDD[48] at distin
ct at <console>:28

scala> rdd1.collect.foreach(line=>println(line));
Flink
Kafka
Java
MapReduce
Scala
Spark
HDFS
Hadoop
```

图 3-13　distinct 转换算子的使用

3.3.3　键-值对类型 RDD 算子的操作与使用

在上一节提到，RDD 分为值类型 RDD 与键-值对类型 RDD。键-值对类型 RDD 是指 RDD 中存放的数据类型是一个二元组数据类型，键-值对类型 RDD 是 Spark 操作中最常用的 RDD，是很多程序的构成要素。其中，键-值对类型 RDD 也可以使用值类型 RDD 的转换算子操作。同时，RDD 还专门为键-值对类型 RDD 提供了一些转换算子，如表 3-6 所示。

表 3-6　键-值对类型 RDD 常用的转换算子

算子	功能
reduceByKey(func)	(K,V)键-值对的 RDD 在经过自定义 func 函数操作后会返回一个新的(K,V)形式的数据集。其中，func 函数会将相同 key 值的 value 数据进行聚合操作，返回一个聚合之后的 value 结果
sortByKey(ascending: Boolean = true)	返回一个根据键排序的 RDD，默认升序排序
mapValues(func)	类似于值类型 RDD 中的 map 算子，但是该算子只对键-值对类型 RDD 中的每个 value 数据进行操作，key 值不参与运算
join(otherDataset)	将键-值对类型为(K,V)和(K,W)类型的数据集结合，返回一个(K,(V,W))键-值对类型的数据集。其中，(V,W)为两个 RDD 中 key 值相同的 value 数据的结合体
groupByKey()	在(K,V)对的数据集上调用时，将 key 值相同的 value 数据汇总形成 Iterable 集合，最终返回(K,Iterable)对的数据集

1．reduceByKey 转换算子

reduceByKey 转换算子只能针对键-值对类型 RDD 进行操作，并且需要传递一个 func 自定义函数，该函数需要将键-值对类型中相同 key 值的 value 数据进行聚合操作。图 3-14 所示为计算 aRDD 中每一条数据的每一个单词出现的总次数。先将 aRDD 中的每一条数据通过 flatMap 转换算子转换为以单词数据组成的

键值对 RDD 算子的操作与使用 reducebykey sortbykey

RDD 数据集 wordRDD，再将 wordRDD 通过 map 转换算子转换为以单词为 key，以 1 为 value 的键-值对类型 RDD 数据集 wordPairRDD，最后通过 reduceByKey 转换算子计算 wordPairRDD 中每一个单词出现的总次数，从而得到 wordCountRDD。

2．sortByKey 转换算子

sortByKey 转换算子只能应用于键-值对类型 RDD，表示按照 key 值对键-值对数据进行

排序并得到一个新的排序后的键-值对类型 RDD。在调用该函数时可以传递一个布尔类型的值，代表升序规则，也可以不用传递。若默认为 true，则代表升序排序。如图 3-15 所示，对计算得到的 wordCountRDD 按照 key 值进行降序排序。

```
scala> val wordRDD = aRDD.flatMap(line=>line.split(" "));
wordRDD: org.apache.spark.rdd.RDD[String] = MapPartitionsRDD[49] at fla
tMap at <console>:28

scala> val wordPairRDD = wordRDD.map(word=>(word,1));
wordPairRDD: org.apache.spark.rdd.RDD[(String, Int)] = MapPartitionsRDD
[50] at map at <console>:28

scala> val wordCountRDD = wordPairRDD.reduceByKey((v1,v2)=>v1+v2)
wordCountRDD: org.apache.spark.rdd.RDD[(String, Int)] = ShuffledRDD[51]
 at reduceByKey at <console>:28

scala> wordCountRDD.collect.foreach(data=>println(data))
(Flink,1)
(Kafka,1)
(Java,1)
(MapReduce,1)
(Scala,1)
(Spark,2)
(HDFS,1)
(Hadoop,1)
```

图 3-14　reduceByKey 实现单词计数

```
scala> val rdd1 = wordCountRDD.sortByKey(false)
rdd1: org.apache.spark.rdd.RDD[(String, Int)] = ShuffledRDD[60] at sort
ByKey at <console>:28

scala> rdd1.collect.foreach(data=>println(data))
(Spark,2)
(Scala,1)
(MapReduce,1)
(Kafka,1)
(Java,1)
(Hadoop,1)
(HDFS,1)
(Flink,1)
```

图 3-15　sortByKey 转换算子的使用

3. mapValues 转换算子

mapValues 转换算子只能应用于键-值对类型 RDD，操作的基本概念与值类型 RDD 中的 map 转换算子类似，不同之处在于该算子只对键-值对类型 RDD 中的 value 数据进行操作。如图 3-16 所示，通过 mapValues 转换算子操作将 wordCountRDD 中每一个单词出现的次数乘以 5。

键值对 RDD 算子的操作
与使用二（mapValuse
join groupByKey）

```
scala> val rdd1 = wordCountRDD.mapValues(count=>count*5)
rdd1: org.apache.spark.rdd.RDD[(String, Int)] = MapPartitionsRDD[61] at
 mapValues at <console>:28

scala> rdd1.collect.foreach(data=>println(data))
(Flink,5)
(Kafka,5)
(Java,5)
(MapReduce,5)
(Scala,5)
(Spark,10)
(HDFS,5)
(Hadoop,5)
```

图 3-16　mapValues 转换算子的使用

4．join 转换算子

join 转换算子会将两个键-值对类型的 RDD 进行关联操作，并将两个键-值对数据中 key 值相同的 value 数据聚合成一个二元组。图 3-17 所示为单词键-值对数据集 wordPairRDD 与单词出现总次数 wordCountRDD 进行 join 操作的输出结果。

```scala
scala> val rdd1 = wordCountRDD.join(wordPairRDD)
rdd1: org.apache.spark.rdd.RDD[(String, (Int, Int))] = MapPartitionsRDD
[64] at join at <console>:30

scala> rdd1.collect.foreach(data=>println(data))
(Flink,(1,1))
(Kafka,(1,1))
(Java,(1,1))
(MapReduce,(1,1))
(Scala,(1,1))
(Spark,(2,1))
(Spark,(2,1))
(HDFS,(1,1))
(Hadoop,(1,1))
```

图 3-17 join 转换算子的使用

5．groupByKey 转换算子

groupByKey 转换算子只能应用于键-值对类型 RDD，它将 key 值相同的 value 数据汇总形成一个集合 Iterable。图 3-18 所示为以单词为 key，以 1 为 value 的键-值对数据集 wordPairRDD 进行 groupByKey 操作后的结果。

```scala
scala> val rdd = wordPairRDD.groupByKey();
rdd: org.apache.spark.rdd.RDD[(String, Iterable[Int])] = ShuffledRDD[65
] at groupByKey at <console>:28

scala> rdd.collect.foreach(data=>println(data));
(Flink,CompactBuffer(1))
(Kafka,CompactBuffer(1))
(Java,CompactBuffer(1))
(MapReduce,CompactBuffer(1))
(Scala,CompactBuffer(1))
(Spark,CompactBuffer(1, 1))
(HDFS,CompactBuffer(1))
(Hadoop,CompactBuffer(1))
```

图 3-18 groupByKey 转换算子的使用

3.3.4 行动算子的操作与使用

行动算子的操作与使用

RDD 算子操作除了转换算子操作，还有一类很重要的算子操作——行动算子操作。行动算子操作完成不会返回一个新的 RDD，而是返回一个整数值、集合、数组或者没有返回值，并且 RDD 是惰性计算的，只有遇到行动算子才会根据依赖链计算之前的创建、转换、缓存等算子操作。RDD 中常用的行动算子如表 3-7 所示。

表 3-7 RDD 中常用的行动算子

算子	功能
reduce(func)	通过函数 func 聚集 RDD 中的所有元素，并返回一个 RDD 元素类型的数据
collect()	以数组的形式，返回 RDD 中的所有元素。此操作可能会导致程序出现内存溢出异常

续表

算子	功能
count()	返回 RDD 的元素个数
take(n)	返回一个由 RDD 的前 n 个元素组成的数组
first()	返回 RDD 的第一个元素（类似于 take(1)）
foreach(func)	为 RDD 的每一个元素运行函数 func，func 函数无返回值，可以对元素进行输出或全局累加等操作
countByKey()	仅适用于(K,V)类型的 RDD，并返回 Map(K,Long)键-值对类型的 Map 集合，代表每个 key 值出现的次数
saveAsTextFile(path: String)	将 RDD 数据保存为文本文件格式，path 表示保存的文件路径，一般保存至 HDFS 文件系统

1. reduce 行动算子

reduce 行动算子通过函数 func 聚合 RDD 中的所有数据，最终返回一个 RDD 元素类型的数据。如图 3-19 所示，将单词组成的 wordRDD 中的所有单词以逗号拼接为一个整体的数据并输出。

```
scala> val result = wordRDD.reduce((word,word1)=> word+","+word1);
result: String = HDFS,MapReduce,Spark,Spark,Scala,Java,Kafka,Flink,Hado
op

scala> println(result);
HDFS,MapReduce,Spark,Spark,Scala,Java,Kafka,Flink,Hadoop
```

图 3-19　reduce 行动算子的使用

2. collect 与 count 行动算子

collect 行动算子是将 RDD 中的全部数据转换为一个数组 Array 输出，count 行动算子是计算 RDD 的数据总数，并返回一个 Long 类型的结果。如图 3-20 所示，拉取 wordRDD 中的所有数据并计算 wordRDD 中的数据个数。

```
scala> var array = wordRDD.collect();
array: Array[String] = Array(Spark, Scala, Java, Kafka, Flink, Hadoop,
HDFS, MapReduce, Spark)

scala> var count = wordRDD.count()
count: Long = 9
```

图 3-20　collect 与 count 行动算子的使用

3. take 与 first 行动算子

take 行动算子用于获取 RDD 的前 n 条数据，并返回由前 n 条数据组成的 Array 数组。first 行动算子用于获取 RDD 的第 1 条数据。如图 3-21 所示，获取 wordRDD 中的前 5 条数据及第 1 条数据。

```
scala> var array = wordRDD.take(5);
array: Array[String] = Array(Spark, Scala, Java, Kafka, Flink)

scala> var first = wordRDD.first();
first: String = Spark
```

图 3-21　take 与 first 行动算子的使用

4. foreach 行动算子

foreach 行动算子需要传递一个无返回值类型的 func 函数。RDD 中的每一条数据会执行一次 func 函数，通常用于 RDD 的遍历输出及数据全局累加等操作。如图 3-22 所示，遍历输出 wordRDD 中的所有数据。

```
scala> wordRDD.foreach(word=>println(word))
Spark
Scala
Java
Kafka
Flink
Hadoop
HDFS
MapReduce
Spark
```

图 3-22　foreach 行动算子的使用

5．countByKey 行动算子

countByKey 行动算子只能应用于键-值对类型 RDD，用于计算键-值对类型 RDD 中每个 key 值出现的次数。如图 3-23 所示，以单词为 key，以 1 为 value 的键-值对数据集 wordPairRDD 通过 countByKey 行动算子操作返回每个单词出现的次数。

```
scala> val map = wordPairRDD.countByKey();
map: scala.collection.Map[String,Long] = Map(MapReduce -> 1, HDFS -> 1,
 Scala -> 1, Kafka -> 1, Spark -> 2, Java -> 1, Flink -> 1, Hadoop -> 1
)

scala> map.foreach(data=>println(data))
(MapReduce,1)
(HDFS,1)
(Scala,1)
(Kafka,1)
(Spark,2)
(Java,1)
(Flink,1)
(Hadoop,1)
```

图 3-23　countByKey 行动算子的使用

6．saveAsTextFile 行动算子

saveAsTextFile 行动算子操作可以将 RDD 数据保存为文本文件格式。如图 3-24 所示，将 wordRDD 保存在 HDFS 的 "/spark/textOutput" 目录下。

```
scala> aRDD.saveAsTextFile("hdfs://node1:9000/spark/textOutput");

[root@node1 ~]# hdfs dfs -ls /spark/textOutput
Found 3 items
-rw-r--r--   3 root supergroup          0 2022-07-09 17:44 /spark/textOutput/
_SUCCESS
-rw-r--r--   3 root supergroup         36 2022-07-09 17:44 /spark/textOutput/
part-00000
-rw-r--r--   3 root supergroup         21 2022-07-09 17:44 /spark/textOutput/
part-00001
[root@node1 ~]# hdfs dfs -cat /spark/textOutput/part-00000
Spark Scala Java
Kafka Flink Hadoop
[root@node1 ~]# hdfs dfs -cat /spark/textOutput/part-00001
HDFS MapReduce Spark
```

图 3-24　saveAsTextFile 行动算子的使用

循序渐进 3.4：掌握 RDD 的文件操作

在 3.2 节和 3.3 节中详细介绍了 RDD 的创建及 RDD 的转换算子操作、行动算子操作。需要注意的是，在 RDD 的实际开发使用过程中，除了读取文本文件需要创建 RDD，还有很多特殊格式的文件也需要通过 RDD 进行操作。为了解决这个问题，Spark 提供了一些其他文本格式数据的读取，如 JSON、CSV、SequenceFile 等格式的文件。

在实际应用开发中，当数据计算或处理结束后，通常需要将结果保存，用于分析和应用。在 Spark 中，支持将结果保存至文本文件、JSON 格式文件、CSV 格式文件、SequenceFile 格式文件。其中，文本文件的读取与存储在 3.2.2 节和 3.3.4 节中已经详细介绍过了，本节不再赘述。CSV 格式文件的读取与存储会在第 4 章中详细介绍，本节重点介绍 JSON 格式文件和 SequenceFile 格式文件的读取与存储。

3.4.1　JSON 格式文件的读取与存储

JSON（JavaScript Object Notation）是一种半结构化、轻量级的数据格式。JSON 的数据格式为名称-值对的格式，类似于键-值对格式。其中，名称只能是字符串形式，值的类型可以是整数类型、字符串类型、数组类型等。下面将学生信息以 JSON 数据格式进行存储，如图 3-25 所示。

RDD 的文件操作

```
{
    "studentName":"zs",
    "studentAge":20,
    "studentScore":[
            {
                "courseName":"语文",
                "score":60
            },
            {
                "courseName":"数学",
                "score":80
            },
    ]
}
```

图 3-25　JSON 格式的学生信息

1．JSON 格式文件的读取

Spark 读取 JSON 格式文件，需要先将 JSON 数据作为文本文件并使用 textFile 算子读取，然后借助 Scala 中的样例类、JSON 解析器、隐式转换完成对 JSON 数据的读取。表 3-8 所示为 student.json 文件数据，将该文件上传至 HDFS 的 "/spark" 路径下。通过 RDD 加载读取 HDFS 中的 "/spark/student.json" 文件数据，如图 3-26 所示。

表 3-8　student.json 文件数据

{"studentName":"zs","studentAge":20,"studentSex":"男"}
{"studentName":"ls","studentAge":22, "studentSex":"女"}
{"studentName":"ww", "studentAge":25, "studentSex":"男"}

```
scala> import org.json4s._
import org.json4s._

scala> import org.json4s.jackson.JsonMethods._
import org.json4s.jackson.JsonMethods._

scala> implicit val formats = DefaultFormats;
formats: org.json4s.DefaultFormats.type = org.json4s.DefaultFormats$@44
3f0e8a

scala> val rdd = sc.textFile("hdfs://node1:9000/spark/student.json");
rdd: org.apache.spark.rdd.RDD[String] = hdfs://node1:9000/spark/student
.json MapPartitionsRDD[81] at textFile at <console>:65

scala> case class Student(studentName:String,studentAge:Int,studentSex:
String);
defined class Student

scala> val array = rdd.collect.map(data=>parse(data).extract[Student])
array: Array[Student] = Array(Student(zs,20,男), Student(ls,22,女), Stu
dent(ww,25,男))
```

图 3-26　JSON 格式文件数据的读取

2．JSON 格式文件的存储

　　JSON 格式文件的存储是将 JSON 格式的数据写入文件，比读取 JSON 格式文件的难度要低。将由结构化数据解析成的 RDD 转换为字符串 RDD，采用 RDD 的 repartition 方法将多个分区数据写入一个文件中，数据就会被存储在同一个文件中。先将上一步读取的 JSON 数据数组 array 转换为 RDD，然后写入 HDFS 的"/spark/jsonOutput"目录下，如图 3-27 所示。

```
scala> import org.json4s.JsonDSL._
import org.json4s.JsonDSL._

scala> val json = array.map{student=>("studentName"-> student.studentName)~("
studentAge"->student.studentAge)~("studentSex"->student.studentSex)};
json: Array[org.json4s.JsonAST.JObject] = Array(JObject(List((studentName,JSt
ring(zs)), (studentAge,JInt(20)), (studentSex,JString(男)))), JObject(List((s
tudentName,JString(ls)), (studentAge,JInt(22)), (studentSex,JString(女)))), J
Object(List((studentName,JString(ww)), (studentAge,JInt(25)), (studentSex,JSt
ring(男)))))

scala> val jsonArray = json.map{obj=>compact(render(obj))}
jsonArray: Array[String] = Array({"studentName":"zs","studentAge":20,"student
Sex":"男"}, {"studentName":"ls","studentAge":22,"studentSex":"女"}, {"student
Name":"ww","studentAge":25,"studentSex":"男"})

scala> sc.makeRDD(jsonArray).repartition(1).saveAsTextFile("hdfs://node1:9000
/spark/jsonOutput");
```

图 3-27　JSON 格式文件数据的存储

图 3-28 所示为最终写出的文件数据。

```
[root@node1 ~]# hdfs dfs -ls /spark/jsonOutput
Found 2 items
-rw-r--r--   3 root supergroup          0 2022-07-09 17:59 /spark/jsonOutput/
_SUCCESS
-rw-r--r--   3 root supergroup        168 2022-07-09 17:59 /spark/jsonOutput/
part-00000
[root@node1 ~]# hdfs dfs -cat /spark/jsonOutput/part-00000
{"studentName":"zs","studentAge":20,"studentSex":"男"}
{"studentName":"ls","studentAge":22,"studentSex":"女"}
{"studentName":"ww","studentAge":25,"studentSex":"男"}
```

图 3-28　最终写出的文件数据

3.4.2　SequenceFile 格式文件的存储与读取

SequenceFile 格式文件是 Hadoop 中专门用来存储键-值对二进制形式的文件格式，可以将文件数据以键-值对的形式序列转换到文件中。SequenceFile 在序列化存储过程中对数据文件进行压缩，有 3 种常见的压缩格式：NONE、RECORD、BLOCK。其中，BLOCK 的压缩效果比其他两个更好，但一般默认为 RECORD 压缩格式。

1．SequenceFile 格式文件的存储

SequenceFile 格式文件的存储比较简单。RDD 提供了一个 saveAsSequenceFile 算子，该算子可以将一个键-值对类型 RDD 保存为 SequenceFile 文件；将一个以单词为 key，以出现次数为 value 的键-值对 RDD 保存为 SequenceFile 文件，并存储在 HDFS 的 "/spark/sqOutput" 路径下，如图 3-29 所示。由于存储的文件为二进制格式，因此看上去像乱码。

```
scala> val wordCountRDD = sc.makeRDD(List(("spark",2),("hadoop",1)))
wordCountRDD: org.apache.spark.rdd.RDD[(String, Int)] = ParallelCollectionRDD
[112] at makeRDD at <console>:109

scala> wordCountRDD.repartition(1).saveAsSequenceFile("hdfs://node1:9000/spar
k/sqOutput")

[root@node1 ~]# hdfs dfs -ls /spark/sqOutput
Found 2 items
-rw-r--r--   3 root supergroup          0 2022-07-09 18:41 /spark/sqOutput/_S
UCCESS
-rw-r--r--   3 root supergroup        122 2022-07-09 18:41 /spark/sqOutput/pa
rt-00000
[root@node1 ~]# hdfs dfs -cat /spark/sqOutput/part-00000
SEQorg.apache.hadoop.io.Text org.apache.hadoop.io.IntWritable¨}k¿1-
spark
     hadoop
```

图 3-29　SequenceFile 格式文件的存储

2．SequenceFile 格式文件的读取

SparkContext 中专门提供了一个函数 sequenceFile(path:String,keyClass:Class[K],valueClass:Class[V])用于读取 SequenceFile 文件数据，需要传递 3 个参数，参数的详细介绍如下。

（1）path:String：需要读取的 SequenceFile 文件路径。

（2）keyClass:Class[K]：读取文件中 key 值的类型，必须为 Writable 类型。

（3）valueClass:Class[V]：读取文件中 value 值的类型，必须为 Writable 类型。

读取上一步写出的 SequenceFile 文件用于创建 RDD，如图 3-30 所示。

```
scala> import org.apache.hadoop.io.Text;
import org.apache.hadoop.io.Text

scala> import org.apache.hadoop.io.IntWritable;
import org.apache.hadoop.io.IntWritable

scala> val rdd = sc.sequenceFile("hdfs://node1:9000/spark/sqOutput/part-00000
",classOf[Text],classOf[IntWritable]);
rdd: org.apache.spark.rdd.RDD[(org.apache.hadoop.io.Text, org.apache.hadoop.i
o.IntWritable)] = hdfs://node1:9000/spark/sqOutput/part-00000 HadoopRDD[120]
at sequenceFile at <console>:117

scala> rdd.map{case(key,value)=>(key.toString,value.get())}.collect()
res52: Array[(String, Int)] = Array((spark,2), (hadoop,1))
```

图 3-30　SequenceFile 格式文件的读取

渐入佳境 3.5：了解 IntelliJ IDEA 如何开发 Spark 程序

在前几章及本章前几节中，对 Scala 和 Spark 的编程操作均是在 Spark Shell 交互式编程环境中完成的。在真实的业务场景下，一个复杂的业务功能通常需要多行代码来完成，Spark Shell 交互式编程环境不适合开发复杂的业务功能，因此要完成一个复杂的项目或者开发复杂的业务功能，需要一个合适的集成开发环境，也就是代码编辑器。目前，主流的可以用于开发 Scala 和 Spark 的集成开发环境有很多，本节主要介绍如何使用 IntelliJ IDEA 完成 Spark Core 编程。

IntelliJ IDEA 是一款集成开发环境，可以进行 Java 与 Scala 编程。同时，该集成开发环境不仅具备代码自动提示、代码自动补全等功能，还具备众多开发插件。目前，IntelliJ IDEA 已经成为主流的 Scala 与 Spark 的集成开发环境。本节主要介绍如何安装 IntelliJ IDEA、如何安装 Scala 插件，以及如何在 IntelliJ IDEA 中创建 Spark 运行环境，并介绍如何在 IntelliJ IDEA 中编写与运行代码。本节通过讲解开发工具的使用方法，帮助读者培养 Spark 核心技术实践应用能力。

3.5.1 下载与安装 IntelliJ IDEA

1. 下载 IntelliJ IDEA 安装包

读者可以通过访问 IntelliJ IDEA 官方网站下载 IntelliJ IDEA 安装包。IntelliJ IDEA 官方网站提供了 Community（社区）和 Ultimate（旗舰）两个版本。其中，Community 版本功能较少但开源免费，Ultimate 版本功能较全但收费。本书选取的安装包为 2021.3.3 的 Community 版本。如图 3-31 所示，单击"IntelliJ IDEA Community Edition"→"2021.3.3-Windows（exe）"链接进行下载。

IDEA 软件的安装与配置

图 3-31　IntelliJ IDEA 官方网站下载界面

2. 安装 IntelliJ IDEA

双击下载好的安装包，弹出如图 3-32 所示界面。

单击图 3-32 中的"Next"按钮，弹出如图 3-33 所示界面。在该界面中设置安装目录后，单击"Next"按钮。需要注意的是，用户可以自定义安装路径，本书选取的安装路径为"E:\software\IntelliJ IDEA Community Edition 2021.3.3"。

图 3-32　IntelliJ IDEA 安装启动界面

图 3-33　安装路径设置界面

在弹出界面的"Create Desktop Shortcut"（创建桌面快捷方式）选区中勾选"IntelliJ IDEA Community Edition"复选框，单击"Next"按钮，如图 3-34 所示。

图 3-34　创建桌面快捷方式

在弹出的界面中单击"Install"按钮进行安装，进入如图 3-35 所示的安装界面。

安装成功后出现如图 3-36 所示界面，单击"Finish"按钮完成安装。

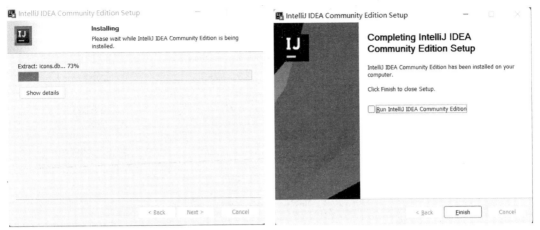

图 3-35　安装界面　　　　　　　　　图 3-36　安装完成界面

3. 启动 IntelliJ IDEA

在安装 IntelliJ IDEA 时，我们选择了创建 IntelliJ IDEA 的桌面快捷方式，因此双击桌面的"IntelliJ IDEA"图标运行 IntelliJ IDEA，弹出如图 3-37 所示的用户协议界面，勾选"I confirm that I have read…"复选框，单击"Continue"按钮。

稍等片刻，进入 IntelliJ IDEA 首页，如图 3-38 所示。

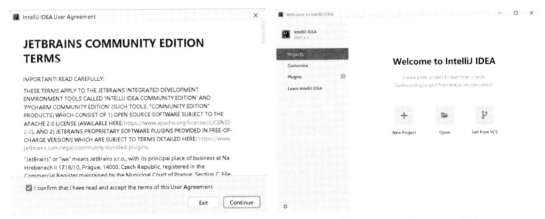

图 3-37　用户协议界面　　　　　　　　图 3-38　IntelliJ IDEA 首页

3.5.2　Scala 插件的安装与使用

在 IntelliJ IDEA 中，如果要进行 Spark 编程开发，那么需要在 IntelliJ IDEA 中安装 Scala 插件用于 Spark 编程。本节将介绍 IntelliJ IDEA 中 Scala 插件的离线安装与在线安装两种方式，并对安装的 Scala 插件进行测试，具体操作如下。

1. 离线安装 Scala 插件

离线安装 Scala 插件需要读者在 IntelliJ IDEA 插件官方网站上下载 Scala 插件离线安装包。读者可以访问 Scala 插件官方网站，选择 IntelliJ IDEA 2021.3.3 版本支持的 Scala 插件安装包进行下载，本书选取的 Scala 插件离线安装包为 scala-intellij-bin-2021.3.22.zip。笔者已将该版本 Scala 插件离线安装包同步放入书籍附件资料中，读者可以自行下载。

（1）在 IntelliJ IDEA 首页的"Plugins"面板中执行"Installed"→"Install Plugin from Disk…"命令，如图 3-39 所示。

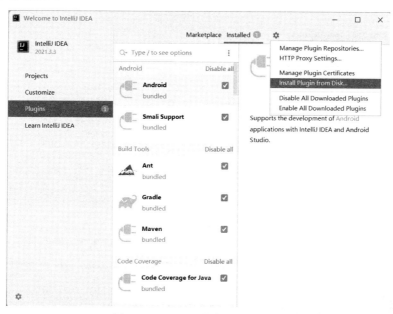

图 3-39　Scala 插件离线安装界面

（2）在弹出的如图 3-40 所示的界面中，选择下载的 Scala 插件离线安装包路径，单击"OK"按钮完成安装。

图 3-40　选择 Scala 插件离线安装包路径

（3）Scala 插件安装成功后会弹出如图 3-41 所示界面，单击界面中的"Restart IDE"按钮重启 IntelliJ IDEA 即可。

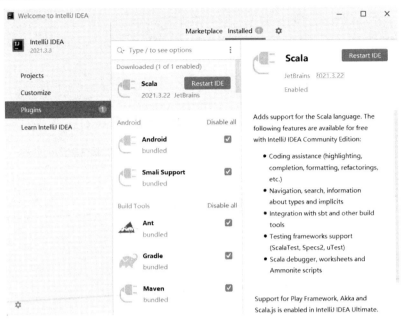

图 3-41 重启 IntelliJ IDEA

2. 在线安装 Scala 插件

IntelliJ IDEA 也提供了在线安装 Scala 插件的方式，读者无须下载 Scala 插件离线安装包，具体操作方式如下。

（1）如图 3-42 所示，在 IntelliJ IDEA 首页的"Plugins"面板中选择"Marketplace"选项，并在搜索框中输入"Scala"，在下方找到 Scala 插件，单击"Install"按钮安装。

图 3-42 Scala 插件在线安装界面

（2）安装完成后出现如图 3-41 所示界面，单击界面中的"Restart IDE"按钮重启 IntelliJ IDEA 即可。

3. Scala 插件的使用

IntelliJ IDEA 中的 Scala 插件安装成功后，可以通过创建 Scala 工程项目与运行 Scala 程序进行测试，具体操作步骤如下。

（1）启动 IntelliJ IDEA，出现如图 3-43 所示界面，单击"Projects"面板中的"New Project"按钮。

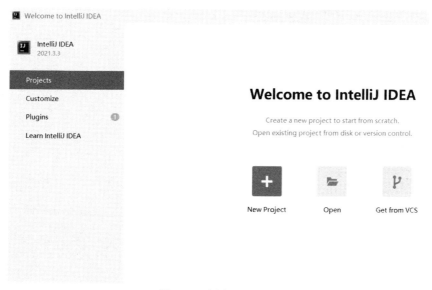

图 3-43　新建工程项目

（2）在弹出的如图 3-44 所示界面中选择"Scala"→"IDEA"选项，并单击"Next"按钮。

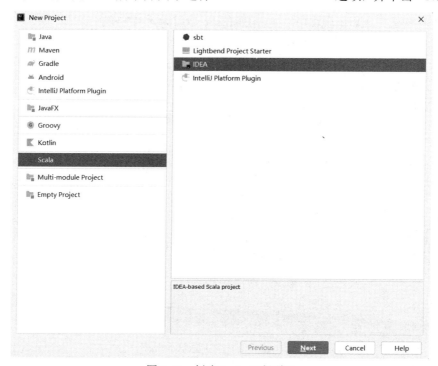

图 3-44　创建 Scala 工程项目

（3）如图 3-45 所示，在"Name"文本框中输入工程项目名"test"，并将指定工程文件存放在"E:\workspace\test"目录下。同时，选择工程所用的本地 JDK 版本为 1.8.0_321，Scala SDK 版本为 2.11.12。单击右下角的"Finish"按钮完成 Scala 工程项目的创建。

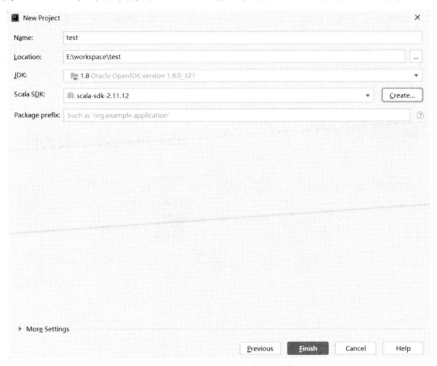

图 3-45　Scala 工程项目配置

（4）项目创建完成后出现如图 3-46 所示的 Scala 工程目录结构，右击"src"目录，在弹出的快捷菜单中执行"New"→"Package"命令，自定义包名为"test"。

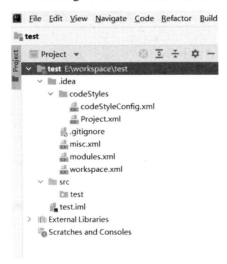

图 3-46　Scala 工程目录结构

（5）右击"src"→"test"包，在弹出的快捷菜单中执行"New"→"Scala Class"命令，用于新建 Scala 类，如图 3-47 所示。

图 3-47　新建 Scala 类

（6）在弹出的如图 3-48 所示的界面中，设置文件名为"HelloWorld"，并选择"Object"选项完成 Scala 类的创建。

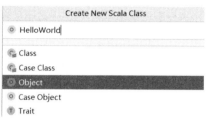

图 3-48　设置文件名

（7）在 Scala 类"HelloWorld"中输入如代码 3-2 所示的内容。

代码 3-2　HelloWorld 类中的代码

```
object HelloWorld {
  def main(args: Array[String]): Unit = {
    println("Hello World")
  }
}
```

（8）在 Scala 类"HelloWorld"中右击，在弹出的快捷菜单中执行"Run 'HelloWorld'"命令，运行代码，若出现如图 3-49 所示结果，则代表 Scala 插件安装成功。

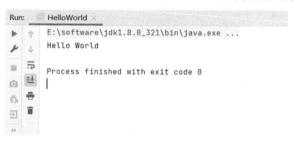

图 3-49　Scala 代码运行结果

3.5.3　IntelliJ IDEA 运行 Spark 程序

在 3.5.2 节中，讲解了 Scala 插件的安装和使用。本节主要介绍如何使用 IntelliJ IDEA 运行 Spark 程序，具体操作步骤如下。

1．配置 Spark 开发环境

（1）在 3.5.2 节创建的 Scala 工程项目"test"中，在 IntelliJ IDEA 菜单

第一个 Spark 程序（1）

栏中执行"File"→"Project Structure…"命令，弹出如图 3-50 所示界面。

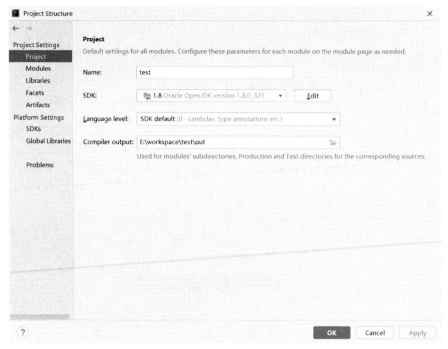

图 3-50　Scala 工程结构界面

（2）在该界面中单击"Libraries"面板中的"+"按钮，选择"Java"选项，在弹出的界面中选择书籍附件资料中为读者提供的"Spark 开发依赖包"文件夹，若出现如图 3-51 所示界面，则代表 Spark 开发依赖包已经引入工程中，Spark 开发环境配置完成。

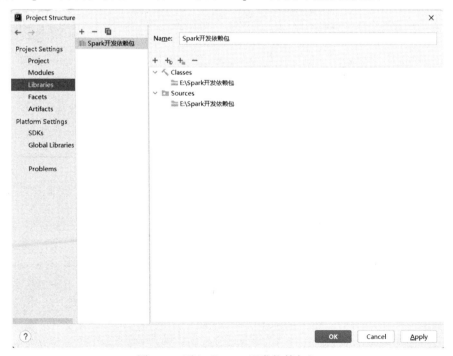

图 3-51　引入"Spark 开发依赖包"

2. 在 IntelliJ IDEA 中编写 Spark 程序

在 IntelliJ IDEA 中编写 Spark 程序与在 Spark Shell 交互式编程环境中运行 Spark 程序不同的地方在于，用 IntelliJ IDEA 编写 Spark 程序需要创建两个核心 Scala 对象，即 SparkConf 和 SparkContext。

SparkConf 是 Spark 的配置类，包含了很多与 Spark 程序运行有关的参数，并且参数均是以键-值对形式存在的。用户可以使用 SparkConf 对象的 set(key:String,value:String)方法设置相关参数值，使用 setAppName(name:String)方法设置运行程序名，使用 setMaster (master:String)方法设置运行模式。其中，setMaster 方法设置的运行模式常用值见表 3-1。

SparkContext 类是 Spark 应用程序的上下文和程序执行入口，通过 SparkContext 对象可以连接 Spark 集群、创建 RDD 等。在 Spark Shell 交互式编程环境中使用的 sc 对象就是 SparkContext 对象的实例，创建 SparkContext 实例需要传入一个 SparkConf 实例。

在 SparkContext 实例创建完成后，就可以在 IntelliJ IDEA 中使用与 Spark Shell 交互式编程环境一致的方法进行 RDD 的创建与相关操作。需要注意的是，在 IntelliJ IDEA 中 Spark 程序结束时需要关闭 SparkContext 对象。

在 IntelliJ IDEA 创建的 Scala 工程项目中，右击"spark-project"→"src"→"test"包，在弹出的快捷菜单中执行"New"→"Package"命令，新建包名为"sparkdemo"，并在 sparkdemo 包下新建 Scala 类"WordCount"，通过该计算程序实现大数据开发单词计数的经典案例。WordCount 单词计数程序如代码 3-3 所示。在程序中创建了 SparkConf 对象，并设置程序名为"wordcount"，程序运行模式为"local[1]"。同时，创建 SparkContext 对象为 sc，通过 sc 读取 wc.txt 文件数据创建 RDD，通过 RDD 的转换算子操作与行动算子操作实现单词计数功能。

代码 3-3 WordCount 单词计数程序

```scala
package sparkdemo
import org.apache.spark.rdd.RDD
import org.apache.spark.{SparkConf, SparkContext}
object WordCount {
  def main(args: Array[String]): Unit = {
    val sparkConf = new SparkConf().setAppName("wordcount").setMaster("local[1]")
    val sc = new SparkContext(sparkConf);
    val rdd:RDD[String] = sc.textFile("wc.txt")
    val wordCountRdd:RDD[(String,Int)] = rdd.flatMap(line => line.split(" ")).map(word
=> (word, 1)).reduceByKey((value, value1) => value + value1)
    wordCountRdd.foreach(result=>println(result._1+","+result._2))
    sc.stop()
  }
}
```

wc.txt 文件内容如表 3-9 所示，读者需要将创建的 wc.txt 文件移动到 Scala 工程项目"test"的根路径下。

表 3-9 wc.txt 文件内容

Spark Scala Java
Kafka Flink Hadoop
HDFS MapReduce Spark

3．Spark 程序的运行

与 Spark Shell 交互式编程环境相比，在 IntelliJ IDEA 中编写与运行 Spark 程序更简捷。但是，在 IntelliJ IDEA 中运行程序无法像在 Spark Shell 交互式编程环境中一样，程序可以直接运行在 Spark 集群中，IntelliJ IDEA 运行 Spark 程序一般需要特定的设置与操作才可以。这里重点讲解如何在 IntelliJ IDEA 中使用本地模式运行 Spark 程序，以及如何在 Spark 集群中运行 IntelliJ IDEA 编写的代码。

（1）在 IntelliJ IDEA 中使用本地模式运行 Spark 程序。

在代码 3-3 中，已经设置了 Spark 的运行模式为"local[1]"，该项设置代表使用本地模式一个工作线程运行 Spark 程序。在"WordCount"类中右击，在弹出的快捷菜单中执行"Run WordCount"命令，运行 Spark 程序，运行结果如图 3-52 所示。

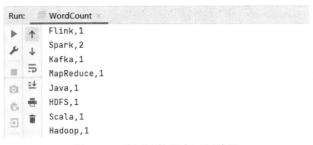

图 3-52   单词计数程序运行结果

（2）在 Spark 集群中运行 IntelliJ IDEA 编写的代码。

通常情况下，在 IntelliJ IDEA 中直接运行编写的 Spark 代码使用的是本地模式，适用于代码测试或者处理数据量较小的数据集。但是，如果处理的数据量比较大，那么就无法在 IntelliJ IDEA 中直接使用本地模式运行。在这种情况下，一般都是先将编写完成的项目打包为 JAR 包，并将 JAR 包上传至 Spark 集群所在的服务器中，然后借助 spark-submit 命令提交到

第一个 Spark 程序（二）_2

Spark 集群、YARN 集群或 Mesos 集群中运行。下面将详细介绍如何将 IntelliJ IDEA 编写的 Spark 程序打包为 JAR 包并提交至 Spark 集群中运行。

改写代码 3-3 的 WordCount 单词计数程序，将其改写为可以打包到相关集群上运行的程序，如代码 3-4 所示。在程序中不需要手动指定 master 运行模式与处理的 HDFS 文件数据路径，这些参数在集群上运行程序时会进行动态设置。

代码 3-4 集群运行使用的单词计数程序

```
package sparkdemo
import org.apache.spark.rdd.RDD
import org.apache.spark.{SparkConf, SparkContext}
object WordCount {
  def main(args: Array[String]): Unit = {
    val sparkConf = new SparkConf().setAppName("wordcount");
    val sc = new SparkContext(sparkConf);
    //处理的 HDFS 文件数据路径无须手动指定，设置该参数会在集群运行时动态指定
    val rdd:RDD[String] = sc.textFile(args(0));
    //将计算完成的结果输出到 HDFS 的某个路径，路径在运行时动态传入
    rdd.flatMap(line => line.split(" ")).map(word => (word, 1)).reduceByKey((value,
value1) => value + value1).repartition(1).saveAsTextFile(args(1))
```

```
    sc.stop()
  }
}
```

程序改写完成后，需要在 IntelliJ IDEA 中将创建的工程项目"test"及工程项目相关依赖打包为 JAR 包并上传至集群运行。

① IntelliJ IDEA 设置生成工程项目 JAR 包。

在 IntelliJ IDEA 中执行"File"→"Project Structure…"命令，如图 3-53 所示。

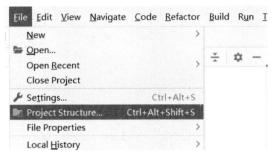

图 3-53　执行"File"→"Project Structure…"命令

在弹出的如图 3-54 所示的工程项目结构设置界面中，单击"Artifacts"面板中的"+"按钮，执行"JAR"→"Empty"命令，将工程项目的代码准备打包为 JAR 包。

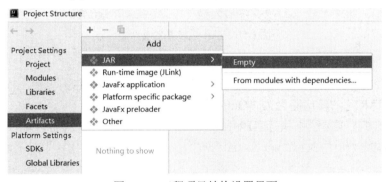

图 3-54　工程项目结构设置界面

JAR 包设置成功后出现如图 3-55 所示界面。在界面中将"Name"文本框中的值修改为"wordcount"，表示设置生成的 JAR 包名。双击"Available Elements"选区中的"'test' compile output"选项，将其添加到左侧的"wordcount.jar"中。

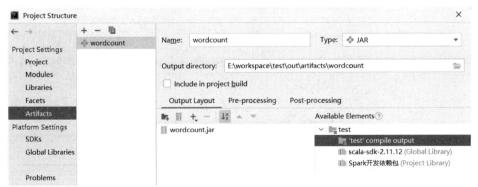

图 3-55　JAR 包名更改及 JAR 包资源选择

JAR 包设置完成后出现如图 3-56 所示界面，生成的 JAR 包将输出到"Output directory"路径下。单击"OK"按钮完成工程项目 JAR 包的设置。

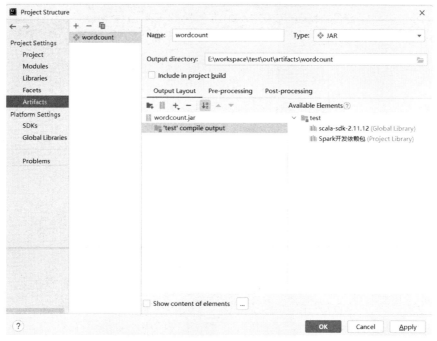

图 3-56   JAR 包设置完成界面

② IntelliJ IDEA 根据 JAR 包的设置生成工程项目 JAR 包。

上一步已经将工程项目 JAR 包设置完成，下一步将根据 JAR 包的设置生成工程项目 JAR 包，工程项目 JAR 包的输出路径为"Output directory"。

在 IntelliJ IDEA 菜单栏中执行"Build"→"Build Artifacts…"命令，如图 3-57 所示。

在弹出的快捷菜单中执行"wordcount"→"Build"命令，即可成功生成工程项目 JAR 包，如图 3-58 所示。

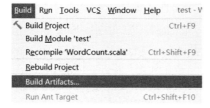

图 3-57   编译 Artifacts

图 3-58   生成工程项目 JAR 包

工程项目 JAR 包生成后，可以在"Output directory"路径下找到，如图 3-59 所示。

图 3-59   生成的工程项目 JAR 包

右击生成的工程项目 JAR 包“wordcount.jar”，在弹出的快捷菜单中执行“Open In”→“Explorer”命令，可以直接打开 JAR 包在本地的路径，如图 3-60 所示。

图 3-60　打开 JAR 包在本地的路径

将生成的工程项目 JAR 包“wordcount.jar”上传到安装了 Spark 集群环境的 Linux 系统的“/opt/spark”目录下，上传成功后如图 3-61 所示。

```
[root@node1 spark]# ll
总用量 12
-rw-r--r--. 1 root root   57 7月    9 12:33 wc.txt
-rw-r--r--. 1 root root 5771 7月   21 20:11 wordcount.jar
```

图 3-61　上传工程项目 JAR 包至 Linux 系统

③ 借助 spark-submit 命令在集群中运行 JAR 包程序。

上一步已经将生成的工程项目 JAR 包上传到 Spark 集群环境所在的 Linux 系统中，接下来需要借助 spark-submit 命令运行上传成功的工程项目 JAR 包中的单词计数程序。

spark-submit 是 Spark 自带的一个命令，存储在 Spark 安装目录的“sbin”路径下，主要用于将用户打包的 Spark 应用程序 JAR 包部署到 Spark 程序支持的集群环境中运行。spark-submit 命令语法如代码 3-5 所示。

代码 3-5　spark-submit 命令语法

```
spark-submit [options] <application jar> [app arguments]
```

其中，“app arguments”是传递给运行主类的“main”方法的参数；“application jar”表示包含编写的 Spark 应用程序的工程项目 JAR 包的路径；“options”是运行该命令时传递的一些可选参数。常用的“options”可选参数与参数说明如表 3-10 所示。

表 3-10　常用的“options”可选参数与参数说明

“options”可选参数	参数说明
--master MASTER_URL	指定连接的可以运行 Spark 程序的集群（MASTER_URL 可选值见表 3-1）
--class CLASS_NAME	指定工程项目 JAR 包的运行主程序

续表

"options" 可选参数	参数说明
--conf PROP=VALUE	通过 PROP=VALUE 形式设置任意的 Spark 相关属性
--name NAME	指定 Spark 运行程序的别名

将 Linux 目录切换到 "/opt/spark" 路径下，运行如代码 3-6 所示的代码。通过--master 将编写的单词计数程序在 Spark 集群中运行，--class 用于设置运行的单词计数程序，并设置了 JAR 包的路径、处理的 HDFS 文件路径，以及计算完成输出的 HDFS 文件路径。

代码 3-6　spark-submit 提交程序运行

```
spark-submit --master  spark://node1:7077 --class sparkdemo.WordCount
/opt/spark/wordcount.jar  hdfs://node1:9000/spark/wc.txt
hdfs://node1:9000/spark/wcoutput  hdfs://node1:9000/spark/wcoutput
```

程序运行完成，运行结果如图 3-62 所示。

```
[root@node1 spark]# hdfs dfs -cat /spark/wcoutput/part-00000
(Flink,1)
(Kafka,1)
(Java,1)
(MapReduce,1)
(Scala,1)
(Spark,2)
(HDFS,1)
(Hadoop,1)
```

图 3-62　运行结果

经过对 IntelliJ IDEA 的安装、配置与使用，我们已经能够在 IntelliJ IDEA 中完美地运行 Scala 和 Spark 程序，为 3.6 节的项目实战演练做好了充分的准备。

实战演练 3.6：智慧交通道路卡口车流量分析

前 5 节为读者详细介绍了 Spark Core 中的核心数据集 RDD 及 RDD 的相关算子操作。本节将重点介绍 Spark Core 技术在项目实战中的应用，即如何实现智慧交通卡口车流量分析。交通卡口是指在交通道路上设置摄像探头，用于监控道路上行驶机动车的行驶状态。通过交通卡口可以实现统计当前道路的车流量、道路车辆计数、道路车辆速度检测、车辆特征检索，以及部分违章抓拍等功能。本项目主要借助交通卡口相关设备采集的城市快速路上的车流量数据，实现交通道路卡口车流量排名分析及交通道路卡口车辆超速违章分析两大核心功能。通过项目实战帮助读者深入了解并掌握 Spark 核心技术 Spark Core，进而帮助读者培养 Spark 核心技术实践应用能力。

3.6.1　数据获取与数据解释

本项目根据真实的交通卡口数据，模拟生成了 10 万条交通卡口车流量数据。笔者已将交通卡口车流量数据文件 monitor_flow_data.txt 放入书籍附件资料中，读者可以自行下载。图 3-63 所示为部分交通卡口车流量数据。文件中的每一行数据代表交通卡口的一条车辆通过信息，每一行数据由字符 "\t" 分割的 6 部分组成，交通卡口车流量数据字段从左至右依次为道路编号、卡口编号、摄像头编号、通过时间、车牌号和通过车速。

42	007	00545	2019-07-29 09:15:37	晋C***49	122
30	006	00603	2019-08-01 11:43:07	豫D***89	107
47	008	05795	2019-09-20 22:03:02	豫B***73	116
2	006	07001	2019-08-24 05:25:10	豫C***33	158
23	002	00482	2019-09-25 15:05:50	冀E***09	152
3	004	02962	2019-09-07 18:18:34	晋A***28	170
39	000	07083	2019-08-12 13:46:30	陕F***15	15
18	000	02705	2019-07-14 05:48:48	陕C***70	4
30	003	04835	2019-07-02 02:03:45	晋D***90	122
35	008	08401	2019-07-08 15:09:30	豫F***01	32

图 3-63 部分交通卡口车流量数据

在 HDFS 文件存储系统创建"/spark/project"目录，将交通卡口车流量数据文件 monitor_flow_data.txt 上传至"/spark/project"目录下。创建 HDFS 目录命令如代码 3-7 所示。

代码 3-7 创建 HDFS 目录命令

```
[root@node1 ~]# hdfs dfs -mkdir -p /spark/project
```

数据文件上传成功后，查看 HDFS 文件存储系统"/spark/project"目录下的详细文件信息，结果如图 3-64 所示。

```
[root@node1 ~]# hdfs dfs -ls /spark/project
Found 1 items
-rw-r--r--   1 root supergroup    4721190 2022-07-09 23:27 /spark/project/monitor_flow_data.txt
```

图 3-64 HDFS 文件存储系统信息展示

原始数据集上传完成后，接下来即可实现统计分析等相关功能。本项目将重点研究交通道路卡口车流量排名分析与交通道路卡口车辆超速违章分析。

3.6.2 项目编程环境搭建

本章 RDD 的相关操作均是在 Spark Shell 交互式编程环境中完成的。但是，在 Spark Shell 交互式编程环境中只能做一些简单编程或测试。在真实的大数据项目开发中，代码相对复杂，一般都会在类似于 IntelliJ IDEA 的集成开发环境中进行程序开发。在本次项目实战演练中，主要借助 IntelliJ IDEA 进行程序功能代码开发，需要在 IntelliJ IDEA 中搭建项目所需的开发环境。

1. 在 IntelliJ IDEA 中创建工程项目

在编写项目功能代码前，首先需要在 IntelliJ IDEA 中创建本次项目的工程，然后引入工程的环境依赖并设置工程的 JAR 包。

打开 IntelliJ IDEA，单击如图 3-65 所示界面中的"New Project"按钮新建工程项目。

图 3-65 新建工程项目

在弹出的如图 3-66 所示界面中选择"Scala"→"IDEA"选项，单击"Next"按钮进入工程设置界面。

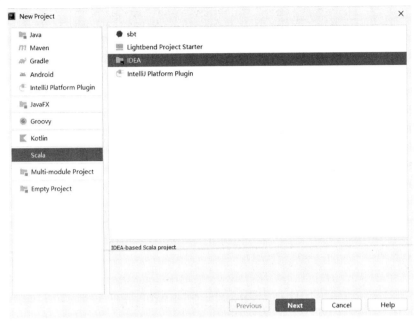

图 3-66　创建 Scala 工程项目

弹出如图 3-67 所示界面，在"Name"文本框中输入工程项目名"spark-project"，并自定义工程文件的存储路径"Location"。同时，设置工程的"JDK"与"Scala SDK"版本，单击"Finish"按钮完成工程项目的创建。

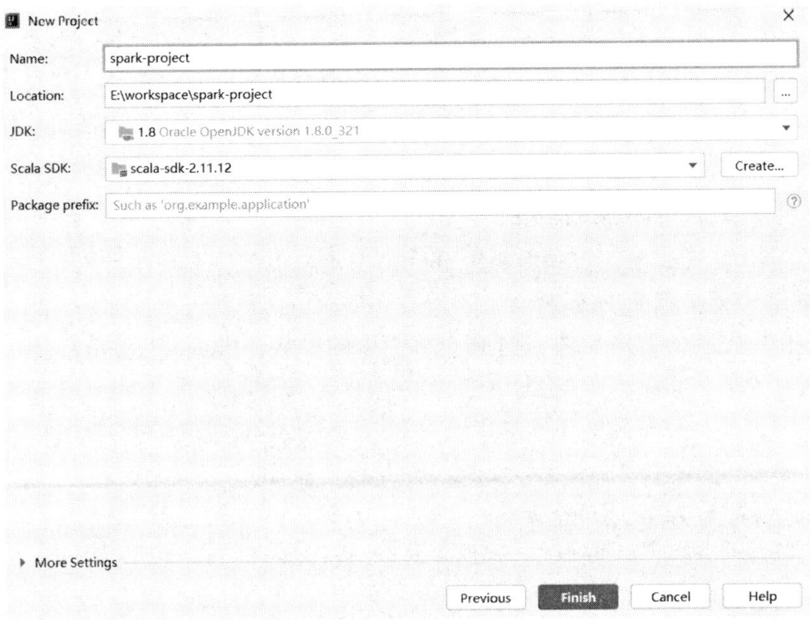

图 3-67　Scala 工程项目配置

若弹出如图 3-68 所示界面，则代表工程项目"spark-project"创建成功。

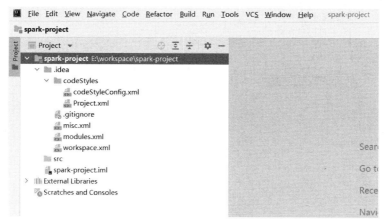

图 3-68 工程项目创建成功界面

在工程项目创建成功后，需要引入工程的相关编程依赖并设置工程的 JAR 包。

2. 工程项目的依赖引入

3.5 节介绍了使用 Spark Core 依赖 JAR 包的方式在工程中引入 Spark Core 开发依赖。但是，一般企业在开发中很少采用这种方式，因为 Spark Core 编程依赖包的版本可能会发生变更，并且 Spark Core 编程依赖 JAR 包的数目也很多，采用上述方式比较烦琐。在真实的项目开发中，会使用 Maven 自动化构建工具实现工程依赖的引入。IntelliJ IDEA 中自带 Maven 技术插件，开发者只需要为工程增加 Maven 框架支持即可在工程项目中借助 Maven 插件引入 Spark Core 编程依赖。

右击创建好的 Scala 工程项目"spark-project"包，在弹出的快速菜单中执行"Add Framework Support…"命令，为工程项目增加框架支持，如图 3-69 所示。

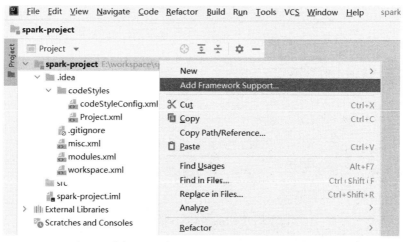

图 3-69 为工程项目增加框架支持

在弹出的如图 3-70 所示界面中，勾选"Maven"复选框，单击"OK"按钮完成 Maven 框架的引入。

Maven 框架引入成功后会出现如图 3-71 所示的工程目录结构，若在工程目录下出现"pom.xml"文件，则代表引入成功。

图 3-70　引入 Maven 框架

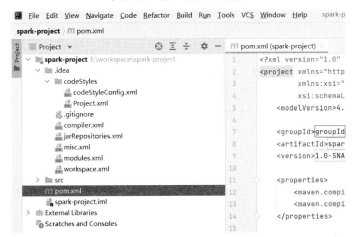

图 3-71　工程目录结构

　　Maven 框架在工程项目中引入成功后，在工程的"pom.xml"文件中增加如代码 3-8 所示的引入 Spark Core 编程依赖代码。

代码 3-8　引入 Spark Core 编程依赖代码

```
<dependencies>
    <dependency>
        <groupId>org.apache.spark</groupId>
        <artifactId>spark-core_2.11</artifactId>
        <version>2.3.1</version>
    </dependency>
</dependencies>
```

　　在引入 Spark Core 编程依赖代码添加完成后，"pom.xml"文件内容如图 3-72 所示。

```xml
<?xml version="1.0" encoding="UTF-8"?>
<project xmlns="http://maven.apache.org/POM/4.0.0"
         xmlns:xsi="http://www.w3.org/2001/XMLSchema-instance"
         xsi:schemaLocation="http://maven.apache.org/POM/4.0.0 http://maven.apache.org/xsd/maven-4.0.0.xsd">
    <modelVersion>4.0.0</modelVersion>

    <groupId>groupId</groupId>
    <artifactId>spark-project</artifactId>
    <version>1.0-SNAPSHOT</version>

    <properties>
        <maven.compiler.source>8</maven.compiler.source>
        <maven.compiler.target>8</maven.compiler.target>
    </properties>
    <dependencies>
        <dependency>
            <groupId>org.apache.spark</groupId>
            <artifactId>spark-core_2.11</artifactId>
            <version>2.3.1</version>
        </dependency>
    </dependencies>
</project>
```

图 3-72　"pom.xml"文件内容

在"pom.xml"文件中成功引入 Spark Core 编程依赖代码后，需要借助 Maven 框架帮助开发者下载并引入 Spark Core 编程依赖。在 IntelliJ IDEA 中，单击最右侧的"Maven"按钮，在弹出的如图 3-73 所示界面中，单击"Reload All Maven Projects"按钮进行配置，完成 Spark Core 编程依赖的下载与引入。需要注意的是，此操作需要系统联网。

图 3-73　借助 Maven 框架引入 Spark Core 编程依赖

上一步操作帮助开发者下载引入 Spark Core 编程依赖，开发者等待底部进度条加载完成后，可以在 IntelliJ IDEA 右侧的"Maven"菜单中执行"spark-project"→"Dependencies"命令，查看引入工程中的相关 Spark Core 编程依赖，如图 3-74 所示。

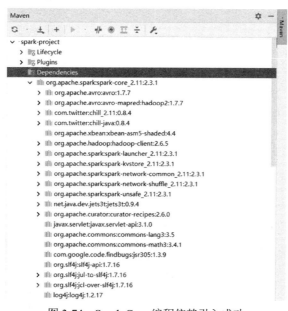

图 3-74　Spark Core 编程依赖引入成功

工程项目的 Spark Core 编程依赖引入成功，下一步需要设置工程项目的 JAR 包，为后期工程文件打包部署运行在 Spark 集群中做准备。

3. 设置工程项目 JAR 包

企业级项目开发中，在 IntelliJ IDEA 中编写的 Spark 相关功能代码需要打包为 JAR 包，并部署到 Spark 集群中借助 spark-submit 命令提交运行，因此需要先设置工程 JAR 包。

在 IntelliJ IDEA 中执行 "File" → "Project Structure…" 命令，如图 3-75 所示。

在弹出的如图 3-76 所示的工程项目结构设置界面中，单击 "Artifacts" 面板中的 "+" 按钮，执行 "JAR" → "Empty" 命令，选择 JAR 包的设置方式。

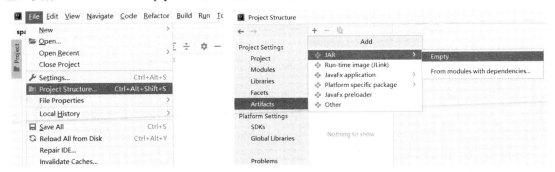

图 3-75 执行 "File" → "Project Structure…" 命令

图 3-76 工程项目结构设置界面

在弹出的如图 3-77 所示界面中，将生成的 JAR 包名 "Name" 重命名为 "spark-project"。

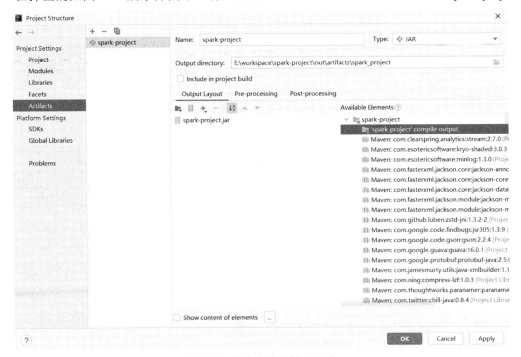

图 3-77 重命名生成的 JAR 包

在图 3-77 界面的 "Available Elements" 选区中双击 "'spark-project' compile output" 选项，将其添加到左侧的 "spark-project.jar" 中，添加完成后单击 "OK" 按钮完成工程 JAR 包的设

置。工程 JAR 包的最终设置结果如图 3-78 所示。

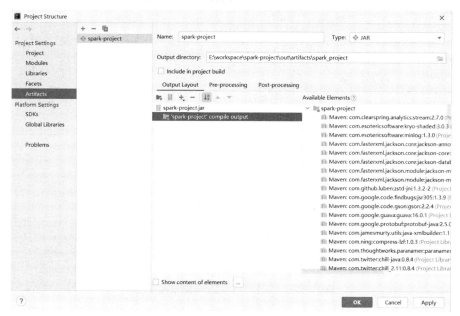

图 3-78　工程 JAR 包的最终设置结果

　　至此，智慧交通道路卡口车流量分析项目在 IntelliJ IDEA 中的工程项目搭建完成，并借助 Maven 框架引入了 Spark Core 编程依赖 JAR 包，同时将工程 JAR 包设置完毕。下面进行项目功能代码的编写与开发。

智慧交通道路卡口车
流量排名分析

3.6.3　交通道路卡口车流量排名分析

　　在数据集中，存在多个卡口车流量数据，不同卡口的车流量对于城市道路交通规划至关重要。本节主要研究在不同卡口的车流量排名，具体实现步骤如下。

　　在 IntelliJ IDEA 创建的 Scala 工程项目中，右击"spark-project"→"src"→"main"→"java"包，在弹出的快捷菜单中执行"New"→"Package"命令，如图 3-79 所示，新建包"com.demo.project"。

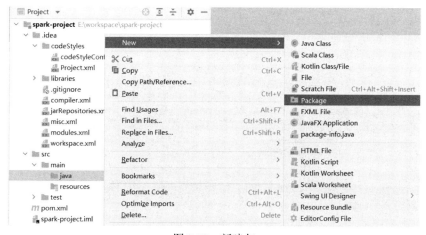

图 3-79　新建包

　　包建立完成后的工程目录结构如图 3-80 所示。

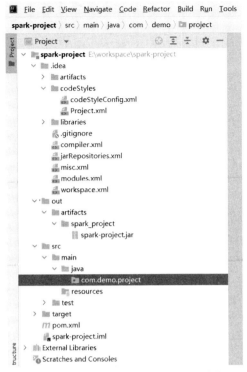

图 3-80　包建立完成后的工程目录结构

　　右击"com.demo.project"包，在弹出的快递菜单中执行"New"→"Scala Class"命令，新建一个 Scala 类，并命名为"MonitorFlowRank"，选择类型为"Object"，创建完成的工程目录结构与代码如图 3-81 所示。

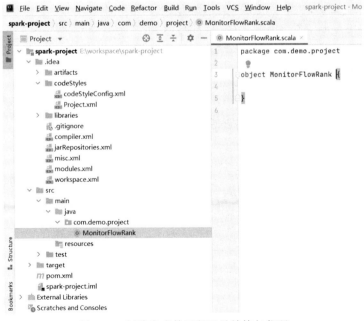

图 3-81　创建完成的工程目录结构与代码

在"MonitorFlowRank"类中引入如代码 3-9 所示的代码。

代码 3-9　MonitorFlowRank 交通道路卡口车流量排名分析

```scala
package com.demo.project
import org.apache.spark.rdd.RDD
import org.apache.spark.{SparkConf, SparkContext}
object MonitorFlowRank {
  def main(args: Array[String]): Unit = {
val sparkConf = new SparkConf().setAppName("MonitorFlowRank")
    val sc = new SparkContext(sparkConf)
    //读取 HDFS 上的交通道路卡口车流量数据成为数据集
    val originRDD: RDD[String] = sc.textFile(args(0))
    //去除原始数据的重复数据
    val filterRDD:RDD[String] = originRDD. distinct()
    //将过滤并去除重复数据后的匹配数据转换为以卡口编号为 key，以 1 为 value 的键-值对类型 RDD
    val monitorPairRDD:RDD[(String,Int)]= filterRDD.map(line=>{
      val array = line.split("\t")
      val monitorId = array(1)
      (monitorId,1)
    })
    //将上一步得到的键-值对类型 RDD 按照卡口编号聚合计算卡口通过车流量
    val flowRDD:RDD[(String,Int)] = monitorPairRDD.reduceByKey((x,y)=>x+y)
    //将以卡口编号为 key，以车流量为 value 的键-值对类型 RDD 转换为以车流量为 key，以卡口编号为 value 的
    键-值对类型 RDD，并对卡口车流量进行降序排序
    val resultRDD:RDD[(Int,String)] =flowRDD.map(tuple=>(tuple._2,tuple._1)).sortByKey
(false)
    //将不同卡口的车流量及排名情况输出到 HDFS 分布式文件存储系统中
    resultRDD.map(tuple=>(tuple._2,tuple._1)).repartition(1).saveAsTextFile(args(1))
    sc.stop()
  }
}
```

在类中，首先读取 HDFS 上保存的交通道路卡口车流量数据，其次对原始数据进行过滤和去重数据操作，然后将保留的匹配数据转换为以卡口编号为 key，以 1 为 value 的键-值对类型 RDD 进行聚合和排序操作，得到不同卡口的车流量及排名情况，最后将得到的结果数据输出到 HDFS 分布式文件存储系统中。其中，输入文件路径及输出文件路径在打包部署运行时由 spark-submit 命令执行。

交通道路卡口车流量排名分析功能代码编写完成，在 IntelliJ IDEA 菜单栏中执行"Build"→"Build Artifacts…"命令，弹出如图 3-82 所示界面，执行"spark-project"→"Build"命令，生成工程 JAR 包。

图 3-82　生成工程 JAR 包

用户可以在工程目录中找到生成的 JAR 包，将工程 JAR 包上传至 Spark 集群所在 Linux 系统的"/opt/spark/project"目录下，上传成功后如图 3-83 所示。

```
[root@node1 project]# pwd
/opt/spark/project
[root@node1 project]# ll
总用量 8
-rw-r--r--. 1 root root 6182 7月  23 17:42 spark-project.jar
```

图 3-83　上传工程 JAR 包至 Linux 系统

工程 JAR 包上传成功后，在 Linux 系统中执行如代码 3-10 所示的代码，将交通道路卡口车流量排名计算代码通过 spark-submit 命令提交至 Spark 集群运行，并指定输入文件路径与输出文件路径。

代码 3-10　spark-submit 提交功能代码

```
spark-submit --master  spark://node1:7077 --class com.demo.project.MonitorFlowRank
/opt/spark/pro
ject/spark-project.jar hdfs://node1:9000/spark/project/monitor_flow_data.txt
hdfs://node1:9000/spark
/project/monitorFlowRank
```

代码运行成功后，可以在 HDFS 中查看运行结果，如图 3-84 所示。

```
[root@node1 spark]# hdfs dfs -ls /spark/project/monitorFlowRank
Found 2 items
-rw-r--r--   3 root supergroup         0 2022-07-09 23:37 /spark/
project/monitorFlowRank/_SUCCESS
-rw-r--r--   3 root supergroup       108 2022-07-09 23:37 /spark/
project/monitorFlowRank/part-00000
[root@node1 spark]# hdfs dfs -cat /spark/project/monitorFlowRank/p
art-00000
(002,11242)
(008,11232)
(006,11188)
(004,11161)
(000,11140)
(001,11076)
(005,11013)
(003,11006)
(007,10943)
```

图 3-84　不同卡口车流量及排名结果

3.6.4　交通道路卡口车辆超速违章分析

在智慧交通中，智慧的前提是保证交通能够安全稳定地运行，能对各种违章信息进行快速统计分析是重要的一个环节。其中，违章信息包括闯红灯、未系安全带、超速行驶等。本章选取的交通道路卡口数据中包含车辆的车速信息，可以对超速违章行为进行智能分析。本节将借助 Spark 实现超速车辆数据统计与交通道路卡口车辆高速通过排名分析等功能。

项目案例（实战项目智慧交通道路卡口车流量进行分析——智慧交通道路卡口车辆超速统计）(1)

1.　超速车辆数据统计

在选取的交通道路卡口中，车辆允许通过的最高速度为 80km/h。交通法规定，超速 10% 为违章，所以当车速高于 88km/h 时属于超速违章。我们现在需要将超速的交通道路卡口车辆数据保存到 HDFS 文件系统中，具体操作如下。

在 IntelliJ IDEA 创建的 Scala 工程项目中，右击 "spark-project" → "src" → "main" →

"java"→"com.demo.project"包，在弹出的快捷菜单中执行"New"→"Scala Class"命令，新建一个 Scala 类，并命名为"OverSpeedStatistics"，选择类型为"Object"，创建完成的工程目录结构与代码如图 3-85 所示。

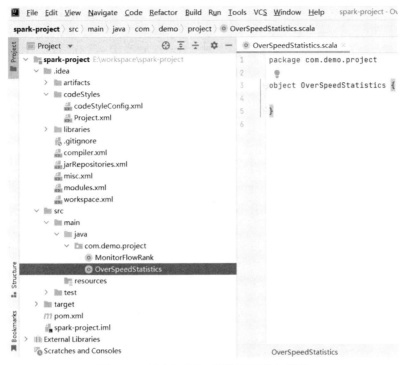

图 3-85　创建完成的工程目录结构与代码

在"OverSpeedStatistics"类中添加如代码 3-11 所示的代码，进行交通道路卡口车辆超速分析。

代码 3-11　OverSpeedStatistics 交通道路卡口车辆超速分析

```
package com.demo.project
import org.apache.spark.rdd.RDD
import org.apache.spark.{SparkConf, SparkContext}
object OverSpeedStatistics {
  def main(args: Array[String]): Unit = {
 val sparkConf = new SparkConf().setAppName("OverSpeedStatistics")
   val sc = new SparkContext(sparkConf)
   //读取 HDFS 上的交通道路卡口车流量数据成为数据集
 val originRDD: RDD[String] = sc.textFile(args(0))
   //将车速低于 88km/h 的数据过滤舍弃，保留超速行驶车辆信息，并去除重复值
   val filterRDD:RDD[String] = originRDD.filter(line=>{
     val array = line.split("\t")
     val speed = Integer.parseInt(array(5))
     if(speed<88){
       false
     }else{
       true
     }
```

```
  }).distinct()
  //将统计出的超速车辆数据输出到 HDFS 分布式文件存储系统中
  filterRDD.repartition(1).saveAsTextFile(args(1))
  sc.stop()
  }
}
```

在类中，首先读取 HDFS 上保存的交通道路卡口车流量数据，然后将车速低于 88km/h 的原始数据进行过滤并去除重复值，此时保留的匹配数据即为超速违章车辆信息，最后将结果数据输出到 HDFS 分布式文件存储系统中。其中，输入文件路径及输出文件路径在打包部署运行时由 spark-submit 命令执行。

交通道路卡口车辆超速分析功能代码编写完成，重新生成工程 JAR 包，并将生成的工程 JAR 包提交至 Linux 系统的"/opt/spark/project"目录下，执行如代码 3-12 所示的代码，通过 spark-submit 命令将计算程序提交至 Spark 集群运行，并指定输入文件路径与输出文件路径。

代码 3-12 spark-submit 提交功能代码

```
spark-submit --master spark://node1:7077 --class com.demo.project.OverSpeedStatistics
/opt/spark/
project/spark-project.jar hdfs://node1:9000/spark/project/monitor_flow_data.txt
hdfs://node1:9000/
spark /project/overspeed
```

计算程序执行完成后，可以在 HDFS 中查看部分超速违章车辆信息，如图 3-86 所示。

```
[root@node1 ~]# hdfs dfs -ls /spark/project/overspeed
Found 2 items
-rw-r--r--   3 11018 supergroup          0 2022-07-09 23:56 /spark/project/ov
erspeed/_SUCCESS
-rw-r--r--   3 11018 supergroup    2383589 2022-07-09 23:56 /spark/project/ov
erspeed/part-00000
[root@node1 ~]# hdfs dfs -tail /spark/project/overspeed/part-00000
01     08481   2019-07-27 23:16:12      陕A***13          145
28     000     07651   2019-10-23 21:52:54      陕E***49          104
18     001     09890   2019-10-13 15:15:14      晋C***35          110
29     006     00998   2019-10-07 08:01:59      晋B***22          115
46     004     06933   2019-09-16 06:05:56      晋F***66          103
30     000     02038   2019-07-13 12:56:15      晋F***47          102
22     007     07651   2019-08-23 06:43:52      晋F***28          101
10     003     03716   2019-08-21 01:54:50      晋A***46          168
20     007     08284   2019-09-10 24:25:38      晋D***93          152
9      001     09051   2019-09-17 09:55:44      豫B***95          130
```

图 3-86 部分超速违章车辆信息

2. 交通道路卡口车辆高速通过排名分析

在超速车辆数据统计的基础上，计算每一个卡口的超速车辆数量，并对不同卡口的超速车辆数量进行排名，即可实现交通道路卡口车辆高速通过排名分析，具体操作如下。

项目案例（实战项目智慧交通道路卡口车流量进行分析——道路卡口车辆高速通过排名分析）

在 IntelliJ IDEA 创建的 Scala 工程项目中，右击"spark-project"→"src"→"main"→"java"→"com.demo.project"包，在弹出的快捷菜单中执行"New"→"Scala Class"命令，新建一个 Scala 类，并命名为"MonitorHighSpeedRank"，选择类型为"Object"，创建完成的工程目录结构与代码如图 3-87 所示。

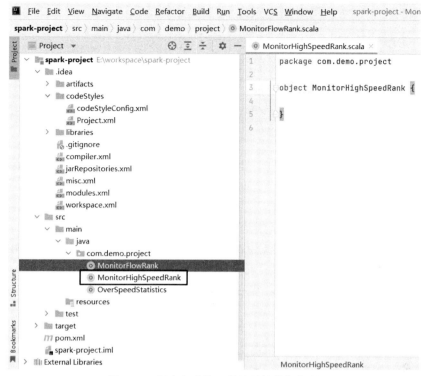

图 3-87　创建完成的工程目录结构与代码

在"MonitorHighSpeedRank"类中添加如代码 3-13 所示的代码，进行交通道路卡口车辆高速通过排名分析。

代码 3-13　MonitorHighSpeedRank 交通道路卡口车辆高速通过排名分析

```scala
package com.demo.project
import org.apache.spark.rdd.RDD
import org.apache.spark.{SparkConf, SparkContext}
object MonitorHighSpeedRank {
  def main(args: Array[String]): Unit = {
  val sparkConf = new SparkConf().setAppName("MonitorHighSpeedRank")
    val sc = new SparkContext(sparkConf)
    //读取 HDFS 上的交通道路卡口数据成为数据集
  val originRDD: RDD[String] = sc.textFile(args(0))
    //将车速低于 88km/h 的数据过滤舍弃，保留超速行驶车辆信息，并去除重复值
    val filterRDD:RDD[String] = originRDD.filter(line=>{
      val array = line.split("\t")
      val speed = Integer.parseInt(array(5))
      if(speed<88){
        false
      }else{
        true
      }
    }).distinct()
    //将超速违章数据集转换为以卡口编号为 key，以 1 为 value 的键-值对类型 RDD，并聚合求出每个交通道路卡口
高速通过车辆的数量
    val highSpeedRDD:RDD[(String,Int)] = filterRDD.map(line=>{
      val array = line.split("\t")
```

```
      (array(1),1)
  }).reduceByKey((x,y)=>x+y)
  //将统计出的交通道路卡口高速通过车辆数量降序排序
 val resultRDD = highSpeedRDD.map(tuple => (tuple._2, tuple._1)).sortByKey(false)
  //将统计出的交通道路卡口车辆高速通过排名数据输出到/spark/project/monitorHighSpeedRank目录下
  resultRDD.map(tuple=>(tuple._2,tuple._1)).repartition(1).saveAsTextFile(args(1))
  sc.stop()
 }
}
```

在"MonitorHighSpeedRank"类中，在统计超速违章车辆信息的基础上，将超速违章数据集转换为以卡口编号为 key，以 1 为 value 的键-值对类型 RDD，并对其进行聚合汇总求出每个交通道路卡口高速通过车辆的数量，按照高速通过车辆数量降序排序得到每个卡口车辆高速通过排名信息，将最后得到的结果数据输出到 HDFS 分布式文件存储系统中。

交通道路卡口车辆高速通过排名分析功能代码编写完成，重新生成工程 JAR 包，并将生成的工程 JAR 包提交至 Linux 系统的"/opt/spark/project"目录下，执行如代码 3-14 所示的代码，通过 spark-submit 命令将计算程序提交至 Spark 集群运行，并指定输入文件路径与输出文件路径。

代码 3-14 spark-submit 提交功能代码

```
spark-submit --master  spark://node1:7077 --class com.demo.project. MonitorHighSpeedRank
/opt/spark
/project/spark-project.jar  hdfs://node1:9000/spark/project/monitor_flow_data.txt
hdfs://node1:9000/
spark /project/ monitorHighSpeedRank
```

计算程序执行完成后，可以在 HDFS 中查看部分卡口车辆高速通过排名结果，如图 3-88 所示。

```
[root@node1 ~]# hdfs dfs -ls /spark/project/monitorHighSpeedRank
Found 2 items
-rw-r--r--   3 11018 supergroup          0 2022-07-10 00:34 /spark/project/mo
nitorHighSpeedRank/_SUCCESS
-rw-r--r--   3 11018 supergroup         99 2022-07-10 00:34 /spark/project/mo
nitorHighSpeedRank/part-00000
[root@node1 ~]# hdfs dfs -cat /spark/project/monitorHighSpeedRank/part-00000
(006,5790)
(002,5746)
(000,5709)
(004,5674)
(008,5660)
(005,5639)
(001,5629)
(003,5615)
(007,5588)
```

图 3-88 部分卡口车辆高速通过排名结果

以上就是本节智慧交通道路卡口车流量分析的相关功能。结合上面讲解的两大核心功能，读者也可以实现高峰期卡口车辆拥堵状况排名分析、车辆的行驶轨迹分析等相关功能。

归纳总结

本章共分为 6 节，详细为读者介绍了 Spark Core。第 1 节介绍了 RDD 的概念和特点。第 2 节介绍了创建 RDD 的两种方式。第 3、4、5 节重点介绍了 RDD 算子的概念、常用的转换算子和行动算子，以及如何在 IntelliJ IDEA 中开发 Spark 程序。第 6 节通过智慧交通道路卡口车流量分析实战项目夯实了读者前 5 节所学知识，培养了读者的岗位核心能力。

勤学苦练

1.【实战任务 1】Spark 组件中的核心概念是（　　）。

A．RDD
B．Dataset
C．DataFrame
D．Data

2.【实战任务 2】下列方法中，不能创建 RDD 的方法是（　　）。

A．makeRDD
B．parallelize
C．textFile
D．testFile

3.【实战任务 3】下列选项中，哪个不属于转换算子操作？（　　）

A．filter(func)
B．map(func)
C．reduce(func)
D．reduceByKey(func)

4.【实战任务 3】下列选项中，能使 RDD 产生宽依赖的是（　　）。

A．map(func)
B．filter(func)
C．union
D．groupByKey()

5.【实战任务 3】RDD 的操作主要是哪两种操作？（　　）（多选）

A．转换算子操作
B．分组操作
C．读写操作
D．行动算子操作

6.【实战任务 3】下列属于 RDD 的转换算子的是（　　）。（多选）

A．groupByKey()
B．reduce()
C．reduceByKey()
D．map()

7.【实战任务 3】下列属于 RDD 的行动算子的是（　　）。（多选）

A．count()
B．first()
C．take()
D．filter()

8.【实战任务 1】下面哪个不是 RDD 的特点？（　　）

A．可分区
B．可序列化
C．可修改
D．可持久化

9.【实战任务 1】RDD 具有（　　）特征。（多选）

A．可容错性
B．简洁性
C．并行数据结构
D．结构化

10.【实战任务 1】关于 RDD，下列错误的是（　　）。

A．RDD 是运行在工作节点（WorkerNode）中的一个进程，负责运行 Task

B．Application 是用户编写的 Spark 应用程序

C．一个 Job 包含多个 RDD 及作用于相应 RDD 上的各种操作

D．DAG 反映 RDD 之间的依赖关系

11.【实战任务 2】创建 RDD 可以有几种方式？（　　　）（多选）

A. 由外部存储系统的数据集创建，包括本地的文件系统

B. 由一个已经存在的 Scala 集合创建

C. 比如所有 Hadoop 支持的数据集

D. 以上说法都不对

12.【实战任务 1】以下哪个是键-值对 RDD 特有的算子操作？（　　　）

A. map　　　　　　　　　　　　　B. flatMap

C. filter　　　　　　　　　　　　 D. reduceByKey

13.【实战任务 2】以下哪种格式文件 RDD 不可操作？（　　　）

A. JSON 格式文件　　　　　　　　B. CSV 格式文件

C. SequenceFile 格式文件　　　　 D. Word 格式文件

14.【实战任务 3】以下哪些是 Spark 运行模式的 MASTER_URL 的取值？（　　　）（多选）

A. local　　　　　　　　　　　　 B. spark://ip:port

C. local[1]　　　　　　　　　　　D. localhost

15.【实战任务 2】以下哪些算子可以获取 RDD 中的第一条数据？（　　　）（多选）

A. first　　　　　　　　　　　　　B. count

C. take(1)　　　　　　　　　　　 D. collect

第4章

岗位拓展能力培养：夯实 Spark SQL

实战任务

1. 了解 Spark SQL 的基本概念与特点。
2. 掌握 Spark SQL 核心编程模型 DataFrame。
3. 熟悉 Spark SQL 进阶编程模型 Dataset。
4. 掌握使用 Spark SQL 解决相关实际应用问题的方法。

项目背景

在互联网和移动智能设备的发展下，教育技术不断变革，在线教育逐渐普及。传统线下教育的时空限制被打破，教育得到技术、内容、形式及主体等全方位的改变。随着在线教育用户规模的快速增长，中国在线教育市场规模也明显上升，各种在线教育平台层出不穷。

为了保证用户在线学习的效率和成果，各个在线教育平台都在运用大数据技术，根据用户的学习习惯、学习行为、学习内容等数据来进行分析和处理，实现智能课程推荐、学习路径优化、用户学习行为习惯优化等一系列有助于提高在线学习效率的功能。

本章项目将带领读者实现在线教育平台的三大主流功能，分别是用户学习行为习惯、视频课程点击量排行和视频课程分类排行。通过实现以上功能，读者不仅可以掌握 Spark SQL 的相关知识和应用场景，还可以掌握在线教育平台主流功能的实现技术，同时能举一反三将 Spark SQL 应用到其他行业中。

本章使用的 Spark 环境为 1.2.2 节中的单机伪分布模式。需要注意的是，若无特殊说明，本章出现的 Spark 安装路径为/opt/app/spark-2.3.1。

能力地图

本章讲解了 Spark SQL 简介、Spark SQL 特点、Spark SQL 的 Spark Shell 交互、Spark SQL 的核心编程模型 DataFrame、Spark SQL 的扩展编程模型 Dataset 及 Spark SQL 技术在企业级项目上的实战演练。本章通过理论让读者掌握 Spark SQL 的发展与编程原理，通过实战演练让读者夯实 Spark SQL 技术，从而帮助读者培养岗位拓展能力，具体的能力培养地图如图 4-1 所示。

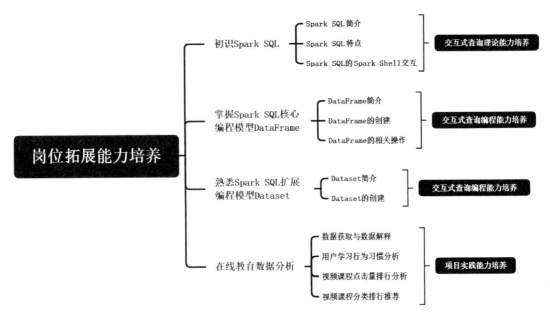

图 4-1　岗位拓展能力培养地图

新手上路 4.1：初识 Spark SQL

第 3 章详细介绍了 Spark 技术栈的核心模块 Spark Core，Spark Core 是基于内存对数据进行计算的，在处理数据的速度上确实比 Hadoop 中的 MapReduce 更有优势。但是，Spark Core 在对数据的处理上也有不足，如在处理结构化数据（Structured Data）时，Spark Core 计算流程显得比较烦琐，而 Spark 技术栈中的 Spark SQL 模块在 Spark Core 模块的基础上针对结构化数据处理做了诸多的优化与改进。Spark SQL 的出现让不了解 MapReduce 计算框架的技术人员，也可以通过 SQL 语言快速处理结构化数据。

4.1.1　Spark SQL 简介

Spark SQL 的前身是 Shark。其中，Shark 是伯克利 AMPLab Spark 生态环境的组件之一，是基于 Hive 所开发的工具。Shark 将 Hive 语法的转换从 MapReduce 作业替换为 Spark 作业。原先 Hive 语法转换为 MapReduce 作业后，会基于磁盘进行作业，而替换为 Spark 作业后，由于 Spark 具有基于内存计算的特点，使 HQL 的运行效率大幅提升。但是，Shark 本质上是对 Hive 的改造，它继承了大量的 Hive 代码，因此在后期的优化和维护上极为烦琐。

但是，随着 Spark 的发展，Shark 过度依赖 Hive，如采用 Hive 的语法解析器、查询优化器等，制约了 Spark 的 One Stack Rule Them All（一套软件栈内完成各种大数据分析任务）的既定方针，也严重制约了 Spark 各个组件的相互集成，于是便诞生了 Spark SQL 项目。Spark SQL 抛弃了原有的 Shark 项目的代码，汲取了 Shark 的一些优点，如内存列存储（In-Memory Columnar Storage）、Hive 兼容性等，由此重新开发了 Spark SQL 代码。由于摆脱了对 Hive 的依赖，因此 Spark SQL 在数据兼容、性能优化、组件扩展等方面都得到了极大的扩展，并且能更好地践行 Spark 的 One Stack Rule Them All 方针，同时更好地与 Spark 其余组件相互集成。

2014 年 6 月，Shark 项目终止开发，原 Shark 团队将所有的资源转移到 Spark SQL 项目上。但是，受到 Shark 项目的影响，Shark 演变出两条支线，即 Spark SQL 和 Hive on Spark，如图 4-2 所示。

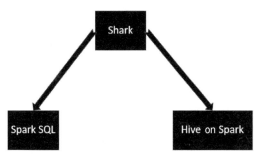

图 4-2　Shark 演变的两条支线

其中，Spark SQL 作为 Spark 生态的一个核心模块继续发展，不再受限于 Hive 数据仓库，只兼容 Hive，而 Hive on Spark 成为 Hive 的一个发展计划，该计划将 Spark 作为 Hive 的底层计算引擎之一。Hive 将不再受限于一个引擎，而是可以选择 MapReduce、Tez、Spark 等作为底层的计算引擎。

对大数据从业人员与专业的开发人员而言，Spark SQL 可以简化 RDD 的开发，提高开发效率且 Spark SQL 的执行效率非常高。此外，Spark SQL 为了简化 RDD 的开发、提高开发效率，提供了两个核心数据抽象，类似 Spark Core 中的 RDD，即 DataFrame 和 Dataset。

4.1.2　Spark SQL 特点

Spark SQL 作为 Spark 生态中的核心技术，能被广泛应用在数据预处理、数据转换及数据分析中，得益于 Spark SQL 的 4 个特点。

1．容易集成

Spark SQL 可以无缝地将 SQL 查询与 Spark 程序混合，并且允许用户使用 SQL 或是熟悉的 DataFrame API 在 Spark 程序中查询结构化数据，适用于 Java、Scala、Python 和 R 语言。

2．提供了统一的数据访问

Spark SQL 可以使用相同的方式连接到任何数据源，包括 Hive、Avro、Parquet、ORC、JSON 和 JDBC。

3．兼容 Hive

Spark SQL 支持 Hive 中的 HQL 语法、Hive 中的序列化与反序列化 Hive SerDes，以及 Hive 中的用户自定义函数 UDF（User-Defined Functions），允许开发者访问现有的 Hive 仓库。

4．标准化数据库连接

Spark SQL 中可以使用行业标准的 JDBC 或 ODBC 连接数据库数据源。

4.1.3　Spark SQL 的 Spark Shell 交互

Spark Shell 是一个交互式的命令行，用户能够利用 Spark Shell 简单快速地学习 Spark 的 API 操作，并且能够使用 Spark Shell 进行交互式分析数据。同时，Spark Shell 也是一个 Spark 的客户端。它可以使用 Scala 或 Python 编写 Spark 相关程序，方便用户学习和测试。

在 Spark SQL 的早期版本中，提供了两种语法解析器：SQL 语法解析器和 HiveQL 语法解析器，分别用于解析 SQL 语句和 Hive 中的 HQL 语句。同时，在 Spark SQL 早期版本中也提供了两个对象：SQLContext 和 HiveContext。其中，SQLContext 只支持 SQL 语法解析器，而 HiveContext 对象继承了 SQLContext，除了支持 HiveQL 语法解析器，还支持 SQL 语法解析器。

但是，随着 Spark SQL 的发展，DataFrame 和 Dataset 逐渐成为了 Spark 中标准的 API，通过 DataFrame 和 Dataset 就可以完成 SQL 和 HQL 语句的处理。在这种情况下，再使用 SQLContext 和 HiveContext 就比较烦琐，因此在 Spark 2.0 版本后，引入 SparkSession 作为 DataFrame 和 Dataset 的全新切入点。SparkSession 本质上已经封装了 SparkContext、SparkConf 及 SQLContext。用户通过 SparkSession 可以学习使用 Spark 的各项功能，极大地降低了用户学习 Spark 的成本。

同时，在 Spark 1.6 早期版本中，Spark Shell 在启动的过程中会初始化 SQLContext 对象为 sqlContext，用于编程 Spark SQL。到了 Spark 2.0 版本，Spark Shell 在启动过程中不再初始化 SQLContext 对象，取而代之的是初始化 SparkSession 对象为 spark，用于取代 SQLContext 对象和 HiveContext 对象。

Spark Shell 启动成功如图 4-3 所示。可以明显看到，在 Spark Shell 启动过程中初始化 SparkSession 对象为 spark。

```
[root@node1 ~]# spark-shell
22/05/24 09:01:11 WARN NativeCodeLoader: Unable to load native-hadoop li
brary for your platform... using builtin-java classes where applicable
Setting default log level to "ERROR".
To adjust logging level use sc.setLogLevel(newLevel). For SparkR, use se
tLogLevel(newLevel).
Spark context Web UI available at http://node1:4042
Spark context available as 'sc' (master = local[*], app id = local-16533
54075208).
Spark session available as 'spark'.
Welcome to
      ____              __
     / __/__  ___ _____/ /__
    _\ \/ _ \/ _ `/ __/  '_/
   /___/ .__/\_,_/_/ /_/\_\   version 2.3.1
      /_/

Using Scala version 2.11.8 (Java HotSpot(TM) 64-Bit Server VM, Java 1.8.
0_151)
Type in expressions to have them evaluated.
Type :help for more information.

scala›
```

图 4-3　Spark Shell 启动成功

当然，读者也可以自己声明 SparkSession 对象，手动创建 SparkSession 对象的方式如图 4-4 所示。

```
scala> import org.apache.spark.SparkConf;
import org.apache.spark.SparkConf

scala> import org.apache.spark.sql.SparkSession;
import org.apache.spark.sql.SparkSession

scala> val sparkConf = new SparkConf();
sparkConf: org.apache.spark.SparkConf = org.apache.spark.SparkConf@79144
d0e

scala> val sparkSession: SparkSession = SparkSession.builder().appName("
My Spark Application").master("local[*]").config(sparkConf).enableHiveSu
pport().getOrCreate();
sparkSession: org.apache.spark.sql.SparkSession = org.apache.spark.sql.S
parkSession@1d2c253
```

图 4-4　手动创建 SparkSession 对象

本节之后的代码若无特殊说明，均是在 Spark Shell 中进行操作的。

循序渐进 4.2：掌握 Spark SQL 核心编程模型 DataFrame

4.1 节介绍了 Spark SQL 为了简化 RDD 的开发，提高开发效率，提供了两个核心数据抽象，即 DataFrame 和 Dataset（读者可以从官方网站 https://spark.apache.org/docs/2.3.1/api/scala/index.html#org.apache.spark.sql.package 学习 Spark SQL 的详细 API 编程）。本节主要讲解 Spark SQL 中的核心编程模型 DataFrame，从 DataFrame 概念到 DataFrame 的基本操作，帮助读者系统地掌握 DataFrame 编程模型。由于本书篇幅有限，因此不能为读者详细展开介绍，希望本节能起到抛砖引玉的作用，为读者后续阅读官方文档和学习其他扩展知识打下良好基础。

4.2.1　DataFrame 简介

从 Spark 1.3.0 版本开始，Spark 提供了一个全新的分布式数据集 DataFrame。DataFrame 的概念最早在 R 语言和 Python 中被提出，在 Spark 中是指一种以 RDD 为基础的分布式数据集，类似于传统数据库中的二维表格。

DataFrame 派生于 RDD 类，但 DataFrame 编程实践优于 RDD，比 RDD 编程更方便、学习门槛更低。DataFrame 除了包含了 RDD 的不可更改、基于内存运行、弹性运算、分布式计算能力等特性，DataFrame 中的数据还带有 Schema 元信息，即 DataFrame 所表示的数据集的每一列都带有很多辅助信息，如列名、列值和列的属性。这使 Spark SQL 可以分析更多的和数据结构有关的信息，从而对 DataFrame 中的数据进行针对性的优化，最终达到大幅提升 Spark 运行效率的目的。

RDD 与 DataFrame 的结构对比图如图 4-5 所示。左侧的 RDD[Person]虽然以 Person 为类型参数，但 Spark 框架本身不了解 Student 类的内部结构，右侧的 DataFrame 却提供了详细的结构信息，使 Spark SQL 可以清楚地知道 Student 数据集中包含哪些列，每列的名称和类型各是什么。

目前，DataFrame 编程语言支持使用 Scala、Java、Python 与 R 语言等，本章以 Scala 语言为主进行讲解。

name	age	height
String	Int	Double
String	Int	Double
String	Int	Double

RDD[Person]　　　　　　DataFrame

图 4-5　RDD 与 DataFrame 的结构对比图

4.2.2　DataFrame 的创建

在了解了 DataFrame 的基本概念后，本节主要介绍 DataFrame 的创建。DataFrame 作为 Spark 中更高层次的数据抽象，允许用户可以从不同的数据源构建 DataFrame。例如，从外部结构化数据文件、现有的 RDD、外部数据库管理系统或 Hive 中的数据表等数据源中创建 DataFrame。下面将详解介绍如何从不同的数据源创建 DataFrame。

1．SparkSession 的创建

用户可以通过 SparkSession 从不同的数据源创建 DataFrame。在使用 DataFrame 编写 Spark SQL 应用时，首先需要创建 SparkSession 对象。SparkSession 的简单创建方式如代码 4-1 所示，读者可以在 Spark Shell 交互式编程环境中运行该代码。

SparkSession 的创建

代码 4-1 SparkSession 的创建代码

```
import org.apache.spark.SparkConf
import org.apache.spark.sql.SparkSession
val sparkConf = new SparkConf();
val sparkSession: SparkSession = SparkSession.builder().appName("My Spark Application")
.master("local[*]").config(sparkConf).enableHiveSupport().getOrCreate();
```

（1）builder()是 SparkSession 的构造器。通过 builder()可以添加各种 SparkSession 配置。

（2）appName("My Spark Application")表示为 Spark 应用设置名称，可以在 Spark Web UI 界面中显示这个名称，如果不设置会随机生成一个名称。

（3）master("local[*]")代表设置要连接到的 Spark Master 节点的地址，传入 local 代表本地模式，local[n]代表使用本地模式并且使用 n 个内核运行，传入 spark://ip:7077 代表提交到 Spark 的集群模式中运行。

（4）config(sparkConf)代表设置一个 Spark 的配置选项。

（5）enableHiveSupport()代表启用 Hive 支持，包括与持久 Hive 元存储的连接、对 Hive SerDes 的支持和 Hive 中的用户自定义函数。

（6）getOrCreate()代表获取一个已经存在的 SparkSession 对象，或者如果没有已经存在的 SparkSession 对象，则创建一个新的 SparkSession 对象。

SparkSession 创建成功如图 4-6 所示。

```
scala> import org.apache.spark.SparkConf;
import org.apache.spark.SparkConf

scala> import org.apache.spark.sql.SparkSession;
import org.apache.spark.sql.SparkSession

scala> val sparkConf = new SparkConf();
sparkConf: org.apache.spark.SparkConf = org.apache.spark.SparkConf@79144
d0e

scala> val sparkSession: SparkSession = SparkSession.builder().appName("
My Spark Application").master("local[*]").config(sparkConf).enableHiveSu
pport().getOrCreate();
sparkSession: org.apache.spark.sql.SparkSession = org.apache.spark.sql.S
parkSession@1d2c253
```

图 4-6　SparkSession 创建成功

2. 从外部结构化数据文件创建 DataFrame

Spark SQL 支持从 TXT、CSV、JSON、Parquet 等格式的外部结构化数据文件中读取数据创建 DataFrame。在一般情况下，我们需要将结构化数据文件存放到 HDFS 分布式文件存储系统中。Spark SQL 的 SparkSession 对象可以通过 read.text()、read.csv()、read.json()、read.parquet()方法从存放到HDFS中的结构化数据文件创建DataFrame。

从外部结构化数据文件创建 DataFrame

1）从 TXT 格式的结构化文件创建 DataFrame

如图 4-7 所示，可以通过 SparkSession 的 read.text()方法将 HDFS 存放的 people.txt 文件转换为 DataFrame。读者可以从安装的 Spark 软件下的/examples/src/main/resources 路径下查找 people.txt 文件，读者需要自行将 people.txt 文件上传到 HDFS 的/sparksql 目录下。

```
scala> import org.apache.spark.sql.DataFrame;
import org.apache.spark.sql.DataFrame

scala> val df:DataFrame = spark.read.text("hdfs://node1:9000/sparksql/pe
ople.txt");
df: org.apache.spark.sql.DataFrame = [value: string]

scala> df.show();
+-----------+
|      value|
+-----------+
|Michael, 29|
|   Andy, 30|
| Justin, 19|
+-----------+
```

图 4-7　TXT 格式结构化文件创建 DataFrame

2）从 CSV 格式的结构化文件创建 DataFrame

如图 4-8 所示，可以通过 SparkSession 的 read.csv()方法将 HDFS 存放的 people.csv 文件转换为 DataFrame。读者可以从安装的 Spark 软件下的/examples/src/main/resources 路径下打开 people.csv 文件，将其中的分号改成逗号，然后上传到 HDFS 的/sparksql 目录下。

3）从 JSON 格式的结构化文件创建 DataFrame

如图 4-9 所示，可以通过 SparkSession 的 read.json()方法将 HDFS 存放的 people.json 文件转换为 DataFrame。读者可以从安装的 Spark 软件下的/examples/src/main/resources 路径下查找 people.json 文件，读者需要自行将 people.json 文件上传到 HDFS 的/sparksql 目录下。

```
scala> import org.apache.spark.sql.DataFrame;
import org.apache.spark.sql.DataFrame

scala> val df:DataFrame = spark.read.csv("hdfs://node1:9000/sparksql/people.csv");
df: org.apache.spark.sql.DataFrame = [_c0: string, _c1: string ... 1 more field]

scala> df.show();
+-----+---+---------+
| _c0|_c1|      _c2|
+-----+---+---------+
| name|age|      job|
|Jorge| 30|Developer|
|  Bob| 32|Developer|
+-----+---+---------+
```

图 4-8　CSV 格式结构化文件创建 DataFrame

```
scala> import org.apache.spark.sql.DataFrame;
import org.apache.spark.sql.DataFrame

scala> val df:DataFrame = spark.read.json("hdfs://node1:9000/sparksql/pe
ople.json");
df: org.apache.spark.sql.DataFrame = [age: bigint, name: string]

scala> df.show();
+----+-------+
| age|   name|
+----+-------+
|null|Michael|
|  30|   Andy|
|  19| Justin|
+----+-------+
```

图 4-9　JSON 格式结构化文件创建 DataFrame

4）从 Parquet 格式的结构化文件创建 DataFrame

如图 4-10 所示，可以通过 SparkSession 的 read.parquet()方法将 HDFS 存放的 users.parquet 文件转换为 DataFrame。读者可以从安装的 Spark 软件下的/examples/src/main/resources 路径下查找 users.parquet 文件，读者需要自行将 users.parquet 文件上传到 HDFS 的/sparksql 目录下。

```
scala> import org.apache.spark.sql.DataFrame;
import org.apache.spark.sql.DataFrame

scala> val df:DataFrame = spark.read.parquet("hdfs://node1:9000/sparksql
/users.parquet");
df: org.apache.spark.sql.DataFrame = [name: string, favorite_color: stri
ng ... 1 more field]

scala> df.show();
+------+--------------+----------------+
|  name|favorite_color|favorite_numbers|
+------+--------------+----------------+
|Alyssa|          null|   [3, 9, 15, 20]|
|   Ben|           red|              []|
+------+--------------+----------------+
```

图 4-10　Parquet 格式结构化文件创建 DataFrame

3. 从现有的 RDD 创建 DataFrame 对象

Spark SQL 可以将程序中已经存在的 RDD 数据转换为 DataFrame。RDD 数据转换为 DataFrame 的方式有两种：第一种是需要定义一个 case class，然后使用反射机制将 RDD 数据转换为 DataFrame；第二种是采用指定 Schema 的方式将 RDD 数据转换为 DataFrame。下面详细介绍两种转换方式。

从 RDD 数据集创建
DataFrame

1）借助 case class 与反射机制将 RDD 数据转换为 DataFrame

如图 4-11 所示，首先使用 SparkContext 对象的 textFile()方法将 HDFS 文件系统上的

/sparksql/people.txt 文件读取为 RDD，然后借助 case class 与反射机制将 RDD 数据转换为 DataFrame。

```
scala> import org.apache.spark.rdd.RDD;
import org.apache.spark.rdd.RDD

scala> import org.apache.spark.sql.DataFrame;
import org.apache.spark.sql.DataFrame

scala> var rdd:RDD[Array[String]] = sc.textFile("hdfs://node1:9000/sparksql/people.txt
").map(_.split(","));
rdd: org.apache.spark.rdd.RDD[Array[String]] = MapPartitionsRDD[50] at map at <console
>:51

scala> case class People(name:String,age:Int);
defined class People

scala> val df:DataFrame = rdd.map(array=>People(array(0),array(1).trim.toInt)).toDF();
df: org.apache.spark.sql.DataFrame = [name: string, age: int]

scala> df.show();
+-------+---+
|   name|age|
+-------+---+
|Michael| 29|
|   Andy| 30|
| Justin| 19|
+-------+---+
```

图 4-11　借助 case class 和反射机制将 RDD 数据转换为 DataFrame

2）借助 Schema 将 RDD 数据转换为 DataFrame

通过 Schema 将 RDD 数据转换为 DataFrame 一般需要 3 步完成，具体步骤如下。

（1）将已经存在的 RDD 借助算子转换为元组或列表形式的 RDD。

（2）使用 StructType 创建一个和步骤（1）中转换得到的 RDD 的结构匹配的 Schema。

（3）通过 SparkSession 对象的 createDataFrame()方法，将步骤（1）中得到的 RDD 与步骤（2）中得到的 Schema 整合得到 DataFrame。

图 4-12 所示为如何借助 Schema 将 HDFS 文件系统上的/sparksql/peope.txt 文件转换为 DataFrame。

```
scala> import org.apache.spark.rdd.RDD;
import org.apache.spark.rdd.RDD

scala> import org.apache.spark.sql.{DataFrame,Row};
import org.apache.spark.sql.{DataFrame, Row}

scala> import org.apache.spark.sql.types.{IntegerType, StringType, StructField, Struct
Type};
import org.apache.spark.sql.types.{IntegerType, StringType, StructField, StructType}

scala> val rdd:RDD[Row] = sc.textFile("hdfs://node1:9000/sparksql/people.txt").map(_.s
plit(",")).map(array=>Row(array(0),array(1).trim.toInt));
rdd: org.apache.spark.rdd.RDD[org.apache.spark.sql.Row] = MapPartitionsRDD[68] at map
at <console>:59

scala> val schema:StructType = StructType(Array(StructField("name",StringType,true), S
tructField("age",IntegerType,true)));
schema: org.apache.spark.sql.types.StructType = StructType(StructField(name,StringType
,true), StructField(age,IntegerType,true))

scala> val df:DataFrame = spark.createDataFrame(rdd,schema);
df: org.apache.spark.sql.DataFrame = [name: string, age: int]

scala> df.show();
+-------+---+
|   name|age|
+-------+---+
|Michael| 29|
|   Andy| 30|
| Justin| 19|
+-------+---+
```

图 4-12　借助 Schema 将 RDD 数据转换为 DataFrame

4. 从外部数据库管理系统创建 DataFrame 对象

Spark SQL 支持将 MySQL、Oracle、SQL Server 等外部数据库管理系统的数据表中的数据转换为 DataFrame。Spark SQL 的 SparkSession 对象可以通过 read.jdbc() 方法将数据库管理系统的数据表中的数据转换为 DataFrame。

从 MySQL 数据库创建 DataFrame

本次以 MySQL 数据库管理系统为例，实现将数据表中的数据转换为 DataFrame。首先，读者需要在 MySQL 中创建一个 school 数据库，然后在 school 数据库下创建一个 student 数据表，并在 student 数据表中添加一行数据。MySQL 数据表的创建与数据添加如图 4-13 所示。

```
mysql> drop database school;
Query OK, 1 row affected (0.01 sec)

mysql> create database school charset "utf8";
Query OK, 1 row affected (0.00 sec)

mysql> use school;
Database changed
mysql> create table student(name varchar(20),age int,sex varchar(20));
Query OK, 0 rows affected (0.02 sec)

mysql> insert into student values("zs",20,"man");
Query OK, 1 row affected (0.00 sec)

mysql> select * from student;
+------+------+------+
| name | age  | sex  |
+------+------+------+
| zs   |   20 | man  |
+------+------+------+
1 row in set (0.00 sec)
```

图 4-13　MySQL 数据表的创建与数据添加

接下来需要将 MySQL 的驱动连接工具 jar 包放到 Spark 软件的 /jars 目录下。读者可以访问链接 https://repo1.maven.org/maven2/mysql/mysql-connector-java/5.1.47/ mysql-connector-java-5.1.47.jar 下载 MySQL 的驱动连接工具 jar 包，然后读者需要自行将该工具 jar 包上传到 Spark 软件的 /jars 目录下。上传成功后需要重新进入 Spark Shell 交互式编程环境。

重新进入 Spark Shell 交互式编程环境后，读者就可以使用 SparkSession 对象的 read.jdbc() 方法从 MySQL 的 student 数据表中创建 DataFrame，具体操作过程如图 4-14 所示。

```
scala> import java.util.Properties;
import java.util.Properties

scala> import org.apache.spark.sql.DataFrame;
import org.apache.spark.sql.DataFrame

scala> val properties:Properties = new Properties();
properties: java.util.Properties = {}

scala> properties.put("driver","com.mysql.jdbc.Driver");
res8: Object = null

scala> properties.put("user","root");
res9: Object = null

scala> properties.put("password","root");
res10: Object = null

scala> val df:DataFrame = spark.read.jdbc("jdbc:mysql://node1:3306/school?useSSL=false
", "student", properties);
df: org.apache.spark.sql.DataFrame = [name: string, age: int ... 1 more field]

scala> df.show();
+----+---+---+
|name|age|sex|
+----+---+---+
|  zs| 20|man|
+----+---+---+
```

图 4-14　从数据表中创建 DataFrame

5. 从 Hive 中的数据表创建 DataFrame 对象

Spark SQL 可以将 Hive 数据表中的数据转换为 DataFrame。Spark SQL 的 SparkSession 对象可以通过 sql()方法将 Hive 数据表中的数据转换为 DataFrame。

从 Hive 中的数据表
创建 DataFrame

首先读者需要在 Hive 数据库中创建一个 school 数据库，然后在 school 数据库下创建一个 student 数据表，并在 student 数据表中添加一行数据，具体操作过程如图 4-15 所示。

```
hive (default)> create database school;
OK
Time taken: 0.117 seconds
hive (default)> use school;
OK
Time taken: 0.021 seconds
hive (school)> create table student(name string,age int,sex string);
OK
Time taken: 0.335 seconds
hive (school)> insert into student values("zs",20,"man");
```

图 4-15　Hive 数据表的创建与数据添加

在创建 Hive 数据表并添加数据后，就可以通过 Spark SQL 将 Hive 表数据转换为 DataFrame。在一般情况下，Spark SQL 将 Hive 表数据转换为 DataFrame 前，还需要将 Hive 软件下的 /conf/hive-site.xml 配置文件复制到 Spark 的/conf 路径下（本书使用的 Hive 软件路径为 /opt/app/hive-2.3.8，读者需要根据实际情况调整 Hive 软件路径），具体操作过程如图 4-16 所示。

```
[root@node1 conf]# cp /opt/app/hive-2.3.8/conf/hive-site.xml /opt/app/spark-2.3.1/conf
[root@node1 conf]# pwd
/opt/app/spark-2.3.1/conf
[root@node1 conf]# ll
总用量 44
-rw-r--r--. 1 root root  694 5月  23 18:51 derby.log
-rw-rw-r--. 1 1000 1000  996 6月   2 2018 docker.properties.template
-rw-rw-r--. 1 1000 1000 1105 6月   2 2018 fairscheduler.xml.template
-rw-r--r--. 1 root root 1341 5月  24 10:50 hive-site.xml
-rw-rw-r--. 1 1000 1000 2027 5月  23 18:51 log4j.properties
drwxr-xr-x. 5 root root  133 5月  23 18:51 metastore_db
-rw-rw-r--. 1 1000 1000 7801 6月   2 2018 metrics.properties.template
-rw-rw-r--. 1 1000 1000  865 6月   2 2018 slaves
-rw-rw-r--. 1 1000 1000 1293 5月  22 20:04 spark-defaults.conf
-rwxrwxr-x. 1 1000 1000 4331 5月  22 20:04 spark-env.sh
```

图 4-16　复制 Hive 配置文件

Hive 配置文件复制完成后，进入 Spark Shell 交互式编程环境，借助 SparkSession 对象的 sql()方法就可以将 Hive 表数据转换为 DataFrame，具体操作过程如图 4-17 所示。

```
scala> import org.apache.spark.sql.DataFrame;
import org.apache.spark.sql.DataFrame

scala> val df:DataFrame = spark.sql("select * from school.student");
df: org.apache.spark.sql.DataFrame = [name: string, age: int ... 1 more field]

scala> df.show();
+----+---+---+
|name|age|sex|
+----+---+---+
|  zs| 20|man|
+----+---+---+
```

图 4-17　Hive 表数据转换为 DataFrame

4.2.3　DataFrame 的相关操作

在成功创建 DataFrame 后，本节主要讲解 DataFrame 的相关操作。在 Spark SQL 中，

DataFrame 的相关操作主要包含数据查看操作、数据查询操作与数据输出操作。

　　为了更好地展示 DataFrame 的数据查看操作、数据查询操作与数据输出操作，本节为读者提供了 3 份在线教育平台的 TXT 格式文件的核心数据（读者可以从书籍资料网址自行下载数据文件），分别为用户信息数据、课程信息数据、课程评分数据（每份数据只截取了部分字段）。图 4-18 所示为在线教育平台的部分用户信息数据（3 列分别代表用户 ID、用户性别、用户年龄）。

```
52,female,36
53,male,26
54,male,27
55,male,37
56,female,24
57,female,23
58,male,34
59,female,20
60,female,32
61,female,22
```

图 4-18　在线教育平台的部分用户信息数据

　　图 4-19 所示为在线教育平台的部分课程信息数据（3 列分别代表课程 ID、课程名、课程类别）。

```
1,Android 仿网易云音乐播放器,移动开发
2,web 自动化-元素八种定位方式,研发管理
3,MySQL 数据类型和运算符,数据库
4,Excel 职场实操技能课程 零基础学习 Excel 表格制作,企业/办公/职场
5,IT 必备技能华为认证 HCIA 全集,考试认证
6,Express 实战构建后台接口(jwt/加密/token),Web 全栈
7,Qt 与 Arduino 实战篇之 LED 灯控制,编程语言
8,基于区块链的供应链金融系统解决方案,区块链
9,国家注册信息安全工程师体系课程（CISP-PTE）,信息安全
```

图 4-19　在线教育平台的部分课程信息数据

　　图 4-20 所示为在线教育平台用户对课程的部分评分数据（3 列分别代表用户 ID、课程 ID、评价分数）。

```
237,872,6.3
513,821,7.0
732,1285,5.2
971,1253,5.7
197,866,5.3
322,1037,7.3
39,589,5.1
698,114,6.3
```

图 4-20　在线教育平台用户对课程的部分评分数据

1. DataFrame 的数据查看操作

　　Spark SQL 中的 DataFrame 派生于 Spark 的 RDD 类，因此 DataFrame 有很多特性与 RDD 相似，DataFrame 也只有触发行动操作 Action 时才会根据依赖链计算。在 DataFrame 中有很多查看和获取数据的操作函数与方法，常用的操作函数与方法如表 4-1 所示。

表 4-1　DataFrame 常用的操作函数与方法

函数与方法	解释
printSchema	打印 DataFrame 的模式（Schema）信息
show	查看 DataFrame 中的数据
collect/collectAsList	获取 DataFrame 中的所有数据
first/head/take/takeAsList	获取 DataFrame 中若干行数据

　　为展示 DataFrame 的数据查看操作，读者需要将图 4-19 中展示的在线教育平台课程信息数据文件 course.txt 上传到 HDFS 的/sparksql 路径下。在 Spark Shell 交互式编程环境中，借助 SparkContext 对象的 textFile()方法将该数据先读取为 RDD，然后借助 case class 将 RDD 转换为 DataFrame 对象，并将该 DataFrame 命名为 courseDF，操作过程如图 4-21 所示。

从数据文件创建
DateFrame

```
scala> import org.apache.spark.sql.DataFrame;import org.apache.spark.rdd.RDD;
import org.apache.spark.sql.DataFrame
import org.apache.spark.rdd.RDD

scala> val rdd:RDD[Array[String]] = sc.textFile("hdfs://node1:9000/sparksql/course
.txt").map(_.split(","));
rdd: org.apache.spark.rdd.RDD[Array[String]] = MapPartitionsRDD[325] at map at <co
nsole>:68

scala> case class Course(courseId:Int,courseName:String,courseClass:String);
defined class Course

scala> val courseDF:DataFrame = rdd.map(array=>Course(array(0).trim.toInt,array(1)
,array(2))).toDF();
courseDF: org.apache.spark.sql.DataFrame = [courseId: int, courseName: string ...
1 more field]

scala> courseDF.show(3);
+--------+----------------+-----------+
|courseId|      courseName|courseClass|
+--------+----------------+-----------+
|       1|Android仿网易云音乐播放器|     移动开发|
|       2|  web自动化-元素八种定位方式|     研发管理|
|       3|   MySQL 数据类型和运算符|      数据库|
+--------+----------------+-----------+
only showing top 3 rows


scala>
```

图 4-21　在线教育平台课程信息数据加载为 DataFrame

1）printSchema 打印 DataFrame 的模式信息

　　在 Spark SQL 中，当用户创建完 DataFrame 后，在很多情景下需要查看 DataFrame 的数据模式（Schema 信息）。DataFrame 的数据模式可以通过 DataFrame 的 printSchema()方法查看，该方法会输出 DataFrame 的列名称与列类型。图 4-22 所示为在线教育平台课程信息数据 courseDF 数据集的数据模式。

```
scala> courseDF.printSchema();
root
 |-- courseId: integer (nullable = false)
 |-- courseName: string (nullable = true)
 |-- courseClass: string (nullable = true)
```

图 4-22　在线教育平台课程信息数据 courseDF 数据集的数据模式

Dataframe 数据查
看操作（一）

2）show 查看 DataFrame 中的数据

　　在 Spark SQL 中，用户除了需要查看 DataFrame 的数据模式，还需要查看 DataFrame 在每一次转换完成后数据是否完整和正确。DataFrame 中定义了众多的数据查看方法。其中，show 方法查看 DataFrame 数据相对简单。在 DataFrame 中，show 方法一共有 6 个重载方法，如表 4-2 所示。

表 4-2　show 方法的 6 个重载方法

方法	解释
show(): Unit	输出 DataFrame 的前 20 条数据，并且每个字段最多只显示 20 个字符
show(numRows: Int) : Unit	输出 DataFrame 的 numRows 条数据，并且每个字段最多只显示 20 个字符
show(truncate: Boolean) : Unit	输出 DataFrame 的前 20 条数据，并且设置每个字段是否最多只显示 20 个字符
show(numRows: Int, truncate: Boolean) : Unit	输出 DataFrame 的 numRows 条数据，并且设置每个字段是否最多只显示 20 个字符
show(numRows: Int, truncate: Int) : Unit	输出 DataFrame 的 numRows 条数据，并且设置每个字段是否最多只显示 truncate 个字符
show(numRows: Int, truncate: Int, vertical: Boolean) : Unit	输出 DataFrame 的 numRows 条数据，并且设置每个字段是否最多只显示 truncate 个字符，同时设置是否垂直打印

使用 show 的 6 个重载方法输出 courseDF 的数据。其中，show()方法与 show(true)方法只输出 DataFrame 中的前 20 条数据，并且每个字段最多显示 20 个字符。如果需要输出 courseDF 中的所有数据，则需要使用 show(false)方法。图 4-23 所示为 courseDF 数据集的 show()、show(true)、show(false)方法的输出结果。由于 courseDF 中的数据过多，因此图中只保留了前 4 条数据，实际数据大于 4 条。

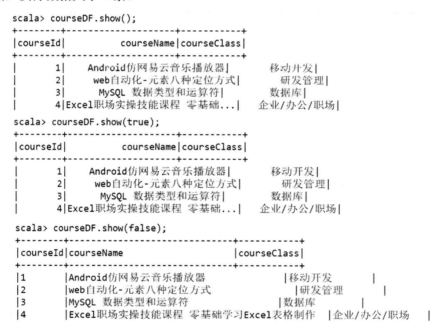

图 4-23　courseDF 数据集的 show()、show(true)、show(false)方法的输出结果

上述 3 个方法只能输出 DataFrame 中的前 20 条数据，如果想要输出 DataFrame 中指定的前几行数据，那么需要借助 show(numRows:Int)方法或 show(numRows: Int, truncate: Boolean)方法。图 4-24 所示为 courseDF 数据集指定行数的数据输出。

```
scala> courseDF.show(5);
+--------+--------------------+----------+
|courseId|          courseName|courseClass|
+--------+--------------------+----------+
|       1|    Android仿网易云音乐播放器|     移动开发|
|       2|    web自动化-元素八种定位方式|     研发管理|
|       3|      MySQL 数据类型和运算符|      数据库|
|       4|Excel职场实操技能课程 零基础...|企业/办公/职场|
|       5|    IT必备技能华为认证HCIA全集|     考试认证|
+--------+--------------------+----------+
only showing top 5 rows


scala> courseDF.show(5,false);
+--------+----------------------------------------+----------+
|courseId|courseName                              |courseClass|
+--------+----------------------------------------+----------+
|1       |Android仿网易云音乐播放器                         |移动开发      |
|2       |web自动化-元素八种定位方式                          |研发管理      |
|3       |MySQL 数据类型和运算符                          |数据库       |
|4       |Excel职场实操技能课程 零基础学习Excel表格制作|企业/办公/职场  |
|5       |IT必备技能华为认证HCIA全集                        |考试认证      |
+--------+----------------------------------------+----------+
only showing top 5 rows
```

图 4-24 courseDF 数据集指定行数的数据输出

如果用户需要输出指定字符个数的数据，那么上述方法均无法实现。用户需要借助 show(numRows: Int, truncate: Int)方法与 show(numRows: Int, truncate: Int, vertical: Boolean)方法。同时，show(numRows: Int, truncate: Int, vertical: Boolean)方法除了可以输入指定字符个数数据，还可以打印垂直数据。图 4-25 所示为输出 courseDF 数据集的指定字符个数数据及垂直数据。

```
scala> courseDF.show(3,10);
+--------+----------+----------+
|courseId|courseName|courseClass|
+--------+----------+----------+
|       1|Android...|     移动开发|
|       2|web自动化-...|     研发管理|
|       3|  MySQL 数...|      数据库|
+--------+----------+----------+
only showing top 3 rows


scala> courseDF.show(3,10,true);
-RECORD 0----------------
 courseId    | 1
 courseName  | Android...
 courseClass | 移动开发
-RECORD 1----------------
 courseId    | 2
 courseName  | web自动化-...
 courseClass | 研发管理
-RECORD 2----------------
 courseId    | 3
 courseName  | MySQL 数...
 courseClass | 数据库
only showing top 3 rows
```

图 4-25 输出 courseDF 数据集的指定字符个数数据及垂直数据

3）collect/collectAsList 获取 DataFrame 中的所有数据

collect 方法与 show 方法的不同之处在于，collect 方法会获取 DataFrame 中的全部数据，但不直接输出，而是返回一个 Array 数组对象。collectAsList 方法与 collect 方法类似，但是该方法返回的是一个 List 集合对象。图 4-26 所示为 collect 相关方法在 courseDF 数据集上的使用。

Dataframe 数据查看操作（二）

```
scala> courseDF.collect();
res87: Array[org.apache.spark.sql.Row] = Array([1,Android仿网易云音乐播放器,移动开
发], [2,web自动化-元素八种定位方式,研发管理], [3,MySQL 数据类型和运算符,数据库], [
4,Excel职场实操技能课程 零基础学习Excel表格制作,企业/办公/职场], [5,IT必备技能华为
认证HCIA全集,考试认证], [6,Express实战构建后台接口(jwt/加密/token),Web全栈], [7,Qt
与Arduino实战篇之LED灯控制,编程语言], [8,基于区块链的供应链金融系统解决方案,区块链
], [9,国家注册信息安全工程师体系课程（CISP-PTE）,信息安全], [10,java代码审计系统课
程,信息安全], [11,数字化转型-如何揭开数字化转型真相？,大数据], [12,Proxmox Backup
Server 备份与恢复实战,运维], [13,Unity ILRuntime框架设计,游戏开发], [14,网络管理员
2019年11月考试试题分析,考试认证], [15,matlab傅里叶变换及逆变换和快速傅里叶变换,大
学课程], [16,PowerBI系列之视觉对象专题,大数据], [17,ViT（Vision Transformer）原理
与代码精讲,人工智能], [18,软件测试-JavaScript综合实战(下),研发管理], [19,跟表姐学
函数 - SO的一下搞定工作,企业/办公/职场], [20,智慧教育专题-智慧幼儿园整体规划设计方
案,研发管理], [21,Kubernetes/K8S进阶实战,云计算/云原生], [22,虚幻引擎3D角色动画工
作流,游戏开发], [23,安装和配置 Windows Server 2022 高可用性服务,运维], [24,react+.
..
scala> courseDF.collectAsList();
res88: java.util.List[org.apache.spark.sql.Row] = [[1,Android仿网易云音乐播放器,移
动开发], [2,web自动化-元素八种定位方式,研发管理], [3,MySQL 数据类型和运算符,数据库
], [4,Excel职场实操技能课程 零基础学习Excel表格制作,企业/办公/职场], [5,IT必备技能
华为认证HCIA全集,考试认证], [6,Express实战构建后台接口(jwt/加密/token),Web全栈], [
7,Qt与Arduino实战篇之LED灯控制,编程语言], [8,基于区块链的供应链金融系统解决方案,区
块链], [9,国家注册信息安全工程师体系课程（CISP-PTE）,信息安全], [10,java代码审计系
统课程,信息安全], [11,数字化转型-如何揭开数字化转型真相？,大数据], [12,Proxmox Bac
kup Server 备份与恢复实战,运维], [13,Unity ILRuntime框架设计,游戏开发], [14,网络管
理员2019年11月考试试题分析,考试认证], [15,matlab傅里叶变换及逆变换和快速傅里叶变换
,大学课程], [16,PowerBI系列之视觉对象专题,大数据], [17,ViT（Vision Transformer）原
理与代码精讲,人工智能], [18,软件测试-JavaScript综合实战(下),研发管理], [19,跟表姐
学函数 - SO的一下搞定工作,企业/办公/职场], [20,智慧教育专题-智慧幼儿园整体规划设计
方案,研发管理], [21,Kubernetes/K8S进阶实战,云计算/云原生], [22,虚幻引擎3D角色动画
工作流,游戏开发], [23,安装和配置 Windows Server 2022 高可用性服务,运维], [24,re...
```

图 4-26　collect 相关方法在 courseDF 数据集上的使用

4）first/head/take/takeAsList 获取 DataFrame 中的若干行数据

DataFrame 中除了可以使用 show 方法与 collect 相关方法获取数据，还可以使用 first、head、take、takeAsList 等方法获取 DataFrame 中的部分数据，这 4 个方法的介绍如表 4-3 所示。

表 4-3　first/head/take/takeAsList 方法

方法	解释
first(): T	获取 DataFrame 的第一行数据，返回结果为 DataFrame 存储的数据类型 Row
head(n: Int) : Array[T]	获取 DataFrame 的前 n 行数据，返回结果为 DataFrame 存储数据类型的 Array 数组形式
take(n: Int): Array[T]	获取 DataFrame 的前 n 行数据，返回结果为 DataFrame 存储数据类型的 Array 数组形式
takeAsList(n: Int): java.util.List[T]	获取 DataFrame 的前 n 行数据，返回结果为 DataFrame 存储数据类型的 List 集合形式

其中，take 方法和 takeAsList 方法会将数据返回到 Driver 端，如果查询的数据量过大，可能会导致 Driver 端产生内存溢出错误，使用这两个方法时需要注意获取数据量的大小。

使用上述 4 个方法获取 courseDF 中的数据，如图 4-27 所示。

```
scala> courseDF.first();
res89: org.apache.spark.sql.Row = [1,Android仿网易云音乐播放器,移动开发]

scala> courseDF.head(1);
res90: Array[org.apache.spark.sql.Row] = Array([1,Android仿网易云音乐播放器,移动开
发])

scala> courseDF.take(1);
res91: Array[org.apache.spark.sql.Row] = Array([1,Android仿网易云音乐播放器,移动开
发])

scala> courseDF.takeAsList(1);
res92: java.util.List[org.apache.spark.sql.Row] = [[1,Android仿网易云音乐播放器,移
动开发]]
```

图 4-27　first/head/take/takeAsList 方法的使用

2. DataFrame 的数据查询操作

用户除了查询、获取 DataFrame 的前几行数据或全部数据，还可能会获取 DataFrame 中的满足某种条件要求的某一部分数据。在这种情况下，DataFrame 的数据查看操作无法实现该功能，此时需要用到 DataFrame 的数据查询操作。

DataFrame 的数据
查询操作（一）

为展示 DataFrame 的数据查询操作，读者需要将图 4-18 中展示的在线教育平台用户信息数据文件 user.txt 和图 4-20 中展示的在线教育平台用户对课程的评分数据文件 rate.txt 上传到 HDFS 的/sparksql 路径下，并基于这两个文件生成 DataFrame 数据对象，具体操作步骤如图 4-28 所示。需要注意的是，目前 Spark Shell 交互式编程环境创建了 3 个 DataFrame 对象，分别为 courseDF、userDF 和 rateDF。其中，courseDF 为基于在线教育平台课程信息数据创建的 DataFrame 对象，userDF 为基于在线教育平台用户信息数据创建的 DataFrame 对象，rateDF 为基于在线教育平台课程评分信息数据创建的 DataFrame 对象，下面涉及这 3 个 DataFrame 数据集的内容，均会使用 courseDF、userDF、rateDF 代替。

```
scala> import org.apache.spark.rdd.RDD;import org.apache.spark.sql.DataFrame;
import org.apache.spark.rdd.RDD
import org.apache.spark.sql.DataFrame

scala> val rdd1:RDD[Array[String]] = sc.textFile("hdfs://node1:9000/sparksql/user.txt").m
ap(line=>line.split(","));
rdd1: org.apache.spark.rdd.RDD[Array[String]] = MapPartitionsRDD[9] at map at <console>:3
5

scala> case class User(userId:Int,sex:String,age:Int);
defined class User

scala> val userDF:DataFrame = rdd1.map(array=>User(array(0).trim.toInt,array(1),array(2).
trim.toInt)).toDF();
userDF: org.apache.spark.sql.DataFrame = [userId: int, sex: string ... 1 more field]

scala> val rdd2:RDD[Array[String]] = sc.textFile("hdfs://node1:9000/sparksql/rate.txt").m
ap(line=>line.split(","));
rdd2: org.apache.spark.rdd.RDD[Array[String]] = MapPartitionsRDD[13] at map at <console>:
35

scala> case class Rate(userId:Int,courseId:Int,rate:String);
defined class Rate

scala> val rateDF:DataFrame = rdd2.map(array=>Rate(array(0).trim.toInt,array(1).trim.toIn
t,array(2))).toDF();
rateDF: org.apache.spark.sql.DataFrame = [userId: int, courseId: int ... 1 more field]

scala> userDF.show(1);
+------+------+---+
|userId|   sex|age|
+------+------+---+
|     1|female| 18|
+------+------+---+
only showing top 1 row

scala> rateDF.show(1);
+------+--------+----+
|userId|courseId|rate|
+------+--------+----+
|   497|    1100| 6.8|
+------+--------+----+
only showing top 1 row
```

图 4-28　用户信息数据与课程评分数据 DataFrame 的创建

DataFrame 查询数据有两种方式，第一种方式是借助 DataFrame 的 registerTempTable 方法将 DataFrame 注册为一张临时表，然后使用 SparkSession 的 sql 方法通过 SQL 语句查询数据。例如，查询在线教育平台用户年龄大于 30 岁的用户数量，首先将 userDF 对象注册为临时表，然后通过 SparkSession 的 sql 方法进行查询，sql 方法会返回一个新的 DataFrame 对象，如图 4-29 所示。

第二种方式是借助 DataFrame 自带的查询方法进行数据查询。DataFrame 提供的查询方法是懒执行的，只有当触发了 Action 操作之后才会进行计算并返回数据查询结果。

```
scala> userDF.registerTempTable("user");
warning: there was one deprecation warning; re-run with -deprecation for details

scala> val resultDF:DataFrame = spark.sql("select count(*) from user where age > 30");
resultDF: org.apache.spark.sql.DataFrame = [count(1): bigint]

scala> resultDF.show();
+--------+
|count(1)|
+--------+
|     305|
+--------+
```

图 4-29　DataFrame 查询数据的第一种方式

本节重点介绍 DataFrame 查询数据的第二种方式。表 4-4 所示为 DataFrame 常用数据查询方法。

表 4-4　DataFrame 常用数据查询方法

方法	解释
where/filter	根据条件表达式查询数据
select/selectExpr/col/apply	根据指定字段查询数据
groupBy	分组查询
orderBy/sort	排序查询
limit	查询指定数量的前 n 条数据
join	连接查询

1）where/filter 条件查询

DataFrame 中的 where(conditionExpr: String)方法和 filter(conditionExpr: String)方法使用方式一样，都需要传入一个条件表达式参数。其中，参数中可以使用 and 或 or 进行连接。这两个方法的返回值类型都是一个新的 DataFrame 对象，该对象封装了查询完成的结果数据。图 4-30 所示为查询 userDF 中性别为男且年龄为 20 岁的用户信息。

```
scala> val resultDF:DataFrame = userDF.where("sex = 'male' and age = 20");
resultDF: org.apache.spark.sql.DataFrame = [userId: int, sex: string ... 1 more field]

scala> resultDF.show(1);
+------+----+---+
|userId| sex|age|
+------+----+---+
|     9|male| 20|
+------+----+---+
only showing top 1 row

scala> val resultDF1:DataFrame = userDF.filter("sex = 'male' and age = 20");
resultDF1: org.apache.spark.sql.DataFrame = [userId: int, sex: string ... 1 more field]

scala> resultDF1.show(1);
+------+----+---+
|userId| sex|age|
+------+----+---+
|     9|male| 20|
+------+----+---+
only showing top 1 row
```

图 4-30　where/filter 条件查询

2）select/selectExpr/col/apply 根据指定字段查询数据

条件查询 where/filter 查询的数据字段为 DataFrame 中所有字段的值，在有些情况下用户只需要查询 DataFrame 中部分字段的值，该功能需要使用 DataFrame 提供的 select/selectExpr/

col/apply 等方法完成。

（1）select(col: String, cols: String*)方法是 DataFrame 提供的一个根据指定列名查询指定字段的方法，可以传递多个列名，列名以逗号分隔即可，并最终返回一个新的 DataFrame 对象。图 4-31 所示为查询 courseDF 数据集中的课程名信息。

```
scala> val resultDF:DataFrame = courseDF.select("courseName");
resultDF: org.apache.spark.sql.DataFrame = [courseName: string]

scala> resultDF.show(3);
+----------------+
|      courseName|
+----------------+
|Android仿网易云音乐播放器|
| web自动化-元素八种定位方式|
|  MySQL 数据类型和运算符|
+----------------+
only showing top 3 rows
```

图 4-31　select 查询操作

（2）selectExpr(exprs: String*)是 DataFrame 提供的另一个用来指定查询字段的方法，相比 select 方法，此方法可以对指定字段进行特殊处理，如可以直接对指定字段调用 UDF 函数，或者指定字段的别名等。该方法也返回一个新的 DataFrame 对象。图 4-32 所示为查询 rateDF 数据集中的数据，并将 userId 字段另命名为 user，查询的评分字段 rate 的值四舍五入。

```
scala> val resultDF:DataFrame = rateDF.selectExpr("userId as user","round(rate)");
resultDF: org.apache.spark.sql.DataFrame = [user: int, round(CAST(rate AS DOUBLE), 0):
double]

scala> resultDF.show(1);
+----+--------------------------+
|user|round(CAST(rate AS DOUBLE), 0)|
+----+--------------------------+
| 497|                       7.0|
+----+--------------------------+
only showing top 1 row
```

图 4-32　selectExpr 查询操作

（3）col(colName: String)和 apply(colName: String)是 DataFrame 提供的另外两个查询指定字段数据的方法，但是这两个方法只能查询一个字段，并返回一个 Column 类型（表示 DataFrame 中的一个列）的数据。两种方法的使用方式如图 4-33 所示。

```
scala> import org.apache.spark.sql.Column;
import org.apache.spark.sql.Column

scala> val c1:Column = rateDF.col("courseId");
c1: org.apache.spark.sql.Column = courseId

scala> val c2:Column = rateDF.apply("courseId");
c2: org.apache.spark.sql.Column = courseId

scala> rateDF.select(c1).show(1);
+--------+
|courseId|
+--------+
|    1100|
+--------+
only showing top 1 row

scala> rateDF.select(c2).show(1);
+--------+
|courseId|
+--------+
|    1100|
+--------+
only showing top 1 row
```

图 4-33　col/apply 查询操作

DataFrame 的数据
查询操作（二）

3）groupBy 分组查询

groupBy(col1: String, cols: String*)是 DataFrame 专门用来进行分组查询的方法。该方法需要传入分组字段名，该方法返回一个 RelationalGroupedDataset 对象。RelationalGroupedDataset

常用方法如表 4-5 所示。

表 4-5 RelationalGroupedDataset 常用方法

方法	解释
max(colNames: String*): DataFrame	获取分组中数值列或者指定字段的最大值
min(colNames: String*): DataFrame	获取分组中数值列或者指定字段的最小值
avg(colNames: String*): DataFrame	获取分组中数值列或者指定字段的平均值
sum(colNames: String*): DataFrame	获取分组中数值列或者指定字段的累加值
count(): DataFrame	获取分组中的元素个数

图 4-34 所示为获取 courseDF 数据集中不同课程分类包含的课程总数。

```
scala> val groupData = courseDF.groupBy("courseClass");
groupData: org.apache.spark.sql.RelationalGroupedDataset = RelationalGroupedDataset: [grouping
 expressions: [courseClass: string], value: [courseId: int, courseName: string ... 1 more fiel
d], type: GroupBy]

scala> groupData.count().show(3);
+-----------+-----+
|courseClass|count|
+-----------+-----+
|     编程语言|   75|
|     考试认证|   83|
|     Web全栈|   87|
+-----------+-----+
only showing top 3 rows
```

图 4-34 groupBy 分组查询

4）orderBy/sort 排序查询

orderBy(sortCol: String, sortCols: String*)和 sort(sortCol: String, sortCols: String*)是 DataFrame 提供的两个用来进行排序查询的方法，两者的使用方式一样。两个方法需要传入的参数为排序的字段，执行的结果为一个新的 DataFrame 对象。需要注意的是，这两种方式默认为升序排序，如果想要降序排序，则可以使用 desc("字段名称")或$"字段名称".desc。

图 4-35 所示为 userDF 数据集按照 userId 进行升序、降序排序。

```
scala> userDF.orderBy("userId").show(3);
+------+------+---+
|userId|   sex|age|
+------+------+---+
|     1|female| 18|
|     2|female| 21|
|     3|  male| 31|
+------+------+---+
only showing top 3 rows

scala> userDF.orderBy(desc("userId")).show(3);
+------+------+---+
|userId|   sex|age|
+------+------+---+
|  1000|female| 34|
|   999|female| 27|
|   998|  male| 20|
+------+------+---+
only showing top 3 rows

scala> userDF.sort($"userId".desc).show(3);
+------+------+---+
|userId|   sex|age|
+------+------+---+
|  1000|female| 34|
|   999|female| 27|
|   998|  male| 20|
+------+------+---+
only showing top 3 rows
```

图 4-35 orderBy/sort 排序查询

5）limit 查询指定数量的前 n 条数据

limit(n: Int)是 DataFrame 提供的用于查询指定数量的前 n 条数据的方法，作用和 head/take 方法类似。与 head/take 不同之处在于，limit 方法执行完成返回的是一个新的 DataFrame 对象，并不是 Action 行动操作。图 4-36 所示为查询 courseDF 数据集中的前 3 条课程信息。

```
scala> courseDF.limit(3).show();
+--------+-----------------+-----------+
|courseId|       courseName|courseClass|
+--------+-----------------+-----------+
|       1|Android仿网易云音乐播放器|     移动开发|
|       2| web自动化-元素八种定位方式|     研发管理|
|       3|  MySQL 数据类型和运算符|     数据库|
+--------+-----------------+-----------+
```

图 4-36　limit 查询操作

6）join 连接查询

通常在企业级项目开发中，需要将多个包含不同数据的 DataFrame 进行连接查询才能得到业务需求结果。DataFrame 提供 join 连接方法用于满足多个 DataFrame 的连接查询。其中，join 方法有多个重载方法，如表 4-6 所示，本节重点讲解第 2 种、第 3 种 join 方法。

表 4-6　join 的 3 种方法

方法	解释
join(right:Dataset[_],usingColumn: String)	根据两个数据集的相同字段进行内连接查询，只能指定单个连接字段
join(right:Dataset[_],usingColumns: Seq[String])	根据两个数据集的相同字段进行内连接查询，可以指定多个连接字段
join(right:Dataset[_],usingColumns:Seq[String], joinType:String)	根据两个数据集的相同字段进行指定连接类型的连接查询，可以指定多个连接字段，并且指定连接类型

以上 3 种方法返回的结果都是一个新的 DataFrame 对象，并且方法传入的第 1 个参数均为 Dataset 类型的对象。需要注意的是，DataFrame 是一个特殊的 Dataset，本节出现的 Dataset 均先使用 DataFrame 代替，具体的 Dataset 概念会在 4.3 节中详细介绍。

join(right:Dataset[_],usingColumns: Seq[String])方法可以与其他 DataFrame 按照相同字段进行内连接查询。图 4-37 所示为 courseDF 与 rateDF 按照 courseId 字段进行内连接查询的结果。

```
scala> courseDF.join(rateDF,Seq("courseId")).show(3);
+--------+----------+-----------+------+----+
|courseId|courseName|courseClass|userId|rate|
+--------+----------+-----------+------+----+
|     471|   linux入门|   云计算/云原生|   545| 5.6|
|     471|   linux入门|   云计算/云原生|   346| 5.6|
|     471|   linux入门|   云计算/云原生|   226| 5.8|
+--------+----------+-----------+------+----+
only showing top 3 rows
```

图 4-37　join 方法的使用一

上述的 join 方法只能根据两个 DataFrame 的连接字段进行内连接查询，如果想要实现其他连接类型的查询，那么需要用到第 3 种 join 方法。第 3 种 join 方法需要传入 3 个参数值，第 1 个参数值为需要连接查询的另外一个结果集，第 2 个参数值为两个数据集关联的字段名，第 3 个参数值为需要进行连接的类型，此处连接类型只能为 inner、cross、outer、full、full_outer、left、left_outer、right、right_outer、left_semi、left_anti 中的一种。图 4-38 所示为 userDF 与

rateDF 数据集在多种连接类型下的操作输出。

```
scala> userDF.join(rateDF,Seq("userId"),"left_outer").show(2);
+------+----+---+--------+----+
|userId| sex|age|courseId|rate|
+------+----+---+--------+----+
|   148|male| 29|     114| 6.5|
|   148|male| 29|    1129| 5.3|
+------+----+---+--------+----+
only showing top 2 rows


scala> userDF.join(rateDF,Seq("userId"),"right_outer").show(2);
+------+----+---+--------+----+
|userId| sex|age|courseId|rate|
+------+----+---+--------+----+
|   148|male| 29|     114| 6.5|
|   148|male| 29|    1129| 5.3|
+------+----+---+--------+----+
only showing top 2 rows
```

图 4-38　join 方法的使用二

3．DataFrame 的数据输出操作

Dataframe 的数据
输出操作

通过 DataFrame 对数据进行处理完成后，在某些情况下，用户需要将处理完成的结果数据输出到外部文件或外部数据库管理系统中。DataFrame 提供了很多输出操作方法，表 4-7 所示为 DataFrame 的 5 种常用输出方法，其他输出操作读者可以在 DataFrame API（https://spark.apache.org/docs/2.3.1/api/scala/index.html#org.apache.spark.sql.Dataset）中学习研究。

表 4-7　DataFrame 的 5 种常用输出方法

方法	解释
write().mode(saveMode:String).json(path: String)	以指定的模式将 DataFrame 数据输出成 JSON 文件
write().mode(saveMode:String).csv(path: String)	以指定的模式将 DataFrame 数据输出成 CSV 文件
write().mode(saveMode:String).parquet(path: String)	以指定的模式将 DataFrame 数据输出成 Parquet 文件
write().mode(saveMode:String).jdbc(url:String, table: String, connectionProperties: Properties)	以指定的模式将 DataFrame 数据输出到关系型数据库的数据表中
write().mode(saveMode:String).saveAsTable(tableName: String)	以指定的模式将 DataFrame 数据输出到 Hive 数据表中

在上述 5 个 DataFrame 输出方法中，均有一个 mode 方法。mode(saveMode:String)方法代表保存数据的模式，可以传递的参数只能是 overwrite、append、ignore、error、errorifexists、default 中的一个。overwrite 代表覆盖之前存在的数据。append 代表追加数据。ignore 代表如果指定的位置已有数据，那么不执行。error/errorifexists/default 代表如果指定的位置已有数据，则抛出相应的异常错误。

同时，json/csv/parquet 这 3 个方法用于将 DataFrame 输出为结构化数据文件，三者均需要传递一个 path 路径参数，代表将数据文件输出到该路径下。jdbc 方法需要传递参数为关系型数据库的地址、数据表名、用户名与密码等连接参数，代表将数据输出到关系型数据库的数据表中。saveAsTable 方法需要传递参数为 Hive 数据表名，代表将数据输出到 Hive 数据表中。

下面详细介绍上述列举的 5 种输出操作。

1）DataFrame 数据输出成为 JSON 文件

图 4-39 所示为查询 userDF 数据集中的用户 id（userId）、年龄（age）两个字段，并将查

询的数据以 JSON 数据格式、append 的保存模式将数据输出到 HDFS 的/sparksql/json 路径下。

```
scala> userDF.select("userId","age").write.mode("append").json("hdfs://no
de1:9000/sparksql/json");
```

图 4-39　JSON 格式输出

图 4-40 所示为输出完成之后 HDFS 文件系统上的输出结果。

```
[root@node1 ~]# hdfs dfs -ls /sparksql/json
Found 3 items
-rw-r--r--   3 root supergroup          0 2022-05-25 11:47 /sparksql/json/_SUCCESS
-rw-r--r--   3 root supergroup      11964 2022-05-25 11:47 /sparksql/json/part-00000-4a13
c410-706c-4d52-acc4-8d7e706f846b-c000.json
-rw-r--r--   3 root supergroup      11929 2022-05-25 11:47 /sparksql/json/part-00001-4a13
c410-706c-4d52-acc4-8d7e706f846b-c000.json
[root@node1 ~]# hdfs dfs -cat /sparksql/json/part-00000-4a13c410-706c-4d52-acc4-8d7e706f8
46b-c000.json
{"userId":1,"age":18}
{"userId":2,"age":21}
{"userId":3,"age":31}
{"userId":4,"age":29}
{"userId":5,"age":28}
{"userId":6,"age":21}
```

图 4-40　HDFS 结果显示

2）DataFrame 数据输出成为 CSV 文件

图 4-41 所示为查询 userDF 中的用户 id（userId）、年龄（age）两个字段，并将查询的数据以 CSV 数据格式、ignore 的保存模式将数据输出到 HDFS 的/sparksql/csv 路径下。

```
scala> userDF.select("userId","age").write.mode("ignore").csv("hdfs://nod
e1:9000/sparksql/csv");
```

图 4-41　CSV 格式输出

图 4-42 所示为输出完成之后 HDFS 文件系统上的输出结果。

```
[root@node1 ~]# hdfs dfs -ls /sparksql/csv
Found 3 items
-rw-r--r--   3 root supergroup          0 2022-05-25 11:53 /sparksql/csv/_SUCCESS
-rw-r--r--   3 root supergroup       3413 2022-05-25 11:53 /sparksql/csv/part-0000
0-8fa65c40-de35-492b-a569-ba351a93d5f3-c000.csv
-rw-r--r--   3 root supergroup       3480 2022-05-25 11:53 /sparksql/csv/part-0000
1-8fa65c40-de35-492b-a569-ba351a93d5f3-c000.csv
[root@node1 ~]# hdfs dfs -cat /sparksql/csv/part-00001-8fa65c40-de35-492b-a569-ba3
51a93d5f3-c000.csv
504,34
505,31
506,34
507,21
508,23
509,19
```

图 4-42　HDFS 结果显示

3）DataFrame 数据输出成为 Parquet 文件

图 4-43 所示为查询 userDF 中的用户 id（userId）、年龄（age）两个字段，并将查询的数据以 Parquet 数据格式、error 的保存模式将数据输出到 HDFS 的/sparksql/parquet 路径下。

```
scala> userDF.select("userId","age").write.mode("error").parquet("hdfs://node1:900
0/sparksql/parquet");
```

图 4-43　Parquet 格式输出

图 4-44 所示为输出完成之后 HDFS 文件系统上的输出结果。

```
[root@node1 ~]# hdfs dfs -ls /sparksql/parquet
Found 3 items
-rw-r--r--   3 root supergroup          0 2022-05-25 11:57 /sparksql/parquet/_SUCC
ESS
-rw-r--r--   3 root supergroup       2983 2022-05-25 11:57 /sparksql/parquet/part-
00000-31aa7597-dfb4-4159-b9bf-b81517b9eaa2-c000.snappy.parquet
-rw-r--r--   3 root supergroup       2959 2022-05-25 11:57 /sparksql/parquet/part-
00001-31aa7597-dfb4-4159-b9bf-b81517b9eaa2-c000.snappy.parquet
```

图 4-44　HDFS 结果显示

4）DataFrame 数据输出到 MySQL 数据库

图 4-45 所示为查询 userDF 中的用户 id（userId）、年龄（age）两个字段，并将查询的数据以 ignore 的保存模式将数据输出到 MySQL 的 school 数据库的 user 表中。

```
scala> import java.util.Properties
import java.util.Properties

scala> val prop=new Properties;prop.setProperty("user","root");prop.setProperty("p
assword","root")
prop: java.util.Properties = {user=root, password=root}
res55: Object = null

scala> userDF.select("userId","age").write.mode("ignore").jdbc("jdbc:mysql://node1
:3306/school?useSSL=false","user",prop);
```

图 4-45　输出到 MySQL 数据库

图 4-46 所示为输出完成后 MySQL 数据库中的结果。

```
mysql> use school;
Reading table information for completion of table and column names
You can turn off this feature to get a quicker startup with -A

Database changed
mysql> show tables;
+------------------+
| Tables_in_school |
+------------------+
| student          |
| user             |
+------------------+
2 rows in set (0.00 sec)

mysql> select * from user limit 1;
+--------+-----+
| userId | age |
+--------+-----+
|    504 |  34 |
+--------+-----+
1 row in set (0.00 sec)
```

图 4-46　MySQL 结果显示

5）DataFrame 数据输出到 Hive 数据表

write().mode(saveMode:String).saveAsTable(tableName: String)方法是将 DataFrame 中的数据输出到 Hive 数据表中。该方法与 registerTempTable 方法的区别在于，该方法会将数据持久化保存，即使 Spark SQL 程序重启也不影响数据，而使用 registerTempTable 方法将程序重启之后，数据会丢失。

图 4-47 所示为查询 userDF 中的用户 id（userId）、年龄（age）两个字段，并将查询的数据以 ignore 的保存模式将数据输出到 Hive 的 school 数据库的 user 表中。

```
scala> userDF.select("userId","age").write.mode("ignore").saveAsTable("school.user
");
```

图 4-47 输出到 Hive 数据表

图 4-48 所示为输出完成后 Hive 数据表中的结果。需要注意的是，可以在 Hive 数据库中看到数据表，但是只能借助 SparkSession 的 sql 方法从表中查询数据，无法在 Hive 中查询表数据。

```
scala> spark.sql("use school");
res58: org.apache.spark.sql.DataFrame = []

scala> spark.sql("show tables").show()
+--------+---------+-----------+
|database|tableName|isTemporary|
+--------+---------+-----------+
|  school|  student|      false|
|  school|     user|      false|
|        |     user|       true|
+--------+---------+-----------+

scala> spark.sql("select * from school.user").show(3);
+------+---+
|userId|age|
+------+---+
|     1| 18|
|     2| 21|
|     3| 31|
+------+---+
only showing top 3 rows
```

图 4-48 Hive 结果显示

渐入佳境 4.3：熟悉 Spark SQL 扩展编程模型 Dataset

Dataset 是 Spark 编程模型中的核心概念之一，是从 Spark 1.6 版本后引入的一个全新的概念，和前面介绍的 RDD、DataFrame 类似，但其底层存储又不同于前两者，并预计在后期的 Spark 版本中，Dataset 会逐步取代 RDD 和 DataFrame 成为唯一的 API 接口。本节通过讲解 Dataset 的概念原理并进行 Dataset 的编程实操，帮助读者熟悉 Spark SQL 中的扩展编程模型 Dataset。

4.3.1 Dataset 简介

Dataset 是一个分布式的数据集合，它结合了 RDD 和 DataFrame 的优点，但只能在 Scala 和 Java 中使用。在 Spark 2.0 版本后，为了方便开发者，Spark 将 DataFrame 和 Dataset 的 API 融合到一起，DataFrame 表示为 Dataset[Row]，成为 Dataset 的子集，并且为用户提供了结构化的 API（Structured API），用户只需一套标准的 API 即可同时操作两者。在 4.2.2 节和 4.2.3 节中，使用的 API 都被定义在 Dataset 中。

RDD 是 Spark 诞生时的核心 API，主要通过 Low-Level API 处理一些非结构化数据。为了支持结构化数据的处理，Spark SQL 提供了一个新的数据结构 DataFrame。相比 RDD，DataFrame 中的数据都被组织到有名字的列中，除了包含数据，还包含数据结构信息 Schema。在 Spark 2.0 版本中，把 DataFrame 表示为 Dataset[Row]，Row 是 Spark 中的一个特质，所有的表结构信息都用 Row 来表示。虽然 Row 中包含了数据结构信息，但是数据结构中详细的字段和字段类型我们无法获知。Dataset 在 DataFrame 基础上诞生，相比 DataFrame，Dataset 提供了编译时类型检查，Dataset 中可以明确地获知数据的字段和字段类型。

4.3.2 Dataset 的创建

DataSet 的创建

用户可以从已存在的 Scala 集合、已存在的 RDD 或已存在的 DataFrame 等数据源中创建 Dataset 对象。下面将详细讲解如何从不同数据源创建 Dataset 对象。

1. 从已存在的 Scala 集合中创建 Dataset 对象

Dataset 支持从已经存在的 Scala 集合中直接创建 Dataset 对象，需要借助 SparkSession 对象的 createDataset(data: Seq[T])方法完成。图 4-49 所示为如何从已存在的 Scala 集合中创建 Dataset 对象。

```
scala> import org.apache.spark.sql.Dataset;
import org.apache.spark.sql.Dataset

scala> val ds:Dataset[Int] = spark.createDataset(1 to 3);
ds: org.apache.spark.sql.Dataset[Int] = [value: int]

scala> ds.show();
+-----+
|value|
+-----+
|    1|
|    2|
|    3|
+-----+
```

图 4-49　从已存在的 Scala 集合中创建 Dataset 对象

2. 从已存在的 RDD 中创建 Dataset 对象

Dataset 也支持从已经存在的 RDD 中创建 Dataset 对象，需要借助 SparkSession 对象的 createDataset(data: RDD[T])方法完成。图 4-50 所示为通过 SparkContex 对象的 makeRDD 方法创建一个 RDD，随后借助 SparkSession 的 createDataset 方法从已存在的 RDD 中创建 Dataset 对象。

```
scala> case class People(name:String,age:Int);
defined class People

scala> val list:Seq[People] = List(People("zs",20),People("ww",18));
list: Seq[People] = List(People(zs,20), People(ww,18))

scala> val rdd:RDD[People] = sc.makeRDD(list);
rdd: org.apache.spark.rdd.RDD[People] = ParallelCollectionRDD[278] at makeRDD at <
console>:44

scala> val ds:Dataset[People] = spark.createDataset(rdd);
ds: org.apache.spark.sql.Dataset[People] = [name: string, age: int]

scala> ds.show();
+----+---+
|name|age|
+----+---+
|  zs| 20|
|  ww| 18|
+----+---+
```

图 4-50　从已存在的 RDD 中创建 Dataset 对象

3. 从已存在的 DataFrame 中创建 Dataset 对象

Dataset 对象还可以从已经存在的 DataFrame 中直接创建,但需要使用 DataFrame 的 as[U : Encoder]方式完成。其中,需要传递与 DataFrame 的数据结构一致类型的参数。图 4-51 所示为从 HDFS 的/sparksql/people.json 文件中创建 DataFrame（创建操作详见 4.2.2 节的从外部结构化数据文件创建 DataFrame）,随后借助 class 与隐式转换将 DataFrame 转换为对象。

```
scala> import org.apache.spark.sql.{DataFrame,Dataset};import org.apache.spark.rdd
.RDD;
import org.apache.spark.sql.{DataFrame, Dataset}
import org.apache.spark.rdd.RDD

scala> import spark.implicits._;
import spark.implicits._

scala> val df:DataFrame = spark.read.json("hdfs://node1:9000/sparksql/people.json"
);
df: org.apache.spark.sql.DataFrame = [age: bigint, name: string]

scala> case class People(age:String,name:String);
defined class People

scala> val ds:Dataset[People] = df.as[People];
ds: org.apache.spark.sql.Dataset[People] = [age: bigint, name: string]

scala> ds.show(3);
+----+-------+
| age|   name|
+----+-------+
|null|Michael|
|  30|   Andy|
|  19| Justin|
+----+-------+
```

图 4-51　从已存在的 DataFrame 中创建 Dataset 对象

Dataset 除了创建操作,4.2.3 节中的 DataFrame 相关操作同样适用于 Dataset,此处不再过多讲解。当然,Dataset 还有很多其他操作,读者可以在 https://spark.apache.org/docs/2.3.1/api/scala/index.html#org.apache.spark.sql.Dataset 网站上自行查看学习。

实战演练 4.4：在线教育数据分析

在 4.1、4.2、4.3 节中详细介绍了 Spark SQL 的相关理论概念及 Spark SQL 编程模型的相关基础理论与操作。但是,如何在复杂的企业级项目中使用 Spark SQL？如何在大型项目中操作 DataFrame 与 Dataset 编程模型是读者目前所不了解的。本节介绍的 Spark SQL 对整合的在线教育平台网站数据从用户学习行为习惯、视频课程点击量排行、视频课程分类排行推荐等核心角度进行探索分析,从而获取数据内在的规律与价值。本节通过企业级项目实战演练,帮助读者加深对 Spark SQL 的认知,同时夯实读者的 Spark SQL 编程应用能力,培养读者的项目实践能力。

4.4.1　数据获取与数据解释

实战演练所用的数据为整合在线教育平台产生的历史数据。实战演练选取的原始数据集包含课程详情数据集与用户点击课程日志数据集两大类（数据集文件读者自行从书籍附件资料中下载）。

课程详情数据集（数据集文件 course.csv）包含在线教育平台视频课程中的 907 条视频课

程数据，部分数据如图 4-52 所示。课程数据集包含课程 ID、课程名、课程类型、课程订阅人数等。

课程ID	课程名	课程类型	课程订阅人数
4b0b1d49651b447996e81aa42bd0eeaa	React 16实现订单列表及评价功能	前端开发	12986
7771ac1cd6814002bec7d59beede8c9c	SQL入门教程	数据库	10474
1dd8bc77d4ea4a4ca756fd4b3abbe05c	认识Hadoop--基础篇	云计算&大数据	137393
050d2b835eed48ab9e1c86e5b3420af8	基于eCognition的遥感影像面向对象分类	云计算&大数据	905
e706de4135bd43999469967135c3365c	PHP微信公众平台开发高级篇—微信JS-SD	后端开发	33461

图 4-52　在线教育平台课程部分数据

用户点击课程日志数据集（数据集文件 clickLog.csv）以用户的点击时间为条件，选取了 3 个月（2019-01-01—2019-03-31）用户对课程的点击日志数据。该数据集数据量共有 203932 条，部分数据如图 4-53 所示。数据集中包含用户 ID、课程 ID、点击时间、时间戳、点击日期、点击课程页面路径、课程页面类型代码、用户浏览器代理等。

用户ID	课程ID	点击时间	时间戳	点击日期	点击课程页面路径	课程页面类型代码	用户浏览器代理
3d85386a-6c	a42c5879998	2019/1/26 3:41	1.54845E+12	2019/1/26	/note/a42c5879989	400009	Mozilla/5.0 (Wi
d48a267c-01	6369bd785b	2019/1/17 5:49	1.54768E+12	2019/1/17	/detail/6369bd785	400001	Mozilla/4.0 (cc
97b7a145-dc	7f196c4464	2019/3/28 23:00	1.55379E+12	2019/3/28	/note/7f196c4464b	400009	Mozilla/5.0 (cc
376debb1-3a	1e323db241	2019/2/15 13:39	1.55021E+12	2019/2/15	/note/1e323db241b	400009	Mozilla/5.0 (iF
f846d826-8c	fa32052e1c	2019/2/13 16:23	1.55005E+12	2019/2/13	/question/fa32052	400003	Mozilla/4.0 (cc

图 4-53　在线教育平台用户点击课程日志部分数据

读者需要将 course.csv 数据集文件与 clickLog.csv 数据集文件上传至 HDFS 的/sparlsql/dataAnaly 路径下，并在 Hive 数据库中创建数据库 data_analy，在 data_analy 数据库中创建两张数据表 course、click_log，将 HDFS 的/sparksql/dataAnaly/course.csv 数据文件导入 course 数据表中，将 HDFS 的/sparksql/dataAnaly/clickLog.csv 数据文件导入 click_log 数据表中，具体操作过程如代码 4-2 所示。该操作是为了使用 Spark SQL 分析 Hive 数据表中的数据，相对在 Hive 中分析，Spark SQL 的分析与执行效率更高。

代码 4-2　Hive 数据库与数据表的创建及数据的导入

```
create database data_analy;
use data_analy;
create table course(
  course_id string comment '课程ID',
  course_name string comment '课程名',
  course_type string comment '课程类型',
  course_sub_num int comment '课程订阅人数'
)row format delimited fields terminated by ',' stored as textfile;
create table click_log(
  user_id string comment '用户ID',
  course_id string comment '课程ID',
  click_time string comment '点击时间',
  click_timestamp string comment '时间戳',
  click_date string comment '点击日期',
  click_page string comment '点击课程页面路径',
  page_type_code string comment '课程页面类型代码',
  user_agent string comment '用户浏览器代理'
) row format delimited fields terminated by ',' stored as textfile;
load data inpath '/spark/dataAnaly/course.csv' into table course;
load data inpath '/spark/dataAnaly/clickLog.csv' into table click_log;
```

代码 4-2 执行完成，在 Hive 中可查看如图 4-54 所示结果。

```
hive (data_analy)> use data_analy;
OK
Time taken: 0.013 seconds
hive (data_analy)> show tables;
OK
tab_name
click_log
course
Time taken: 0.015 seconds, Fetched: 4 row(s)
hive (data_analy)> select * from course limit 3;
OK
course.course_id          course.course_name          course.course_type          course.course_sub_num
ae2ed1d66c9b4c699ca8d3617c4bb10b          PowerBI系列之Gateway网关和数据刷新          云计算&大数据          14
86eac9da941c4bffb159805590d50b62          Fiddler工具使用 前端开发          62401
984dad72f2184a81ac206e9262cec51b          混合开发之DSBridge实现短视频通信          移动开发          1494
Time taken: 0.123 seconds, Fetched: 3 row(s)
hive (data_analy)> select * from course limit 1;
OK
course.course_id          course.course_name          course.course_type          course.course_sub_num
ae2ed1d66c9b4c699ca8d3617c4bb10b          PowerBI系列之Gateway网关和数据刷新          云计算&大数据          14
Time taken: 0.094 seconds, Fetched: 1 row(s)
```

图 4-54　Hive 数据库执行结果

4.4.2　用户学习行为习惯分析

通过对在线教育平台用户点击课程日志原始数据集中的课程页面类型进行统计，可以分析平台用户的学习行为习惯。课程页面类型是指原始数据集中的课程页面类型代码，不同的代码代表一个课程的不同类型页面。统计的内容为课程页面类型、用户点击次数及占据总体点击数据的百分比。统计完成后将结果保存到 Hive 数据库的 page_type 数据表中，后续可以继续对统计结果进行深层次分析。Spark SQL 操作如代码 4-3 所示。

代码 4-3　课程页面类型统计

```
import org.apache.spark.sql.DataFrame;
val pageTypeDF:DataFrame = spark.sql("select page_type_code,count(*) as count_num,round
((count(*)/203932.0)*100,3) as weights from data_analy.click_log group by
page_type_code order by count_num desc");
pageTypeDF.show();
pageTypeDF.write.mode("overwrite").saveAsTable("page_type");
```

在 Spark Shell 交互式编程环境中执行代码 4-3，即可得到如表 4-8 所示的结果。其中，400001、400005、400003、400009、400007 分别代表课程详情页、课程播放页、课程问答页、课程笔记页、课程评价页。从结果中发现，课程详情页（400001）点击量最多，其次是课程播放页（400005）和课程问答页（400003）。结合以上结果初步可以得知，该平台大部分用户在原始数据集所在时间区间内更偏向于浏览课程详情页和课程播放页，小部分用户偏向于浏览课程问答页和课程笔记页。

表 4-8　课程页面类型统计结果

课程页面类型代码	用户点击次数	百分比/%
400001	78028	38.262
400005	47071	23.082
400003	31660	15.525
400009	31543	15.467
400007	15630	7.664

4.4.3　视频课程点击量排行分析

在线教育平台中课程资源的推荐是十分重要的，它可以提高网站用户的学习积极度，提升网站的用户留存度。课程资源推荐功能的核心就是统计课程点击排名。课程点击排名主要指用户点击课程日志原始数据集中不同课程 ID 的点击量。课程点击排名需要 course 数据表与 click_log 数据表关联统计，统计完成后将结果输出到 Hive 数据库 data_analy 的 course_rank 数据表中，后续可以继续对探索分析结果进行处理，具体操作如代码 4-4 所示。

代码 4-4　课程点击排名分析

```
import org.apache.spark.sql.DataFrame;
val courseClickNumDF:DataFrame = spark.sql("select course_id,count(*) as
course_click_num from data_analy.click_log group by course_id");
val courseIdAndNameDF:DataFrame = spark.sql("select course_id,course_name from
data_analy.course");
val resultDF:DataFrame = courseClickNumDF.join(courseIdAndNameDF,Seq("course_id"),
"inner").orderBy(desc("course_click_num"));
resultDF.show(10,false);
resultDF.write.mode("overwrite").saveAsTable("data_analy.course_rank");
```

课程点击量排行结果如表 4-9 所示（只截取了 10 条，实际结果大于 10 条）。在排行前十的课程中，点击量排名第一的是初识 HTML(5)+CSS(3)-2020 升级版（HTML/CSS 技术课程），排名第二的是 Java 入门第一季（IDEA 工具）升级版（Java 技术课程）。其中，HTML/CSS 技术课程是前端核心基础知识，Java 技术课程是后端核心基础知识。相对而言，HTML/CSS 技术课程更受用户喜爱。但不同类目下的技术课程是海量的，所以单从表 4-9 所示的统计结果中无法分析出网站用户更喜爱哪种类型的课程。

表 4-9　课程点击量排行结果（仅展示 10 条）

课程 ID	课程名	课程点击量
21826e3a12434b3995d27f863d5e7417	初识 HTML(5)+CSS(3)-2020 升级版	12008
6735b9e48b1d4ac4877c81dd3aff4169	Java 入门第一季（IDEA 工具）升级版	11432
5f3293e1865b4544af9ed679604dcb77	Java 入门第二季 升级版	5245
c42944750093420ca5a84c5e05e695f7	JavaScript 进阶篇	4604
3f3f793d09f948369e1928e95547a743	PHP 入门篇	4518
d13ac8cc10684f06bd00bcee87757beb	Linux 达人养成计划 I	3938
f9de105508b04f668a454eb011c399b3	十天精通 CSS3	2383
983c6424161c4c998a286ae2b533b7f8	C#开发轻松入门	2382
44b2323043414c49be85ec89599f7d20	Linux C 语言编程基本原理与实践	1966
a3b06c32b5264100bda708de8f7c20b6	PHP 进阶篇	1802

4.4.4　视频课程分类排行推荐

上节分析的结果只能反映平台用户更喜爱什么课程，但平台课程是海量的，只推荐热门课程不足以提升平台用户的学习积极度与用户留存度。课程分类点击排行是在课程点击排名的基础上进行深入分析，探索不同分类视频课程的点击排行。在教育平台下，每一个分类下的视频课程是众多的，相比热门课程的推荐，热门分类视频课程的推荐覆盖用户更广，更利于用户的学习。本次统计需要使用上一步输出的结果表 course_rank，统计完成后需要将结果输出到 Hive 数据库 data_analy 的 course_type_rank 数据表中，后续可以继续对探索结果进行分析处理，具体操作如代码 4-5 所示。

代码 4-5　课程分类点击排名

```
import org.apache.spark.sql.DataFrame;
val courseRankDF:DataFrame = spark.sql("select * from data_analy.course_rank");
val courseInfoDF:DataFrame = spark.sql("select * from data_analy.course");
val groupData =
courseRankDF.join(courseInfoDF,Seq("course_id"),"inner").groupBy("course_
type");
val resultDF:DataFrame = groupData.sum("course_click_num");
resultDF.orderBy(desc"sum(course_click_num)").show();
resultDF.selectExpr("course_type","`sum(course_click_num)` as
course_type_num").write.mode
("overwrite").saveAsTable("data_analy.course_type_rank");
```

课程分类点击量排行结果如表 4-10 所示。在网站的十大分类课程中，后端开发、前端开发、运维&测试总体点击量较高，反映出在选取的 3 个月的样本数据集中，这 3 类课程更受用户喜爱，而 UI 设计&多媒体类课程受欢迎程度不高。从结果可以得出，平台用户大部分关注度在后端开发、前端开发、运维&测试这 3 类课程上。平台在为用户推荐视频课程时，可以多为用户推荐这 3 类视频课程，这样推荐覆盖的用户范围较广，更有利于提升平台用户的学习积极度与用户留存度。

表 4-10　课程分类点击量排行结果

课程类型	课程类型点击量
后端开发	91265
前端开发	28783
运维&测试	20411
移动开发	16755
数据库	16146
云计算&大数据	11468
游戏开发	10739
前沿技术	6284
计算机基础	1565
UI 设计&多媒体	516

通过使用 Spark SQL 对在线教育平台数据进行分析，可以加深读者对 Spark SQL 的认知，同时读者可以举一反三，通过使用 Spark SQL 完成其他业务场景下的数据分析。

归纳总结

本章共分为 4 节，从 Spark SQL 的简介、特点到 Spark SQL 的 Spark Shell 交互，详细为读者介绍了 Spark SQL。第 1 节从全局使读者认知到 Spark SQL 出现的必然性。第 2、3 节中将理论与实践相结合，为读者详细介绍了 Spark SQL 的两大核心编程模型 DataFrame 和 Dataset。第 4 节通过项目实战演练既展示了 Spark SQL 在实际生产中的使用，又巩固了读者前 3 节所学的 Spark SQL 知识体系，进一步培养了读者的岗位拓展能力。

勤学苦练

1.【实战任务 1】以下哪个说法是正确的？（　　　）

A．Spark SQL 的前身是 Shark

B．Spark SQL 核心模型是 RDD

C．HiveContext 只支持 SQL 语法解析器

D．SQLContext 继承了 HiveContext

2.【实战任务 1】Spark SQL 能处理的数据源不包括以下哪个？（　　　）

A．JSON 文件　　　　　　　　　　B．CSV 文件

C．Parquet 文件　　　　　　　　　D．Excel 文件

3.【实战任务 1】Spark SQL 的特点不包括以下哪个？（　　　）

A．容易集成　　　　　　　　　　　B．提供了统一的数据访问

C．对 Hive 不支持　　　　　　　　D．标准化数据库连接

4.【实战任务 2】DataFrame 的创建数据源不包括以下哪个？（　　　）

A．外部结构化数据文件　　　　　　B．现有的 RDD

C．Hive 数据表　　　　　　　　　 D．外部的 Excel 表格文件

5.【实战任务 2】DataFrame 查看前 30 条记录可以使用以下哪两个方法完成？（　　　）
（多选）

A．show　　　　　　　　　　　　　B．take

C．collect　　　　　　　　　　　　D．pringSchema

6.【实战任务 2】以下哪个方法可以对 DataFrame 进行排序查询？（　　　）

A．sort　　　　　　　　　　　　　B．limit

C．groupBy　　　　　　　　　　　 D．join

7.【实战任务 2】如果要对 DataFrame 对象 userDF 按照年龄 age 降序排序，以下哪个是正确的？（　　　）

A．userDF.orderBy("age")　　　　　B．userDF.orderBy(desc("age"))

C．userDF.orderBy("age desc")　　　D．userDF.orderBy("age").desc()

8.【实战任务 2】以下哪个选项可以保证如果 DataFrame 输出数据是目的地，那么已有数据会进行报错？（　　　）

A．overwrite　　　　　　　　　　 B．append

C．ignore　　　　　　　　　　　　 D．default

9.【实战任务 2】以下哪个操作会返回一个新的 DataFrame 对象？（　　　）

A．collect　　　　　　　　　　　　B．takeAsList

C．where　　　　　　　　　　　　 D．first

10.【实战任务 2】以下哪个操作与 DataFrame 的 where 操作含义一致？（　　　）

A．first　　　　　　　　　　　　　B．sort

C．filter　　　　　　　　　　　　　D．limit

11.【实战任务 2】Spark SQL 的入口对象是（　　）。

A. SparkContext
B. SparkSession
C. SparkSQL
D. StreamingContext

12.【实战任务 2】以下哪些是 Spark SQL 的数据抽象？（　　）（多选）

A. Dataset
B. DataFrame
C. RDD
D. DStream

13.【实战任务 2】以下哪个是 DataFrame 的输出操作？（　　）

A. show
B. printSchema
C. write
D. take

14.【实战任务 2】以下哪些是 DataFrame 数据输出时 savemode 可选的值？（　　）（多选）

A. overwrite
B. append
C. ignore
D. error

15.【实战任务 2】以下哪个是 Dataset 的创建方式？（　　）

A. 从 Scala 集合创建

B. 从 RDD 创建

C. 将 DataFrame 转换为 Dataset

D. 以上都是

第5章

岗位综合能力培养：锤炼 Spark Streaming

实战任务

1. 熟练掌握并能阐述包含 Spark Streaming 在内的 Spark 综合应用场景。
2. 掌握 Spark Streaming 核心编程模型 DStream。
3. 熟悉 DStream 的基本操作。
4. 使用 Spark Streaming 在内的 Spark 技术栈解决综合应用问题。

项目背景

随着互联网的发展，传统的零售行业逐渐开始向互联网转移，电商网站应运而生。

普通的电商网站除了具备商品售卖功能，还具备商品广告投放功能。电商网站会根据用户的浏览行为习惯、用户的商品购买倾向为网站用户适时投放精准商品广告，一方面可以方便用户的使用，另一方面可以增加网站的收益。

本章项目将带领读者实现电商网站广告数据的两大分析模块，分别是电商网站广告点击黑名单与电商网站热门广告排行。通过实现以上功能，读者不仅可以掌握 Spark Streaming 的相关知识和应用场景，还可以掌握电商网站的核心广告业务技术，同时能举一反三将 Spark Streaming 应用到其他行业中。

能力地图

本章将从 Spark Streaming 概述、特点、工作原理到 Spark Streaming 的核心编程模型 DStream 再到 Spark Streaming 在企业级项目上的实战演练展开介绍。通过理论与实战相结合的方式，使读者既能通过学习理论掌握 Spark Streaming 的发展与运行原理，又能通过实战演练锤炼 Spark Streaming，帮助读者培养岗位综合能力，具体的能力培养地图如图 5-1 所示。

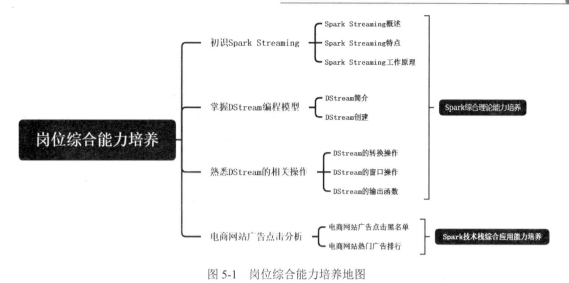

图 5-1　岗位综合能力培养地图

新手上路 5.1：初识 Spark Streaming

在大数据计算领域中，除了基于历史数据的离线数据处理与交互式数据查询，还包含实时数据处理。第 3 章的 Spark Core 与第 4 章的 Spark SQL 虽然是基于内存计算的，但是数据处理的延迟还达不到实时数据处理的要求，只能胜任离线数据处理与交互式数据查询领域。Spark 为了实现 One Stack Rule Them All 方针，提供了一个专门针对实时数据进行流式计算的模块 Spark Streaming。本章结束后，Spark 技术栈的核心技术模块就讲解完毕了。希望本章的讲解能帮助读者培养多种技术维度、多种业务场景的综合应用能力。

5.1.1　Spark Streaming 概述

Spark Streaming 是 Spark 技术栈中主要用来进行流式计算的模块，它是基于 Spark Core 模块扩展的。Spark Streaming 支持但不仅限于

Spark Streaming 介绍

Kafka、Flume 等数据源获取数据，随后可以使用类似于 RDD 中的操作算子进行复杂的数据处理，数据处理结果可以存储到文件系统、数据库或者将数据借助实时数据大屏进行展示等。Spark Streaming 支持的输入与输出如图 5-2 所示。

图 5-2　Spark Streaming 支持的输入与输出

用于处理实时数据的流式计算框架除了 Spark Streaming，还包括 Storm、Flink 等技术框架。Storm 和 Flink 是完全的纯实时流式计算框架，而 Spark Streaming 是 Spark Core 的一个扩

展，底层是基于 RDD 进行计算的，该框架在计算时会在短时间内将多条数据记录生成一个
MicroBatch（微批次），随后提交一条作业处理，计算延迟相比前两者略高。所以，Spark
Streaming 一般被称为准实时流式计算框架。

虽然 Spark Streaming 的计算延迟达不到 Storm、Flink 的高度，但是 Spark Streaming 作为
Spark 技术栈的一个模块，可以良好地与 Spark 技术栈的其他模块进行整合，对实时数据进行
更加复杂的处理。

5.1.2　Spark Streaming 特点

Spark Streaming 作为准实时流式计算框架，具备以下 3 个特点。

1．简单易用

Spark Streaming 支持多种编程语言，如 Java、Scala、Python 等，可以按照 Spark Core 处
理离线数据的编程步骤编写程序。

2．完善的容错机制

容错机制对实时计算而言是至关重要的，Spark Streaming 可以在没有任何配置与多余代
码的情况下恢复计算丢失的数据。Spark Streaming 的底层计算是基于 RDD 完成的，也就意味
着，计算丢失的数据都可以使用原始输入数据经过转换操作重新计算得到。

3．容易整合

Spark Streaming 作为一个准实时流式计算框架，相对 Storm 和 Flink 等纯实时计算框架而
言，在处理实时数据上并不占优势。Spark Streaming 真正的优势在于它属于 Spark 技术栈的
一部分，可以实现与 Spark 中的其他模块无缝整合。这也意味着用户可以对实时处理出来的
中间数据，在程序中无缝地使用 Spark 其他模块进行延迟批处理、交互式查询等操作。Spark
Streaming 与 Spark 技术栈的易整合特性大大增强了它的优势和功能。

5.1.3　Spark Streaming 工作原理

Spark Streaming 是基于 Spark 的准实时流式计算框架，其基本原理是实时接收输入数据
流并将数据流按照时间分为微批次数据，然后由 Spark 计算引擎处理微批次数据生成最终的
结果批次数据，最后将数据输出到 Spark Streaming 支持的数据输出地。Spark Streaming 工
作原理如图 5-3 所示。

图 5-3　Spark Streaming 工作原理

Spark Streaming 完整的实时计算工作原理如下。

（1）Spark Streaming 从 Kafka、Flume 等数据源接收连续不断的数据流，随后将数据流以
Batch（批）为单位离散化成一批一批的数据。Batch Size（批大小）可以自定义，单位是时间，
如秒或毫秒，也就意味着每一批中的数据量是不同的。

（2）离散化成的每一批数据在 Spark Streaming 中被封装为 DStream（离散化的数据流，Discretized Stream）。Spark Streaming 实质上就是对每个 DStream 进行计算处理，而 DStream 底层就是 RDD。因此，RDD 的很多操作都可以直接在 DStream 上使用，如 map、filter、flatMap、reduceByKey 等。DStream 的任何操作最终都会转换为 RDD 的操作，并且因为 RDD 的完善容错机制，使得 Spark Streaming 在进行流式计算时有天然的容错性保证。

（3）Spark Streaming 对每一批数据 DStream 计算完成后，可将结果输出到 HDFS、Databases 等目的地，最终完成流式数据的计算。

循序渐进 5.2：掌握 DStream 编程模型

在 5.1.3 节中提到，Spark Streaming 会将数据源的数据流按照批次封装为 DStream。DStream 全称为 Discretized Stream（离散化的数据流），是 Spark Streaming 的核心数据抽象，用来表示按照 Batch Size（批大小）离散化的一批数据。Spark Streaming 的流式计算实际上均是对 DStream 的计算。本节从 DStream 简介与 DStream 创建入手，通过理论与实操帮助读者深入理解并掌握 Spark Streaming 核心编程模型 DStream。

5.2.1　DStream 简介

DStream 是 Spark Streaming 的核心数据抽象，表示数据源不间断的数据流和经过各种操作后的结果数据流。DStream 本质上是一系列按照时间持续不断产生的 RDD，DStream 中的每个 RDD 都包含了一个时间段内的数据。如图 5-4 所示，在 0～1 时间段的数据构成了

DStream 及创建
StreamingContext

RDD@time1，1～2 时间段的数据构成了 RDD@time2，依次类推，最终由 RDD@time1、RDD@time2、RDD@time3、RDD@time4 组成 DStream。

图 5-4　DStream 内部组成

对 DStream 的计算操作分为两种：一种是转换操作（Transformation），对 DStream 的转换操作会返回一个新的 DStream；另一种是输出操作（Output Operation），可以将 DStream 计算完成的结果输出到外部系统中。

由于 DStream 底层是基于 RDD 实现的，因此 DStream 的操作在底层都会被翻译为对 DStream 中每个 RDD 的操作。例如，当对一个 DStream 进行 map 操作时，Spark Streaming 底层会对输入 DStream 中的每个 RDD 都应用一遍 map 操作，然后生成新的 RDD。生成的新 RDD 将作为新的 DStream 中的一个 RDD 存在，具体操作如图 5-5 所示，将上方 lines DStream 中的 RDD 通过 flatMap 操作转换为下方 words DStream 中的 RDD。

DStream 底层 RDD 的转换，最终还是由 Spark 的引擎来实现。Spark Streaming 的 DStream 操作隐藏了大部分底层的操作细节，提供了更高级别的 API，方便开发人员使用。

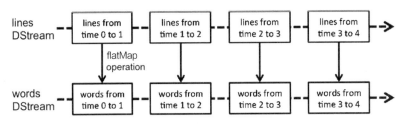

图 5-5　DStream 的底层操作

5.2.2　DStream 创建

DStream 是 Spark Streaming 中对数据源不间断的数据流或结果数据流的抽象表示。Spark Streaming 支持多种数据源，可以从 RDD 队列、HDFS 文件系统、Kafka 消息队列等数据源创建 DStream，也可以从用户自定义的数据源创建 DStream，或者由其他的 DStream 转换而来。本节将重点介绍如何从 RDD 队列、HDFS 文件系统等数据源创建 DStream。

创建 DStream

1．StreamingContext 对象的创建

用户开发 Spark Streaming 程序前必须先创建一个 StreamingContext 对象，该对象是 Spark Streaming 流处理的编程入口。通过该对象可以从数据源创建 DStream，并且通过该对象可以启动和停止 Spark Streaming 的计算程序。

StreamingContext 对象的创建有两种方式，第一种创建方式需要通过 SparkConf 对象完成，此方法不建议在 Spark Shell 中使用。Spark Shell 中的操作如图 5-6 所示，该方式创建 StreamingContext 对象需要传递两个参数，第一个参数为构建的 SparkConf 对象，第二个参数为 Batch Size（用户可自定义设置时间），此处代表每隔 1 秒生成一个批次数据。

```
scala> import org.apache.spark.SparkConf;
import org.apache.spark.SparkConf

scala> import org.apache.spark.streaming.{StreamingContext,Seconds};
import org.apache.spark.streaming.{StreamingContext, Seconds}

scala> spark.stop;

scala> val conf:SparkConf = new SparkConf().setAppName("ss").set("spark.driver.allowM
ultipleContexts","true").setMaster("local[*]");
conf: org.apache.spark.SparkConf = org.apache.spark.SparkConf@4cd90c36

scala> val ssc:StreamingContext = new StreamingContext(conf,Seconds(1));
ssc: org.apache.spark.streaming.StreamingContext = org.apache.spark.streaming.Streami
ngContext@2ac3d530
```

图 5-6　StreamingContext 对象的第一种创建方式

第二种创建方式需要借助 SparkContext 对象完成，具体操作如图 5-7 所示。该创建方式也需要传递两个参数，第一个参数为 SparkContext 对象，第二个参数为 Batch Size。

StreamingContext 对象创建完成并不能执行 Spark Streaming 的实时计算程序，必须按照以下步骤操作才能进行流式计算。

（1）用户需要根据情况任选一种方式定义 StreamingContext 对象。

（2）通过 StreamingContext 对象从不同的输入数据源创建 DStream 对象。

（3）通过调用 DStream 中定义的各种操作算子来定义我们需要的各种实时计算逻辑。

（4）调用 StreamingContext 对象的 start()方法启动实时数据处理程序。

（5）调用 StreamingContext 对象的 awaitTermination()方法等待计算逻辑的终止，或者调用 StreamingContext 对象的 stop()方法停止计算逻辑，或者不进行计算逻辑的终止让它持续不断地计算运行。

```
scala> import org.apache.spark.streaming.{StreamingContext,Seconds};
import org.apache.spark.streaming.{StreamingContext, Seconds}

scala> val ssc:StreamingContext = new StreamingContext(sc,Seconds(1));

ssc: org.apache.spark.streaming.StreamingContext = org.apache.spark.st
reaming.StreamingContext@788a0513
```

图 5-7　StreamingContext 对象的第二种创建方式

2. 基于 RDD 队列创建 DStream

用户可以借助 StreamingContext 对象中的 queueStream 方法从 RDD 队列中创建 DStream，该方法将推入队列中的每个 RDD 视为 DStream 中的一批数据进行处理。

代码 5-1 所示为从 RDD 队列中创建 DStream 的操作。

代码 5-1　从 RDD 队列中创建 DStream

```
//导入代码依赖资源
import org.apache.spark.SparkConf;
import org.apache.spark.rdd.RDD;
import org.apache.spark.streaming.dstream.DStream
import org.apache.spark.streaming.{Seconds, StreamingContext};
import scala.collection.mutable;
//创建 StreamingContext 对象，每隔 1 秒生成一个批次数据
val ssc:StreamingContext = new StreamingContext(sc,Seconds(1));
//创建一个空的 Int 类型的 RDD 队列 rddQueue
val rddQueue:mutable.Queue[RDD[Int]] = new mutable.Queue[RDD[Int]]();
//根据 rddQueue 队列创建 DStream
val ds:DStream[Int] = ssc.queueStream(rddQueue);
//打印每一个批次的数据
ds.print();
//启动流式计算程序
ssc.start();
//计算程序启动成功，向 rddQueue 队列中增两个 RDD 数据，两次增加数据时间间隔 2 秒
for (i <- 1 to 2) {rddQueue += sc.makeRDD(1 to 3);Thread.sleep(2000)};
```

在启动的 Spark Shell 交互式编程环境中运行上述代码，得到如图 5-8 所示结果。在第 1 个批次与第 3 个批次中包含数据，在第 2 个批次与第 4 个批次后均再无打印数据。出现这种结果的原因是，计算程序每隔 1 秒 StreamingContext 对象会从 RDD 队列中生成一个批次数据，但是 RDD 队列在程序启动成功后增加了两个 RDD 数据，两次增加数据的时间间隔为 2 秒。

```
----------------------------------------
Time: 1654603274000 ms
----------------------------------------
1
2
3

----------------------------------------
Time: 1654603275000 ms
----------------------------------------

----------------------------------------
Time: 1654603276000 ms
----------------------------------------
1
2
3

----------------------------------------
Time: 1654603277000 ms
----------------------------------------
```

图 5-8　RDD 队列创建 DStream 的运行结果

3．基于 HDFS 文件系统创建 DStream

用户可以借助 StreamingContext 对象中的 textFileStream 方法，在 HDFS 文件系统的某个目录下的所有文件数据中创建 DStream，该方法将监视指定的 HDFS 目录并处理在该目录下创建的任何文件。

代码 5-2 所示为从 HDFS 文件系统创建 DStream 的操作。

代码 5-2　从 HDFS 文件系统创建 DStream

```
//导入代码依赖资源
import org.apache.spark.SparkConf;
import org.apache.spark.streaming.dstream.DStream
import org.apache.spark.streaming.{Seconds, StreamingContext};
//创建 StreamingContext 对象，每隔 5 秒生成一个批次数据
val ssc:StreamingContext = new StreamingContext(sc,Seconds(5));
//在 HDFS 的/sparkstreaming 目录下的文件中创建 DStream
val ds: DStream[String]=ssc.textFileStream("hdfs://node1:9000/sparkstreaming")
//打印每一个批次的数据
ds.print();
//启动流式计算程序
ssc.start();
```

在启动的 Spark Shell 交互式编程环境中运行上述代码。在运行成功后，创建 3 个文本文件，分别为 a.txt、b.txt、c.txt，这 3 个文本文件中的内容读者可自定义。此处，在 a.txt 文件中增加内容 spark，在 b.txt 文件中增加内容 hadoop，在 c.txt 文件中增加内容 hdfs。随后，将创建好的 3 个文本文件间隔 5 秒以上依次上传到 HDFS 的/sparkstreaming 目录下，查看 Spark Shell 交互式编程环境运行结果，如图 5-9 所示。

```
-----------------------------------------
Time: 1654604735000 ms
-----------------------------------------
spark

-----------------------------------------
Time: 1654604740000 ms
-----------------------------------------
hadoop

-----------------------------------------
Time: 1654604745000 ms
-----------------------------------------

-----------------------------------------
Time: 1654604750000 ms
-----------------------------------------
hdfs
```

图 5-9　HDFS 文件系统创建 DStream 的运行结果

渐入佳境 5.3：熟悉 DStream 的相关操作

5.2 节创建了 DStream，本节主要讲解 DStream 的相关操作。在 Spark Streaming 中，DStream 的相关操作主要包含转换操作与输出操作两大类。其中，转换操作又分为无状态转换操作与有状态转换操作，有状态转换操作主要包括窗口操作。下面将详细介绍无状态转换操作、窗口操作及输出操作这 3 种核心 DStream 操作。

5.3.1　DStream 的转换操作

DStream 中提供了很多转换操作函数，通过转换操作函数会生成一个新的 DStream，如 map(func)、flatMap(func)、filter(func)等。DStream 常用的转换操作函数如表 5-1 所示。

DStream 的无状态
转换操作

表 5-1　DStream 常用的转换操作函数

转换操作函数	描述
map(func)	利用函数 func 处理原 DStream 中的每个元素，并返回一个新的 DStream
flatMap(func)	与 map 函数类似，区别在于该函数每个输入项可被映射为 0 个或多个输出项
filter(func)	利用函数 func 处理原 DStream 中的每个元素，将满足 func 函数条件的元素构建为一个新的 DStrcam
union(otherStream)	将原 DStream 和 otherStream 的元素联合返回一个新的 DStream
count()	计算原 DStream 中的每个元素的数量，并返回一个新的 DStream[Long]
reduce(func)	将原 DStream 中的每个元素通过函数 func 聚集，并返回一个包含聚合结果的 DStream
countByValue()	该函数返回一个新的 DStream，新 DStream 的元素为(K, Long)对，后面的 Long 值是原 DStream 中每个 RDD 元素 K 出现的频率
reduceByKey(func, [numTasks])	此算子应用于（Key,Value）键-值对类型的 DStream，将原 DStream 中每个元素的 Value 值按照 Key 值通过 func 函数聚集起来，返回一个（Key,Value）类型的 DStream，新 DStream 中每个元素的 Value 值代表聚合的结果。注意：在默认情况下，这个算子利用了 Spark 默认的并发任务数去分组，用户可以用 numTasks 参数设置不同的任务数
join(otherStream, [numTasks])	当应用于两个 DStream（一个包含（K,V）对，一个包含(K,W)对）时，返回一个包含(K, (V, W))对的新 DStream

续表

转换操作函数	描述
transform(func)	通过对原 DStream 中的每个 RDD 应用 func 函数，创建一个新的 DStream。其中，func 函数允许用户将 DStream 中的 RDD 元素使用 RDD 的操作函数（RDD-to-RDD）转换为一个新的 RDD 元素

表 5-1 中列出的 DStream 转换操作函数大部分与 RDD 的转换操作类似，本节不再详细介绍前 9 个转换操作函数的用法，重点介绍 transform 函数。

在 Spark Streaming 官方文档中指出，transform 转换操作极大地丰富了在 DStream 上能够进行的操作内容。在使用 transform 操作后，除了可以使用 DStream 提供的一些转换方法，还能够通过 transform 中的 func 函数直接调用任意 RDD 上的操作函数。代码 5-3 所示为通过 transform 函数获取 DStream 包含的元素中每个单词出现的次数。

代码 5-3 transform 统计单词出现的次数

```scala
//导入代码依赖资源
import org.apache.spark.rdd.RDD;
import org.apache.spark.streaming.dstream.DStream
import org.apache.spark.streaming.{Seconds, StreamingContext};
import scala.collection.mutable;
//创建 StreamingContext 对象，每隔 1 秒生成一个批次数据
val ssc:StreamingContext = new StreamingContext(sc,Seconds(1));
//创建一个空的 String 类型的 RDD 队列 rddQueue
val rddQueue:mutable.Queue[RDD[String]] = new mutable.Queue[RDD[String]]();
//根据 rddQueue 队列创建 DStream
val ds:DStream[String] = ssc.queueStream(rddQueue);
//通过 transform 函数计算单词出现的次数
ds.transform(rdd=>rdd.flatMap(_.split(" ")).map((_,1)).reduceByKey(_+_)).print();
//启动流式计算程序
ssc.start();
//计算程序启动成功，向 rddQueue 队列中增加一行数据，其中包含多个空格分割的单词
rddQueue.enqueue(sc.makeRDD(Seq("spark hadoop spark storm")))
```

在 Spark Shell 交互式编程环境中运行上述代码，运行结果如图 5-10 所示。

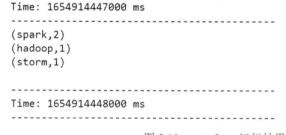

```
Time: 1654914447000 ms
-------------------------------------------
(spark,2)
(hadoop,1)
(storm,1)


-------------------------------------------
Time: 1654914448000 ms
-------------------------------------------
```

图 5-10　transform 运行结果

5.3.2 DStream 的窗口操作

5.3.1 节列出的 DStream 转换操作是每产生一批次数据只处理当前批次数据，与前一批次数据的计算结果无关。但是，在特定情况下，用户处理当前批次的数据需要使用之前批次的数据或者中间结果，此时

DStream 的窗口操作

表 5-1 中列出的转换操作函数无法满足该需求。Spark Streaming 提供了窗口函数用于解决上述需求。窗口函数是一种特殊的转换操作函数，也被称为有状态转换操作函数。

窗口转换操作的计算过程如图 5-11 所示（该图为 Spark Streaming 官方文档提供）。用户需要事先设定两个参数：windowDuration 和 slideDuration。windowDuration 参数表示窗口长度，即窗口的持续时间，是对过去的一个 windowDuration 的时间间隔的数据进行统计计算。slideDruation 参数表示窗口的滑动时间间隔，用于控制窗口计算的频率。窗口操作允许用户每隔一段时间（slideDuration）对过去一个时间段内（windowDuration）的数据进行转换操作。

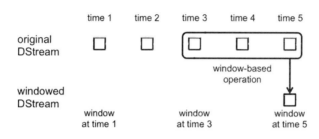

图 5-11　窗口转换操作的计算过程

DStream 常用的窗口函数如表 5-2 所示。用户事先设定的 windowDuration 参数和 slideDuration 参数必须是批处理时间（Batch Size）的整数倍。

表 5-2　DStream 常用的窗口函数

窗口函数	描述
window(windowLength, slideInterval)	基于原 DStream 产生的窗口化的批数据，计算得到一个新的 DStream
countByWindow(windowLength,slideInterval)	基于滑动窗口的 DStream 中的元素数量
reduceByWindow(func,windowLength,slideInterval)	利用 func 对滑动窗口的元素进行聚合操作，得到一个新的 DStream
reduceByKeyAndWindow(func,windowLength,slideInterval)	该函数与表 5-1 中的 reduceByKey 函数含义一致，只不过对应的数据源不同。reduceByKeyAndWindow 的数据源是基于该 DStream 的窗口长度中的所有数据
countByValueAndWindow(windowLength,slideInterval, [numTasks])	该函数与表 5-1 中的 countByValue 函数含义一致，只不过对应的数据源不同。countByValueAndWindow 的数据源是基于该 DStream 的窗口长度中的所有数据

下面将以 window(windowLength, slideInterval)函数与 reduceByWindow(func,windowLength, slideInterval)函数为例，介绍窗口函数的使用。

1. window 窗口操作函数

window(windowLength, slideInterval)窗口操作函数是按照窗口间隔时间,计算窗口持续时间内的 DStream 得到一个新的 DStream。如代码 5-4 所示，设置每隔 2 秒生成一个批次数据，并设置窗口长度为 4 秒、窗口间隔时间为 4 秒，计算窗口长度内的 DStream 得到新的 DStream。

代码 5-4　window 窗口操作函数代码

```
//导入代码依赖资源
import org.apache.spark.rdd.RDD;
import org.apache.spark.streaming.dstream.DStream
import org.apache.spark.streaming.{Seconds, StreamingContext};
import scala.collection.mutable;
```

```
//创建 StreamingContext 对象，每隔 2 秒生成一个批次数据
val ssc:StreamingContext = new StreamingContext(sc,Seconds(2));
//创建一个空的 Int 类型的 RDD 队列 rddQueue
val rddQueue:mutable.Queue[RDD[Int]] = new mutable.Queue[RDD[Int]]();
//根据 rddQueue 队列创建 DStream
val ds:DStream[Int] = ssc.queueStream(rddQueue);
//每隔 4 秒对前 4 秒时间批次的 DStream 进行计算得到新的 DStream
ds.window(Seconds(4),Seconds(4)).print();
//启动流式计算程序
ssc.start();
//计算程序启动成功，向 rddQueue 队列中增加两个 RDD 数据，两次增加数据时间间隔 2 秒
for (i <- 1 to 2) {rddQueue += sc.makeRDD(1 to 3);Thread.sleep(2000)};
```

在 Spark Shell 交互式编程环境中执行上述代码，得到如图 5-12 所示结果。其中，在第一个窗口长度内计算前两个批次的 DStream 数据得到新的 DStream，间隔 4 秒后，又计算第一个窗口长度的前两个批次之后的两个批次的 DStream 数据。

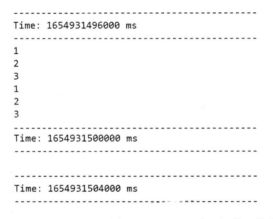

图 5-12 window 窗口操作函数执行结果

2. reduceByWindow 窗口操作函数

reduceByWindow(func,windowLength,slideInterval)窗口操作函数是按照窗口间隔时间，将窗口持续时间内的 DStream 中的数据使用 func 函数进行聚合操作，得到一个新的 DStream。如代码 5-5 所示，设置每隔 2 秒生成一个批次数据，并设置窗口长度为 4 秒、窗口间隔时间为 4 秒，将窗口长度内的 DStream 中的数据通过 func 函数进行累加得到新的 DStream。

代码 5-5 reduceByWindow 窗口操作函数代码

```
//导入代码依赖资源
import org.apache.spark.rdd.RDD;
import org.apache.spark.streaming.dstream.DStream
import org.apache.spark.streaming.{Seconds, StreamingContext};
import scala.collection.mutable;
//创建 StreamingContext 对象，每隔 2 秒生成一个批次数据
val ssc:StreamingContext = new StreamingContext(sc,Seconds(2));
//创建一个空的 Int 类型的 RDD 队列 rddQueue
val rddQueue:mutable.Queue[RDD[Int]] = new mutable.Queue[RDD[Int]]();
//根据 rddQueue 队列创建 DStream
val ds:DStream[Int] = ssc.queueStream(rddQueue);
//每隔 4 秒对前 4 秒时间批次的 DStream 数据通过 func 函数进行累加计算得到新的 DStream
ds.reduceByWindow(_+_,Seconds(4),Seconds(4)).print();
```

```
//启动流式计算程序
ssc.start();
//计算程序启动成功，向 rddQueue 队列中增加两个 RDD 数据，两次增加数据时间间隔 2 秒
for (i <- 1 to 2) {rddQueue += sc.makeRDD(1 to 3);Thread.sleep(2000)};
```

在 Spark Shell 交互式编程环境中执行上述代码，得到如图 5-13 所示结果。其中，第 1 个窗口长度内计算出的累加结果为 12，第 2 个窗口长度内没有批次数据，所以没有结果输出。

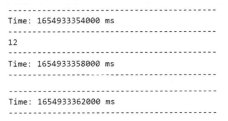

图 5-13　reduceByWindow 窗口操作函数执行结果

5.3.3　DStream 的输出函数

在前两节通过 DStream 的转换操作对数据处理完成之后，在某些情况下，用户需要将处理完成的结果数据输出到外部文件系统或外部数据库管理系统中。因此，在 DStream 中也提供了很多输出函数，常用的输出函数如表 5-3 所示。

DStream 的输出操作

表 5-3　DStream 常用的输出函数

输出函数	描述
print()	打印 DStream 中每一批次数据最开始的 10 个元素数据
foreachRDD(func)	通过 func 函数实现将 DStream 中的每一个元素数据推送到外部系统，如存入文件或者通过网络将其写入数据库
saveAsTextFiles(prefix, [suffix])	以文本文件形式存储每一批次的 DStream 数据。每一批次的存储文件名基于参数中的 prefix 和 suffix
saveAsObjectFiles(prefix, [suffix])	以序列化的 Sequence 文件形式存储每一批次的 DStream 数据。每一批次的存储文件名基于参数中的 prefix 和 suffix
saveAsHadoopFiles(prefix, [suffix])	以 Hadoop 文件形式存储每一批次的 DStream 数据。每一批次的存储文件名基于参数中的 prefix 和 suffix

在 DStream 输出函数中，print()输出函数在前面章节中均有所体现，此处不再过多阐述。在剩余 4 个输出函数中，foreachRDD()输出函数的使用频率最高，本节重点介绍如何使用 foreachRDD()输出函数将 DStream 计算结果输出到 MySQL 数据表中。至于剩余 3 个输出函数，读者可在 Spark Streaming 官网文档（https://spark.apache.org/docs/2.3.1/streaming-programming-guide.html#output-operations-on-dstreams）自行研究。

代码 5-6 所示为使用 foreachRDD()输出函数将 RDD 队列创建的 DStream 数据输出到 MySQL 中。

代码 5-6　使用 foreachRDD()输出函数将 RDD 队列创建的 DStream 数据输出到 MySQL 中

```
//导入代码依赖资源
import org.apache.spark.rdd.RDD
```

```
import org.apache.spark.streaming.dstream.DStream
import org.apache.spark.streaming.{Seconds, StreamingContext}
import java.sql.DriverManager
import scala.collection.mutable;
//创建 StreamingContext 对象，每隔 2 秒生成一个批次数据
val ssc:StreamingContext = new StreamingContext(sc,Seconds(2));
//创建一个空的 Int 类型的 RDD 队列 rddQueue
val rddQueue:mutable.Queue[RDD[Int]] = new mutable.Queue[RDD[Int]]();
//根据 rddQueue 队列创建 DStream
val ds:DStream[Int] = ssc.queueStream(rddQueue);
//通过 foreachRDD 算子将数据输出到 MySQL 中，读者需要将 MySQL 信息更换为自身的 MySQL 信息
ds.foreachRDD(_.foreach(value=>{DriverManager.getConnection("jdbc:mysql://node1:3306/te
st", "root", "root").prepareStatement("insert into test
values("+value+")").executeUpdate()}));
//启动流式计算程序
ssc.start();
//计算程序启动成功，向 rddQueue 队列中增加两个 RDD 数据，两次增加数据时间间隔 2 秒
for (i <- 1 to 2) {rddQueue += sc.makeRDD(1 to 3);Thread.sleep(2000)};
```

上述代码将 DStream 数据输出到 MySQL 的 test 数据库的 test 数据表中。在 MySQL 中，test 数据库与 test 数据表需要提前创建。在 MySQL 中创建数据库和数据表的代码如代码 5-7 所示。

代码 5-7 在 MySQL 中创建数据库和数据表

```
CREATE DATABASE test;
USE test;
CREATE TABLE test(value varchar(10));
```

首先，在 MySQL 中执行代码 5-7 创建 MySQL 数据库与数据表，然后，在 Spark Shell 交互式编程环境中执行代码 5-6。读者可以在 MySQL 的 test 数据库的 test 数据表中看到执行完成的数据结果。

实战演练 5.4：电商网站广告点击分析

前 3 节为读者详细介绍了 Spark Streaming 的概念与核心编程模型 DStream 的基本操作。本节将重点介绍 Spark Streaming 在项目开发中的使用，即如何统计电商网站广告点击黑名单与电商网站热门广告排行等实战功能。本节通过讲解理论知识，要求读者在项目上进行实战演练，帮助读者培养 Spark 技术栈综合应用能力。

5.4.1 项目环境搭建

本章实战演练项目由于代码量较大，因此不再使用 Spark Shell 交互式编程环境进行代码编写与运行。本章将使用 IntelliJ IDEA 集成开发环境进行项目开发。

电商网站广告点击分
析编程环境搭建

读者首先需要在 IntelliJ IDEA 集成开发环境中新建 Scala 工程项目并引入 Spark Streaming 开发依赖包，具体操作步骤如下。

1. 新建 Scala 工程项目

运行 IntelliJ IDEA，弹出如图 5-14 所示界面，单击"New Project"按钮，弹出如图 5-15

所示界面，新建 Scala 工程项目，选择"Scala"→"IDEA"选项，并单击"Next"按钮。

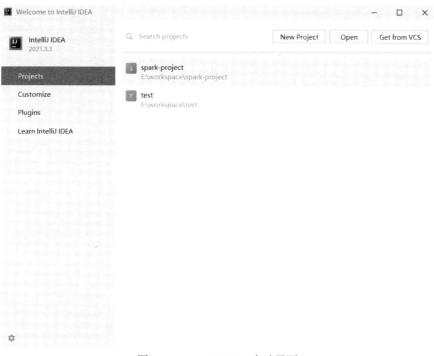

图 5-14　IntelliJ IDEA 启动界面

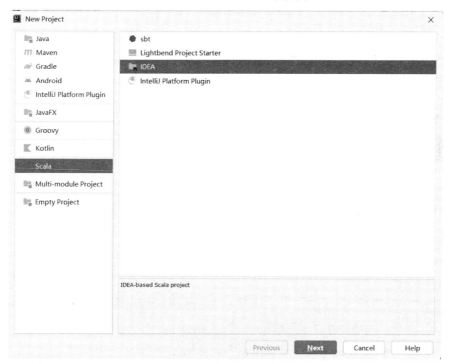

图 5-15　新建 Scala 工程项目

在弹出的如图 5-16 所示的界面中定义工程名为"ss_project"，选择工程存放目录，同时选择工程所用的 JDK 和 Scala SDK 版本，单击"Finish"按钮完成工程项目的创建。

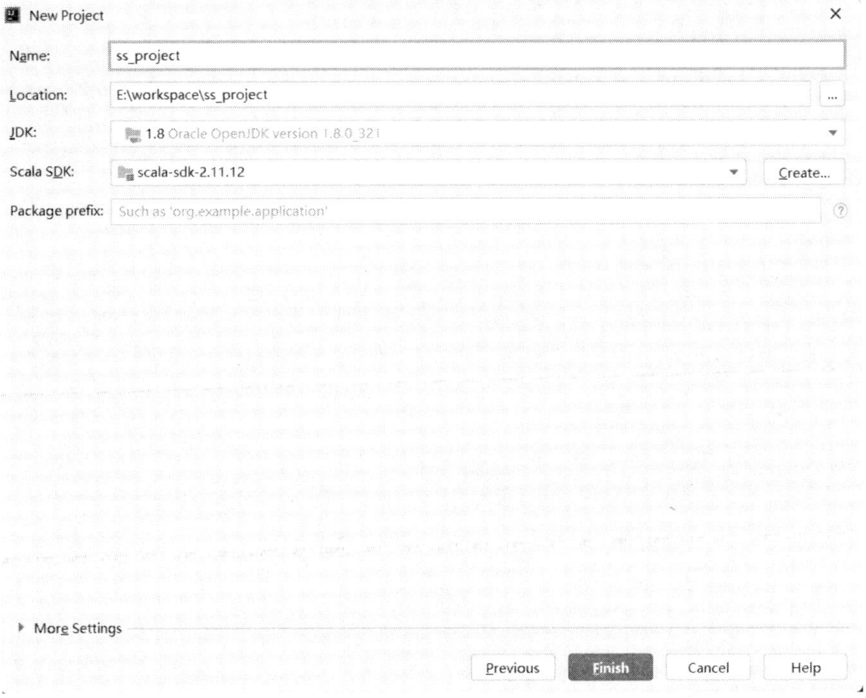

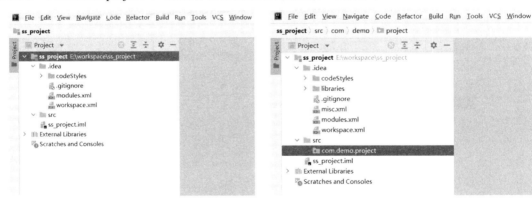

图 5-16　Scala 工程项目配置

Scala 工程项目创建完成后，工程目录结构如图 5-17 所示。

右击"src"目录，在弹出的快捷菜单中执行"New"→"Package"命令，选择新建包并命名为"com.demo.project"，完整的项目目录结构如图 5-18 所示。

图 5-17　Scala 工程目录结构　　　　　　图 5-18　完整的项目目录结构

Scala 工程项目新建成功，下一步需要引入 Spark Streaming 编程依赖的 JAR 包。

2. 配置 Spark Streaming 开发依赖包

执行"File"→"Project Structure…"命令，弹出如图 5-19 所示界面。

在界面中单击"Libraries"面板中的"+"按钮，选择"Java"选项，在弹出的界面中选择附件资料提供的"Spark Streaming 依赖包"文件夹，如图 5-20 所示。单击"OK"按钮，即可完成 Spark Streaming 开发依赖包的配置。

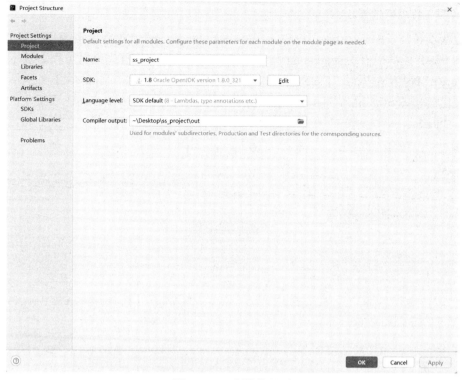

图 5-19　工程结构界面

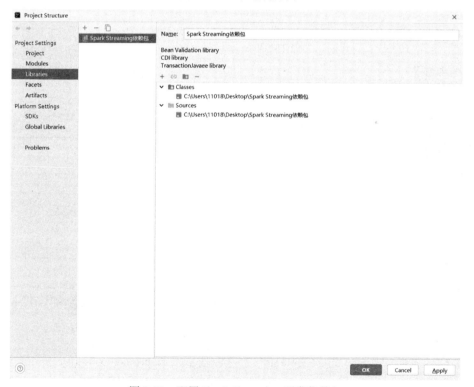

图 5-20　配置 Spark Streaming 开发依赖包

Spark Streaming 依赖引入成功，下一步需要设置工程项目依赖 JAR 包。

3．设置工程项目依赖 JAR 包

企业级项目开发中，在 IntelliJ IDEA 中编写的 Spark 相关功能代码需要打包为 JAR 包，并部署到 Spark 集群中借助 spark-submit 命令提交运行，因此需要先设置工程 JAR 包。

在 IntelliJ IDEA 中执行"File"→"Project Structure…"命令，如图 5-21 所示。

在弹出的如图 5-22 所示的工程项目结构设置界面中，单击"Artifacts"面板中的"+"按钮，执行"JAR"→"Empty"命令，选择 JAR 包的设置方式。

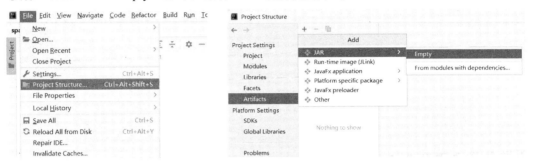

图 5-21　执行"File"→"Project
Structure…"命令

图 5-22　工程项目结构设置界面

在弹出的如图 5-23 所示界面中，将生成的 JAR 包"Name"重命名为"ss_project"。

图 5-23　重命名工程 JAR 包

在图 5-23 界面的"Available Elements"选区中双击"'ss_project' compile output"选项，将其添加到左侧的"ss_project.jar"中，添加完成后单击"OK"按钮完成工程 JAR 包的设置。工程 JAR 包的最终设置结果如图 5-24 所示。

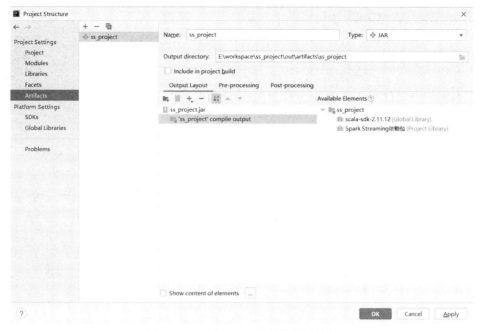

图 5-24　工程 JAR 包的最终设置结果

至此，电商网站广告点击分析项目在 IntelliJ IDEA 中的工程项目搭建完成，并引入了 Spark Streaming 编程依赖 JAR 包，同时将工程 JAR 包设置完毕。下面进行项目功能代码的编写与开发。

5.4.2　项目数据解释

实战演练使用的数据是从电商网站获取的广告点击数据。数据集中包含用户编号、广告编号等信息，具体的数据集文件 AdClickLog.csv 读者可以自行在书籍附件资料中下载，部分数据信息如表 5-4 所示，表中只截取了原始数据集的 5 条。

表 5-4　广告点击数据集

用户编号	广告编号
543462	1715
662867	2244074
561558	3611281
894923	1715
834377	2244074

需要注意的是，在一般情况下，电商网站广告点击数据会源源不断地产生，并记录到 Kafka 消息队列中，随后会使用 Spark Streaming 技术读取 Kafka 数据并进行实时数据处理。但是，读者并无真实的电商网站，也就代表没有源源不断产生的广告点击数据。

为了让读者体验到实时数据处理的过程，这里将实时数据处理的流程简化如下：首先，编写 Spark Streaming 实时数据计算程序读取并处理 HDFS 系统的某个目录数据。然后，在实时数据计算程序启动成功后，将 AdClickLog.csv 文件上传至指定的 HDFS 目录下。通过该操作模拟在某一时刻产生了一批广告点击数据，从而模拟真实业务情境下实时数据的产生。

5.4.3 电商网站广告点击黑名单

电商网站广告
点击黑名单

在电商网站中，用户点击广告的操作是可以重复的。用户越喜爱某个广告，重复点击次数可能会越多。但是，如果用户在一段时间内重复点击广告的频率较高，可能会有刷广告点击量的行为。在这种情况下，为了保证正常的广告点击量，需要将恶意刷广告点击量的账号加入黑名单。

在本项目中定义，如果在一分钟内用户对同一个广告点击频率大于或等于 5 次，则把该用户加入黑名单并存储到 MySQL 数据库中，并且此后其点击行为不会再被统计。MySQL 中数据库和黑名单数据表的创建如代码 5-8 所示，读者可以自行在 MySQL 中执行该代码。

代码 5-8 MySQL 中数据库和黑名单数据表的创建

```
CREATE DATABASE ss_project;
USE ss_project;
CREATE TABLE backlist(back_id int PRIMARY KEY NOT NULL AUTO_INCREMENT comment "黑名单
ID",user_id int comment "用户编号");
```

在 IntelliJ IDEA 创建的 Scala 工程项目中，右击"ss_project"→"src"→"com.demo.project"包，在弹出的快捷菜单中执行"New"→"Scala Class"命令，新建一个 Scala 类，并命名为"BackList"，选择类型为"Object"。创建完成的目录结构与代码如图 5-25 所示。

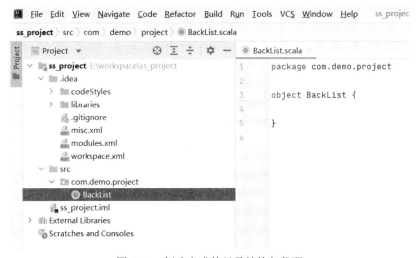

图 5-25 创建完成的目录结构与代码

在"BackList"类中添加如代码 5-9 所示的电商网站广告点击黑名单实时统计代码，实现的核心思想为借助 reduceByKeyAndWindow 窗口，定义窗口长度为 1 分钟，窗口的滑动时间间隔为 1 分钟，并对窗口长度 1 分钟内的广告点击数据进行统计，将监控到的黑名单用户加入 MySQL 数据库的"backList"数据表中。其中，程序处理的输入文件数据路径将在 spark-submit 命令提交程序执行时指定。

代码 5-9 电商网站广告点击黑名单实时统计

```
package com.demo.project
import org.apache.spark.streaming.dstream.DStream
import org.apache.spark.streaming.{Seconds, StreamingContext}
import org.apache.spark.{SparkConf, SparkContext}
```

```
import java.sql.DriverManager
import scala.collection.mutable.ArrayBuffer
object BackList {
  def main(args: Array[String]): Unit = {
    /*创建 StreamingContext 对象, 每隔 5 秒生成一批次数据*/
    val sparkConf = new SparkConf().setAppName("demo")
    val sc = new SparkContext(sparkConf)
    val ssc = new StreamingContext(sc,Seconds(5))
    //黑名单数组, 用于在内存中存储产生的黑名单用户列表
    val backList = new ArrayBuffer[Int]();
    //加载 HDFS 上的广告点击数据为 DStream
    val ds:DStream[String] = ssc.textFileStream(args(0))
    //将数据通过 map 算子转换为以用户编号、广告编号为 key, 以 1 为 value 类型的 DStream
    val ds1:DStream[(String,Long)] = ds.map((_,1L))
    //定义窗口长度为 1 分钟, 滑动时间间隔为 1 分钟, 统计广告点击黑名单信息
  ds1.reduceByKeyAndWindow((a:Long,b:Long)=>a+b,Seconds(60),Seconds(60)).foreachRDD(rdd=>{
      rdd.foreach(result=>{
        //获取统计完成数据中的用户编号
        val userId = result._1.split(",")(0).toInt
        //获取当前用户对广告的点击次数
        val clickCount = result._2
        //如果当前用户在一分钟内对广告的点击次数大于或等于 5 且没有在黑名单中出现, 那么当前用户就是黑名单
用户
        if(clickCount >=5 && !backList.contains(userId)){
          //将恶意点击用户编号加入黑名单列表
          backList += userId
          println("有一个用户"+userId+"被加入黑名单")
          //将黑名单用户同步加入到数据库中
    DriverManager.getConnection("jdbc:mysql://node1:3306/ss_project?useSSL=false",
"root","root").prepareStatement("insert into backlist(user_id)
values("+userId+")").execute
Update();
        }
      })
    })
    //开启流式计算
    ssc.start()
    //等待程序执行结束
    ssc.awaitTermination()
  }
}
```

电商网站广告点击黑名单实时统计功能代码编写完成。在 IntelliJ IDEA 菜单栏中执行
"Build"→"Build Artifacts…"命令，弹出如图 5-26 所示界面，执行"ss_project"→"Build"
命令，生成工程 JAR 包。

图 5-26　生成工程 JAR 包

用户可以在工程目录中找到生成的 JAR 包，先在 Spark 集群所在的 Linux 系统中创建目录 "/opt/sparkstreaming/project"，然后将生成的工程 JAR 包上传至该目录下，创建并上传成功后如图 5-27 所示。

```
[root@node1 opt]# mkdir -p /opt/sparkstreaming/project
[root@node1 opt]# cd /opt/sparkstreaming/project/
[root@node1 project]# pwd
/opt/sparkstreaming/project
[root@node1 project]# ll
总用量 8
-rw-r--r--. 1 root root 6732 7月  23 19:42 ss_project.jar
```

图 5-27 上传工程 JAR 包

工程 JAR 包上传成功，在 Linux 系统中执行如代码 5-10 所示的代码，将电商网站广告点击黑名单实时统计代码通过 spark-submit 命令提交至 Spark 集群运行，并指定广告点击记录文件路径。

代码 5-10 spark-submit 提交功能代码

```
spark-submit --master  spark://node1:7077 --class com.demo.project.BackList
/opt/sparkstreaming/pro
ject/ss_project.jar hdfs://node1:9000/sparkstreaming/project
```

程序启动成功后，需要将 AdClickLog.csv 文件上传至 HDFS 的/sparkstreaming/project 目录下，用于模拟电商网站广告点击实时数据的产生（具体原因读者可参考 5.4.1 节）。

随后读者可以在 MySQL 的 ss_project 数据库的 backlist 数据表中查看黑名单统计结果，如图 5-28 所示，在 1 分钟的窗口长度内，有 937166 位用户被识别为黑名单用户。

```
mysql> use ss_project;
Database changed
mysql> select * from backlist;
+---------+---------+
| back_id | user_id |
+---------+---------+
|       1 |  937166 |
+---------+---------+
1 row in set (0.00 sec)
```

图 5-28 黑名单统计结果

5.4.4 电商网站热门广告排行

本节的实战演练除了需要统计电商网站广告点击黑名单，还需要对窗口长度内的热门广告排行进行统计分析，并将结果存储到 MySQL 中。热门广告排行数据表的创建如代码 5-11 所示。

电商网站热门
广告排行

代码 5-11 热门广告排行数据表的创建

```
USE ss_project;
CREATE TABLE ad_rank(ad_id int comment "广告编号",ad_count int comment "广告点击次数");
```

在 IntelliJ IDEA 创建的 Scala 工程项目中，右击 "ss_project" → "src" → "com.demo.project" 包，在弹出的快捷菜单中执行 "New" → "Scala Class" 命令，新建一个 Scala 类，并命名为 "AdRank"，选择类型为 "Object"。创建完成的工程目录结构与代码如图 5-29 所示。

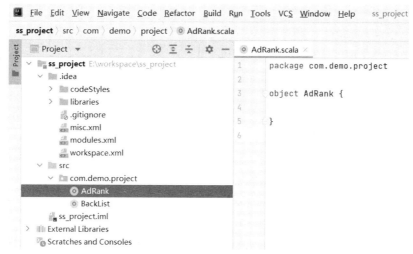

图 5-29 创建完成的工程目录结构与代码

在"AdRank"类中添加如代码 5-12 所示的代码，进行热门广告排行统计，实现的核心思想为借助 reduceByKeyAndWindow 窗口，定义窗口长度为 1 分钟，窗口的滑动时间间隔为 1 分钟，对窗口长度 1 分钟内的广告点击量进行排行，并通过 foreachRDD 操作借助 RDD 的 sortBy 算子按照点击次数对广告进行排序，将结果输出到 MySQL 数据库的"ad_rank"数据表中。其中，处理的实时输入文件数据路径在打包部署运行时由 spark-submit 命令执行。

代码 5-12 电商网站热门广告排行统计

```scala
package com.demo.project
import org.apache.spark.streaming.dstream.DStream
import org.apache.spark.streaming.{Seconds, StreamingContext}
import org.apache.spark.{SparkConf, SparkContext}
import java.sql.DriverManager
import scala.collection.mutable.ArrayBuffer
object AdRank {
  def main(args: Array[String]): Unit = {
    /*创建 StreamingContext 对象，每隔 5 秒生成一批次数据*/
    val sparkConf = new SparkConf().setAppName("demo")
    val sc = new SparkContext(sparkConf)
    val ssc = new StreamingContext(sc,Seconds(5))
    //加载 HDFS 的 ss_project 目录下的广告点击数据为 DStream
    val ds:DStream[String] = ssc.textFileStream(args(0))
    //将数据通过 map 算子转换为以广告编号为 key，以 1 为 value 类型的 DStream
    val ds1:DStream[(String,Long)] = ds.map(line=>{(line.split(",")(1),1L)})
    //定义窗口长度为 1 分钟，滑动时间间隔为 1 分钟，统计热门广告排行
    ds1.reduceByKeyAndWindow((a:Long,b:Long)=>a+b,Seconds(60),Seconds(60),1).foreachRDD
(rdd=>{
      //对窗口长度内统计的广告点击量按照广告点击次数降序排序，并将结果输出到 MySQL 中
      rdd.sortBy(tuple=>tuple._2,false).foreach(result=>{
        //获取广告编号
        val adId = result._1
        //获取当前窗口长度内广告的点击次数
        val clickCount = result._2
        //将广告排行数据添加到 MySQL 中
    DriverManager.getConnection("jdbc:mysql://node1:3306/ss_project?useSSL=false",
```

```
"root","root")..prepareStatement("insert into ad_rank(ad_id,ad_count) values("+adId+",
"+clickCount+")").executeUpdate();
    })
  })
  //开启流式计算
  ssc.start()
  //等待程序执行结束
  ssc.awaitTermination()
  }
}
```

电商网站热门广告排行统计功能代码编写完成，重新生成工程 JAR 包，并将生成的工程 JAR 包提交至 Linux 系统的/opt/sparkstreaming/project 目录下。工程 JAR 包上传成功后先删除 HDFS 中的/sparkstreaming/project/AdClickLog.csv 文件，随后在 Linux 系统中执行如代码 5-13 所示的代码，将电商网站热门广告排行统计代码通过 spark-submit 命令提交至 Spark 集群运行，并指定广告点击记录文件路径。

代码 5-13 spark-submit 提交功能代码

```
spark-submit --master spark://node1:7077 --class com.demo.project. AdRank
/opt/sparkstreaming/pro
ject/ss_project.jar hdfs://node1:9000/sparkstreaming/project
```

程序启动成功后，需要将 AdClickLog.csv 文件重新上传至 HDFS 的/sparkstreaming/project 目录下，用于模拟电商网站广告点击实时数据的产生（具体原因读者可参考 5.4.1 节）。

随后读者可以在 MySQL 的 ss_project 数据库的 ad_rank 数据表中查看如图 5-30 所示的排行结果，排名第一的广告为 1715 号，点击次数为 124 次。

```
mysql> use ss_project;
Database changed
mysql> select * from ad_rank limit 5;
+---------+----------+
| ad_id   | ad_count |
+---------+----------+
|    1715 |      124 |
|   36156 |        5 |
| 2244074 |        3 |
|    7156 |        2 |
|   36237 |        2 |
+---------+----------+
5 rows in set (0.01 sec)
```

图 5-30 热门广告排行结果

归纳总结

本章共分为 4 节，详细为读者介绍了 Spark Streaming。第 1 节先从全局让读者认知到 Spark Streaming 的概念、特点及工作原理。第 2、3 节将理论与实践相结合，为读者详细介绍了 Spark Streaming 的核心编程模型 DStream。第 4 节通过项目实战演练既展示了 Spark Streaming 在实际生产环境中的使用，又巩固了前 3 节所学的 Spark Streaming 理论知识。本章通过理论与实践相结合的方式，培养了读者的 Spark 理论综合能力与应用综合能力。

勤学苦练

1.【实战任务 1】Spark Streaming 的核心编程模型是（　　）。

A．DStream　　　　　　　　　　　B．RDD

C．DataFrame　　　　　　　　　　D．Dataset

2.【实战任务 1】下面关于 Spark Streaming 的描述错误的是（　　）。

A．Spark Streaming 的基本原理是将实时输入数据流以时间片为单位进行拆分，然后采用 Spark 引擎以类似批处理的方式处理每个时间片数据

B．Spark Streaming 最主要的抽象是 DStream（Discretized Stream，离散化数据流），表示连续不断的数据流

C．Spark Streaming 可整合多种输入数据源，如 Kafka、Flume、HDFS，甚至是普通的 TCP 套接字

D．Spark Streaming 的数据抽象是 DataFrame

3.【实战任务 2】DStream 的创建需要借助以下哪个对象？（　　）

A．SparkContext　　　　　　　　　B．SQLContext

C．SparkSession　　　　　　　　　D．StreamingContext

4.【实战任务 3】Dstream 窗口操作中哪个函数基于滑动窗口对原 DStream 中的元素进行聚合操作，得到一个新的 Dstream？（　　）

A．window　　　　　　　　　　　　B．reduceByWindow

C．reduceByKeyAndWindow　　　　D．countByWindow

5.【实战任务 3】Spark Streaming 中的哪个函数可以通过对原 DStream 中的每一个 RDD 应用 RDD－to－RDD 函数返回一个新的 DStream，并可以用来在 DStream 中进行任意 RDD 操作？（　　）

A．transform　　　　　　　　　　　B．reduce

C．join　　　　　　　　　　　　　　D．cogroup

6.【实战任务 3】Spark Streaming 中的哪个函数可以对原 DStream 中的每一个元素应用 func 函数进行计算，如果 func 函数返回结果为 true，则保留该元素，否则丢弃该元素，返回一个新的 DStream？（　　）

A．union　　　　　　　　　　　　　B．map

C．flatMap　　　　　　　　　　　　D．filter

7.【实战任务 3】在 DStream 输出操作中，print 函数会打印出 DStream 中数据的前几个元素？（　　）

A．10　　　　　　　　　　　　　　　B．15

C．1　　　　　　　　　　　　　　　　D．5

8.【实战任务 3】Spark Streaming 中的哪个函数可以对原 DStream 中的每个元素通过函数 func 被映射出 0 或者更多的输出元素？（　　）

A．union　　　　　　　　　　　　　B．map

C．flatMap　　　　　　　　　　　　D．filter

9. 【实战任务 3】Spark Streaming 中的哪个函数当被调用的两个 DStream 分别含有(K,V) 和(K,W)键-值对时，会返回一个(K,Seq[V],Seq[W])类型的新的 DStream？（　　）

A．union

B．reduce

C．join

D．cogroup

10. 【实战任务 2】Spark Streaming 中的哪个函数当被调用类型分别为（K,V)和（K,W) 键-值对的两个 DStream 时，会返回类型为(K,(V,W))键-值对的一个新的 DStream？（　　）

A．union

B．reduce

C．join

D．cogroup

11. 【实战任务 2】Spark Streaming 能够和（　　）无缝集成。（多选）

A．Hadoop

B．Spark SQL

C．Spark MLlib

D．Spark GraphX

12. 【实战任务 2】Spark Streaming 能够处理来自（　　）的数据。（多选）

A．Kafka

B．Flume

C．Twitter

D．HDFS

13. 【实战任务 2】Spark Streaming 中批处理时间间隔是指（　　）。

A．系统将获取到的数据流封装成一个 RDD 的时间间隔

B．数据流进行统计分析的时间间隔

C．数据流进行统计分析的频率

D．作业处理的周期

14. 【实战任务 2】编写 Spark Streaming 程序的基本步骤包括（　　）。（多选）

A．通过创建输入 DStream（Input Dstream）来定义输入源

B．通过对 DStream 应用转换操作和输出操作来定义流计算

C．调用 StreamingContext 对象的 start ()方法来开始接收数据和处理流程

D．通过调用 StreamingContext 对象的 awaitTermination ()方法来等待流计算进程结束

15. 【实战任务 1】Spark Streaming 的特点有（　　）。（多选）

A．实时流处理

B．可伸缩

C．高吞吐量

D．容错能力强

第 6 章

职业发展能力培养：进阶 Spark GraphX 图计算

实战任务

1. 了解并能简单阐述图计算的概念及应用场景。
2. 掌握 Spark GraphX 核心编程模型 GraphX。
3. 熟悉 GraphX 的基本操作。
4. 使用 Spark GraphX 图计算解决相关问题。

项目背景

随着互联网行业的飞速发展，网络交易不断增加，社交电商等新业态新模式不断涌现并逐渐扩大规模，为网络经济增添活力，在稳增长、促消费、扩就业等方面发挥了重要作用。但是，电商购物平台有很多，如何保证电商购物平台在激烈竞争中占有一席之地，最主要的问题就是用户的依赖度和忠诚度。用户的依赖度和忠诚度需要从用户的购物行为中分析，为进行精准营销等举措提供依据。

本章将带领读者通过 Spark GraphX 图计算实现电商网站用户购物行为分析，主要实现用户购物行为网络的构建、商品的用户购物行为次数排名、用户不同购物行为次数统计等功能。通过实现以上功能，读者不仅可以掌握 Spark GraphX 的相关知识和应用场景，还可以掌握电商网站用户购物行为的分析方法。

能力地图

本章将从图计算与 Spark GraphX 的概念、特性到 Spark GraphX 核心编程模型 GraphX 的使用再到 Spark GraphX 在企业级项目上的实战演练等方面展开介绍。本章通过理论与实战相结合的方式，使读者既能通过理论掌握 Spark GraphX 图计算的发展与编程模型，又能通过实战演练锤炼 Spark GraphX 技术，从而帮助读者培养职业发展能力，具体的能力培养地图如图 6-1 所示。

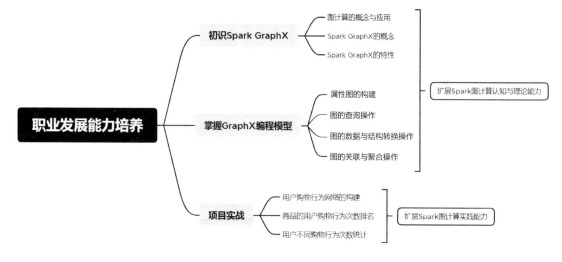

图 6-1　职业发展能力培养地图

新手上路 6.1：初识 Spark GraphX

在前面的章节中，主要介绍了基于离线数据处理技术 Spark Core、基于历史数据的交互式查询技术 Spark SQL 及基于实时数据的流式数据处理技术 Spark Streaming。在大数据计算领域，经常会出现数据之间的关联性计算，Spark 技术栈中的 Spark GraphX 图计算就是用于进行数据的关联性计算。需要注意的是，在高等职业院校与高等专科院校的培养目标中，本章内容属于选学内容。通过本章的学习，读者可以扩展自身的 Spark 图计算认知与理论能力，为自身的 Spark 职业发展道路提供强有力的支持。

6.1.1　图计算的概念与应用

随着大数据行业的飞速发展，全球数据量呈现指数性增长，而这些数据中的不同个体之间可能存在着相关关系。图计算就是用于研究数据集中个体与个体之间的关系，并对其进行完整的刻画、计算和分析的一门技术。其中，图计算中的"图"指数据结构，而不是图像。图（Graph）是用于表示数据对象之间关联关系的一种抽象数据结构，由顶点 V（Vertex）的集合与边 E（Edge）的集合构成，一般表示为 G（V,E）。其中，顶点表示数据对象，边表示数据对象之间的关系。图 6-2 所示为使用图表示教室中 3 个人（A、B、C）之间的关系。3 个人就是图中的 3 个顶点，边就是这 3 个人之间的关系，如师生关系、同学关系、朋友关系等。

图中根据边是否有方向又分为无向图和有向图，如图 6-3 所示。

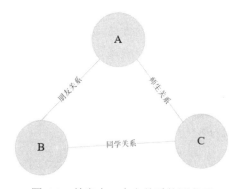

图 6-2　教室中 3 个人关系的图表示

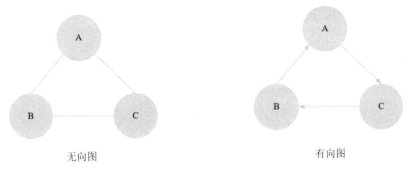

图 6-3　无向图和有向图

如果图同时满足任意顶点之间不存在重复的边且不存在顶点到自身的边，那么称图为简单图，如图 6-4 所示。

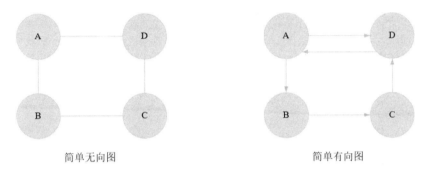

图 6-4　简单图

如果图中某两个顶点之间的边数大于 1，又允许顶点通过一条边和自身关联，则称图为多重图，如图 6-5 所示。

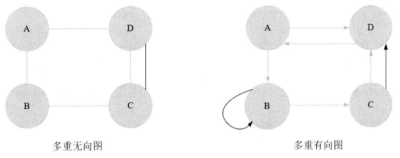

图 6-5　多重图

图计算在处理海量关系数据上具备天然优势，目前被广泛地应用在商品个性化推荐、社交网络、金融风控等领域。

1. 商品个性化推荐

电商领域存在着大量的人与商品之间的关系，拥有相似购买习惯的人可归属于同一群体，可以根据群体和商品的关联关系推荐某人所在的群体购买其他商品给某人。

2. 社交网络

图计算主要用于关联计算，因此可以轻松处理庞大的社交关系，构建复杂的社交网络。

社交网络是图计算典型的应用场景之一。

3．金融风控

金融风控也是图计算典型的应用场景之一。通过对众多人员和事件组成的庞大的关系网进行关联分析，可以快速识别异常人员和群体，及时规避风险。

6.1.2　Spark GraphX 的概念

Spark GraphX 是 Spark 技术栈的组成部分，是一个分布式的图计算处理框架。它基于 Spark 计算引擎提供了一系列对图计算和图挖掘的接口，极大地方便了用户对分布式图处理的需求。

Spark GraphX 中提供了一个核心数据抽象：弹性分布式属性图（Resilient Distributed Property Graph）来进行图计算，并在 Spark GraphX 中对图计算提供了一系列操作方法及一个优化升级过的 Pregel API。另外，Spark GraphX 中包含一个快速增长的图形算法和图 Builders（构建器）的集合，可以用来简化图形分析任务。

6.1.3　Spark GraphX 的特性

Spark GraphX 图计算框架作为 Spark 技术栈生态的一部分，除了具备 Spark 本身的特性，还具备以下特性。

1．灵活性

Spark GraphX 适用于图形和计算。GraphX 在单个系统中统一了 ETL（提取、转换和加载）、探索性分析和迭代图计算。用户可以查看与图、集合相同的数据，使用 RDD 有效地转换和连接图，并使用 Pregel API 编写自定义迭代图算法。

2．速度快

Spark GraphX 提供了与最快的专业图形处理系统相当的性能，同时保留了 Spark 的灵活性、容错性和易用性。

3．不断增长的算法库

用户可以从 Spark GraphX 提供的不断增长的图算法库中选择合适的图算法来解决实际问题。比如，页面排名、连通分量、标签传播、SVD++、强连通分量和三角形计数等图算法。

循序渐进 6.2：掌握 GraphX 编程模型

在 6.1 节提到，在 Spark GraphX 中提供了核心数据抽象：弹性分布式属性图。通过该数据抽象可以完成复杂的图计算。其中，弹性分布式属性图是一个有向多重图，可以有多个平行边，并且每条边和顶点都有对应的自定义属性。

图 6-6 所示为 Spark 官方文档提供的属性图示例，该图构建了一个包含不同用户的属性图，属性图中拥有 Table 和 Graph 两种视图。Table 视图将图看作 Vertex Property Table（顶点属性表）和 Edge Property Table（表属性表）等的组合。其中，Vertex Property Table 包含用户信息，也就是图顶点的属性：用户名和职业；Edge Property Table 包含用户与用户之间的关系，也就是图顶点之间的关系。Graph 视图上包含属性图的相关操作。

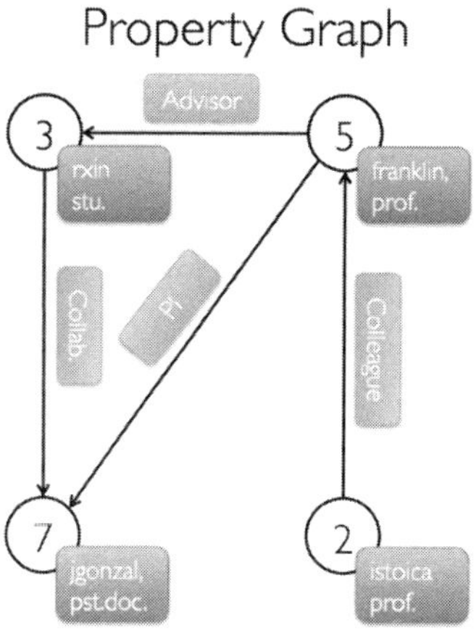

图 6-6　属性图

下面将从属性图的创建及基本操作入手，带领读者使用属性图完成图计算编程，从而帮助读者培养 Spark 持续发展能力。

6.2.1　属性图的构建

Spark GraphX 中通过引入弹性分布式属性图封装了 Spark RDD，使用 Graph 类表示图，并且提供了一系列操作方法实现图计算。属性图主要由 VertexRDD[VD] 和 EdgeRDD[ED] 构成，分别扩展和优化了 RDD[(VertexId, VD)] 和 RDD[Edge[ED]]，其中的专业名称释义如下。

（1）VertexRDD[VD]：提供了顶点的各种操作方法的对象，继承自 RDD[(VertexId, VD)]。

（2）EdgeRDD[ED]：提供了边的各种操作方法的对象，继承自 RDD[Edge[ED]]。

（3）RDD[(VertexId, VD)]：用于存放顶点的 RDD。每一个顶点由 VertexId 和 VD 两部分组成，VertexId 代表顶点 Id，VD 代表顶点属性。

（4）RDD[Edge[ED]]：用于存放 Edge 对象的 RDD。

（5）Edge：边对象。由 srcId（源顶点）、dstId（目标顶点）、attr（边属性）三部分组成，同时包含一些操作边的方法。

（6）Graph：Spark GraphX 提供的图操作入口类，可以通过该类完成图的创建操作及图的查询、转换等相关操作。

在 Spark GraphX 中，Graph 类是图计算的核心。Graph 类根据不同类型的输入数据，主要提供了属性图的 3 种创建方法，具体创建方法如表 6-1 所示。

表 6-1　属性图的 3 种创建方法

创建方法	解释
Graph(vertices:RDD[(VertexId,VD)],edges:RDD[Edge[ED]],defaultVertexAttr:VD)	根据存放顶点数据和边对象数据的 RDD 创建图
Graph.fromEdges(edges:RDD[Edge[ED]],defaultValue:VD)	根据存放边对象数据的 RDD 创建图，图的顶点由 RDD 中出现的所有顶点自动产生
Graph.fromEdgeTuples(rawEdges:RDD[(VertexId,VertexId)],defaultValue:VD)	将边的两个顶点数据构成一个 tuple 元组，随后借助该 tuple 元素组成的 RDD 构建图

1. 根据存放顶点数据和边对象数据的 RDD 构建图

Graph 类中提供了一个 apply 方法，可以借助顶点数据 RDD 和边对象数据 RDD 构建图。该方法需要传入 3 个参数。

（1）vertices:RDD[(VertexId,VD)]：存放顶点数据的 RDD。

（2）edges:RDD[Edge[ED]]：存放边对象（Edge）数据的 RDD。

（3）defaultVertexAttr:VD：可选参数，代表一个默认的顶点信息，当数据中出现顶点缺失时使用。

代码 6-1 所示为借助 apply 方法构建如图 6-6 所示的属性图。其中，顶点数据为用户，边对象数据为用户与用户之间的关系。

代码 6-1 根据顶点 RDD 与边对象 RDD 构建图

```
import org.apache.spark._
import org.apache.spark.graphx._
import org.apache.spark.rdd.RDD
//顶点 RDD 由顶点 Id 和顶尖属性组成。其中，顶点 Id 必须为 Long 类型
val vertices:RDD[(VertexId,(String,String))]=sc.parallelize(Array((
3L,("rxin", "student")),(7L,("jgonzal","postdoc")),(5L,("franklin",
"professor")),(2L,("istoica", "professor")))));
//边对象 RDD 由起始点 Id、终点 Id 和边的属性组成
val edges:RDD[Edge[String]]=sc.parallelize(Array(Edge(3L, 7L,
"collaborator"),Edge(5L,3L,"advisor"),Edge(2L,5L,"colleague"), Edge(5L, 7L,"pi")));
//定义默认顶点信息
val defaultVertex = ("spark graphx", "default");
//使用顶点 RDD、边对象 RDD、默认顶点信息构建图
val graph = Graph(vertices, edges, defaultVertex);
```

在 Spark Shell 交互式编程环境中执行上述代码，执行完成后查询构建完成的图 graph。图 6-7 所示为使用 Graph 类中的 vertices 属性查看顶点信息，使用 edges 属性查看边信息。

```
scala> graph.vertices.collect.foreach(println(_));
(5,(franklin,professor))
(2,(istoica,professor))
(3,(rxin,student))
(7,(jgonzal,postdoc))

scala> graph.edges.collect.foreach(println(_));
Edge(3,7,collaborator)
Edge(5,3,advisor)
Edge(2,5,colleague)
Edge(5,7,pi)
```

图 6-7 图信息的查看

2. 根据存放边对象数据的 RDD 构建图

Graph 类提供了一个 fromEdges 方法，可以通过存放边对象数据的 RDD 构建图。该方法需要传递两个参数。

（1）edges:RDD[Edge[ED]]：用于存放 Edge 边对象的 RDD。

（2）defaultValue:VD：顶点的默认属性值。该方法的顶点是自动产生的，因此需要设置顶点的默认属性值。

代码 6-2 所示为只借助边对象数据 RDD 构建上述的用户关系图。其中，顶点数据由边对

象中的顶点信息自动产生。

代码 6-2　根据边对象 RDD 构建图

```
import org.apache.spark._
import org.apache.spark.graphx._
import org.apache.spark.rdd.RDD
//边对象 RDD 由起始点 Id、终点 Id 和边的属性组成
val edges:RDD[Edge[String]]=sc.parallelize(Array(Edge(3L, 7L,
"collaborator"),Edge(5L,3L,"advisor"),Edge(2L,5L,"colleague"), Edge(5L, 7L,"pi")));
//顶点的默认属性信息
val defaultAttr =1L;
//使用边对象 RDD 和顶点的默认属性信息构建图
val graph1 = Graph.fromEdges(edges,defaultAttr);
```

　　在 Spark Shell 交互式编程环境中执行上述代码，执行完成后查询构建完成的图 graph1。图 6-8 所示为查询的图的顶点和边信息。

```
scala> graph1.vertices.collect.foreach(println(_))
(5,1)
(2,1)
(3,1)
(7,1)

scala> graph1.edges.collect.foreach(println(_))
Edge(3,7,collaborator)
Edge(5,3,advisor)
Edge(2,5,colleague)
Edge(5,7,pi)
```

图 6-8　图信息的查看

3. 根据边的两个顶点组成的二元组 RDD 构建用户关系图

　　Graph 类还提供了 fromEdgeTuples 方法，可以通过边的两个顶点组成的二元组 RDD 构建用户关系图。该方法与 fromEdges 方法类似，不同之处在于 fromEdges 方法包含边属性，fromEdgeTuples 方法不包含边属性。其中，fromEdgeTuples 方法至少需要传递以下两个参数。

　　（1）rawEdges:RDD[(VertexId,VertexId)]：由边的两个顶点组成的二元组 RDD。

　　（2）defaultValue:VD：顶点的默认属性值。边的默认属性值不需要设置，默认为 1。

　　代码 6-3 所示为借助边的两个顶点组成的二元组 RDD 构建用户关系图。其中，顶点数据由二元组中的顶点信息自动产生，顶点属性使用默认属性值填充，边属性用 1 填充。

代码 6-3　根据边的两个顶点组成的二元组 RDD 构建图

```
import org.apache.spark._
import org.apache.spark.graphx._
import org.apache.spark.rdd.RDD
//由边的两个顶点组成的二元组 RDD
val vertexTupleRDD:RDD[(VertexId,VertexId)]=sc.parallelize(Array((3L, 7L),
(5L,3L),(2L,5L),(5L, 7L)));
//顶点的默认属性信息
val defaultAttr =2L;
//使用二元组 RDD 和顶点的默认属性信息构建图
val graph2 = Graph.fromEdgeTuples(edges,defaultAttr);
```

　　在 Spark Shell 交互式编程环境中执行上述代码，执行完成后查询构建完成的图 graph2。

图 6-9 所示为查询的图的顶点和边信息。

```
scala> graph2.vertices.collect.foreach(println(_))
(5,2)
(2,2)
(3,2)
(7,2)

scala> graph2.edges.collect.foreach(println(_))
Edge(3,7,1)
Edge(5,3,1)
Edge(2,5,1)
Edge(5,7,1)
```

图 6-9 图信息的查看

6.2.2 图的查询操作

Spark GraphX 的 Graph 类中除了具备 6.2.1 节的图创建方法，还具备图的查询操作、数据与结构转换操作、关联与聚合操作等方法。本节重点对图的查询操作进行介绍。

Graph 类提供了图的基本信息查询操作和图的 3 种视图查询操作，具体操作如下。

1. 图的基本信息查询操作

在 Graph 类中提供了一些图的基本信息查询操作，如表 6-2 所示。图的基本信息查询操作包含顶点个数、边的数量、出度数（以当前顶点为起始点的边数量）、入度数（以当前顶点为终点的边数量）。

表 6-2 图的基本信息查询操作

操作	描述
numEdges:Long	查询边的数量，返回一个 Long 类型的结果
numVertices:Long	查询顶点个数，返回一个 Long 类型的结果
inDegrees: VertexRDD[Int]	查询图的入度数，返回一个 Int 类型 VertexRDD，包含每一个顶点的入度数
outDegrees: VertexRDD[Int]	查询图的出度数，返回一个 Int 类型 VertexRDD，包含每一个顶点的出度数

图 6-10 所示为查询基于代码 6-1 创建的用户关系图 graph 的顶点数、边数、顶点的入度数、顶点的出度数。

```
scala> graph.numEdges
res5: Long = 4

scala> graph.numVertices
res6: Long = 4

scala> graph.inDegrees.collect.foreach(println(_))
(5,1)
(3,1)
(7,2)

scala> graph.outDegrees.collect.foreach(println(_))
(5,2)
(2,1)
(3,1)
```

图 6-10 图的基本信息查询操作

2. 图的 3 种视图查询操作

在 Graph 类中，除了图的基本信息查询操作，还提供了如图 6-11（Spark GraphX 提供）

所示的 3 种视图信息，包括顶点视图（Vertices）、边视图（Edges）及三元组视图（Triplets）。

图 6-11 3 种视图信息

图的 3 种视图查询操作如表 6-3 所示。其中，顶点视图返回 VertexRDD[VD]对象，通过此对象可以查看顶点的信息，包括顶点 Id 和顶点属性。边视图返回 EdgeRDD[ED]对象，通过此对象可以查看边的起点 Id、目标点 Id 和边属性。三元组视图返回 RDD[EdgeTriplet[VD, ED]]对象，EdgeTriplet 类继承于 Edge 类，并加入了 srcAttr（起点属性）和 dstAttr（目标点属性），通过此对象可以查看完整的边和顶点的所有信息。

表 6-3 图的 3 种视图查询操作

操作	描述
vertices: VertexRDD[VD]	查询顶点视图，返回 VertexRDD[VD]
edges: EdgeRDD[ED]	查询边视图，返回 EdgeRDD[ED]
triplets: RDD[EdgeTriplet[VD, ED]]	查询三元组视图，返回 RDD[EdgeTriplet[VD, ED]]

图 6-12 所示为查询基于代码 6-1 创建的用户关系图 graph 的顶点视图、边视图和三元组视图。其中，这 3 种视图可以通过 collect 方法返回视图的信息。

```
scala> graph.vertices.collect.foreach(println(_))
(5,(franklin,professor))
(2,(istoica,professor))
(3,(rxin,student))
(7,(jgonzal,postdoc))

scala> graph.edges.collect.foreach(println(_))
Edge(3,7,collaborator)
Edge(5,3,advisor)
Edge(2,5,colleague)
Edge(5,7,pi)

scala> graph.triplets.collect.foreach(println(_))
((3,(rxin,student)),(7,(jgonzal,postdoc)),collaborator)
((5,(franklin,professor)),(3,(rxin,student)),advisor)
((2,(istoica,professor)),(5,(franklin,professor)),colleague)
((5,(franklin,professor)),(7,(jgonzal,postdoc)),pi)
```

图 6-12 3 种视图的查询

虽然了解了 Spark GraphX 中图的基本概念、创建和基本的查询操作，但此时还不能用图来进行计算。用户还需要掌握 Spark GraphX 中关于图的相关操作方法，在 6.2.3 节和 6.2.4 节中将重点介绍图的相关操作。

6.2.3 图的数据与结构转换操作

Spark GraphX 中允许用户对图的数据与结构进行改变从而生成一个新的图，这两种操作被称为转换操作。这些转换操作方法都被定义在 Graph 类中，下面将详细介绍图的转换操作。

1. 图的数据转换操作

Spark GraphX 中允许用户对图的顶点属性、边属性等进行转换得到一个新的图结构数据。表 6-4 所示为 Graph 类中常见的图的数据转换方法。

表 6-4 Graph 类中常见的图的数据转换方法

数据转换方法	解释
mapVertices (map: (VertexId, VD) => VD2): Graph[VD2, ED]	对图中的每一个顶点进行 map 操作生成新的图。生成的新图中顶点 Id 不变，顶点的属性值或顶点属性类型发生改变
mapEdges (map: Edge[ED] => ED2): Graph [VD, ED2]	对图中的每一个边进行 map 操作生成新的图。新图边的属性值和边的属性类型改变
mapTriplets (map:EdgeTriplet [VD, ED] => ED2): Graph[VD, ED2]	对图中的每个三元组进行 map 操作生成新的图，但是只能修改边的属性

1）mapVertices 数据转换操作

通过 mapVertices 方法可以对图中的每一个顶点进行 map 操作，该方法需要传入一个函数对图的每一个顶点的属性值或顶点的属性类型进行修改并生成一个新的图。新图的顶点与边数据不会发生任何变化。如图 6-13 所示，在代码 6-1 生成的用户关系图中，每一个顶点具备两个顶点属性，通过 mapVertices 数据转换操作保留顶点的第 2 个属性值并生成一个新的图。

```
scala> val newGraph = graph.mapVertices((vId,vattrs)=>vattrs._2);
newGraph: org.apache.spark.graphx.Graph[String,String] = org.apache.spark.graph
x.impl.GraphImpl@5cc85ffc

scala> newGraph.vertices.collect.foreach(println(_))
(5,professor)
(2,professor)
(3,student)
(7,postdoc)
```

图 6-13　mapVertices 数据转换操作

2）mapEdges 数据转换操作

通过 mapEdges 方法可以对图中的每一个边进行 map 操作，该方法需要传入一个函数对图的每一个边的属性值或边的属性类型进行修改并生成一个新的图。新图的边方向、顶点与顶点数据不会发生任何变化。如图 6-14 所示，将代码 6-1 生成的用户关系图中的每一个边的属性值更改为边的起始点并生成一个新的图。

```
scala> val newGraph = graph.mapEdges(edge=>edge.srcId);
newGraph: org.apache.spark.graphx.Graph[(String, String),org.apache.spark.graph
x.VertexId] = org.apache.spark.graphx.impl.GraphImpl@55a72c9e

scala> newGraph.edges.collect.foreach(println(_))
Edge(3,7,3)
Edge(5,3,5)
Edge(2,5,2)
Edge(5,7,5)
```

图 6-14　mapEdges 数据转换操作

3）mapTriplets 数据转换操作

通过 mapTriplets 方法可以对图的每一个边进行 map 操作，该方法与 mapEdges 方法类似，不同之处在于 mapEdges 计算函数中的输入参数只有边对象数据，而 mapTriplets 计算函数中的输入参数包含顶点与边数据的三元组。mapTriplets 方法允许用户将顶点属性应用到新图的边属性。如图 6-15 所示，将代码 6-1 生成的用户关系图中的每一个边的属性值更改为边的起始顶点与目标顶点的第 1 个顶点属性值。

```
scala> val newGraph = graph.mapTriplets(triplet=>triplet.srcAttr._1+"-"+triplet
.dstAttr._1);
newGraph: org.apache.spark.graphx.Graph[(String, String),String] = org.apache.s
park.graphx.impl.GraphImpl@f9a82ac

scala> newGraph.edges.collect.foreach(println(_))
Edge(3,7,rxin-jgonzal)
Edge(5,3,franklin-rxin)
Edge(2,5,istoica-franklin)
Edge(5,7,franklin-jgonzal)
```

图 6-15　mapTriplets 数据转换操作

2. 图的结构转换操作

Spark GraphX 也允许用户对图的结构进行转换操作来生成一个新的图。表 6-5 所示为 Graph 类中常见的图的结构转换方法。

表 6-5　Graph 类中常见的图的结构转换方法

结构转换方法	解释
reverse: Graph[VD, ED]	将图中的所有边方向反转生成新的图
subgraph(epred: EdgeTriplet[VD, ED] => Boolean = (x => true), vpred: (VertexId, VD) => Boolean = ((v, d) => true)): Graph[VD, ED]	保留满足条件的顶点与边数据并生成该图的子图
mask (other: Graph[VD2, ED2]): Graph[VD, ED]	将当前图与另一张图的公共顶点和公共边取出并生成新的图，如果另一张图中的属性与当前图的属性不同，那么仅保留当前图的属性
groupEdges(merge: (ED, ED) => ED): Graph[VD, ED]	将同一个图中多重边的属性值合并生成新的图，并保证两个顶点之间的同一方向的边只有一条

1）reverse 结构转换操作

reverse 结构转换操作会将当前图的所有边方向反转生成新的图，顶点与边属性不会被改变。如图 6-16 所示，将代码 6-1 生成的用户关系图的边方向反转生成新的图。

```
scala> graph.edges.collect.foreach(println(_))
Edge(3,7,collaborator)
Edge(5,3,advisor)
Edge(2,5,colleague)
Edge(5,7,pi)

scala> val newGraph = graph.reverse;
newGraph: org.apache.spark.graphx.Graph[(String, String),String] = org.apache.s
park.graphx.impl.GraphImpl@7f4e0b0c

scala> newGraph.edges.collect.foreach(println(_))
Edge(7,3,collaborator)
Edge(3,5,advisor)
Edge(5,2,colleague)
Edge(7,5,pi)
```

图 6-16　reverse 结构转换操作

2）subgraph 结构转换操作

subgraph 结构转换操作用于获取一张图的子图，子图的顶点与边数据均来源于某一张图。在 subgraph 方法中需要传入两个函数，第一个函数是用于过滤边数据的函数，第二个函数是用于过滤顶点数据的函数。将满足条件的顶点和边数据构建为新的图。如图 6-17 所示，代码 6-1 生成的用户关系图中保留第 2 个顶点属性为 "student" 或 "professor" 的顶点信息，同时只保留边属性为 "advisor" 的边数据信息。

```scala
scala> val newGraph = graph.subgraph(epred=>epred.attr.equals("advisor"),(vid,a
ttr)=>attr._2.equals("student")||attr._2.equals("professor"));
newGraph: org.apache.spark.graphx.Graph[(String, String),String] = org.apache.s
park.graphx.impl.GraphImpl@7b21879f

scala> newGraph.edges.collect.foreach(println(_))
Edge(5,3,advisor)

scala> newGraph.vertices.collect.foreach(println(_))
(5,(franklin,professor))
(2,(istoica,professor))
(3,(rxin,student))
```

图 6-17　subgraph 结构转换操作

3）mask 结构转换操作

mask 结构转换操作会将当前图与其他图的相同顶点和边信息数据保留生成新的图，如果两张图的顶点属性和边属性不一致，那么仅保留当前图的顶点与边属性信息。图 6-18 所示为代码 6-1 创建的用户关系图与图 6-17 的用户关系子图进行 mask 结构转换操作后的结果。

```scala
scala> val commonGraph = graph.mask(newGraph);
commonGraph: org.apache.spark.graphx.Graph[(String, String),String] = org.apach
e.spark.graphx.impl.GraphImpl@732e21c9

scala> commonGraph.edges.collect.foreach(println(_))
Edge(5,3,advisor)

scala> commonGraph.vertices.collect.foreach(println(_))
(5,(franklin,professor))
(2,(istoica,professor))
(3,(rxin,student))
```

图 6-18　mask 结构转换操作

4）groupEdges 结构转换操作

groupEdges 结构转换操作会将同一个图中的有向多重边进行合并，并保证同一个起始顶点与目标顶点的边数据只有一条。但需要注意的是，如果重复边不在同一分区，则该操作无效。

为了保证该操作一定有效，用户在合并相同边之前，需要对图进行 partitionBy 分区操作，并指定分区策略为 PartitionStrategy.RandomVertexCut，该分区策略代表将相同的边分配到同一个分区。如图 6-19 所示，创建一个有向多重的用户关系图。其中，顶点 3 与顶点 7 之间存在两条重复边，借助 groupEdges 方法将两条重复边及边属性值合并。

以上是 Spark GraphX 中常用的图的数据转换操作与结构转换操作，通过转换操作用户可以对创建的图属性进行过滤、合并等相关操作，进而达到图计算的效果。

```
scala> import org.apache.spark._;import org.apache.spark.graphx._;import org.ap
ache.spark.rdd.RDD
import org.apache.spark._
import org.apache.spark.graphx._
import org.apache.spark.rdd.RDD

scala> val edges = sc.parallelize(Array(Edge(3L, 7L,"collaborator"),Edge(3L,7L,
"advisor"),Edge(2L,5L,"colleague")));
edges: org.apache.spark.rdd.RDD[org.apache.spark.graphx.Edge[String]] = Paralle
lCollectionRDD[84] at parallelize at <console>:59

scala> val mulGraph = Graph.fromEdges(edges,1L);
mulGraph: org.apache.spark.graphx.Graph[Long,String] = org.apache.spark.graphx.
impl.GraphImpl@3a45de41

scala> val newGraph = mulGraph.partitionBy(PartitionStrategy.RandomVertexCut).g
roupEdges((attr1,attr2)=>attr1+attr2);
newGraph: org.apache.spark.graphx.Graph[Long,String] = org.apache.spark.graphx.
impl.GraphImpl@42d74143

scala> newGraph.edges.collect.foreach(println(_))
Edge(3,7,collaboratoradvisor)
Edge(2,5,colleague)
```

图 6-19　groupEdges 结构转换操作

6.2.4　图的关联与聚合操作

Spark GraphX 中还提供了图的关联与聚合操作，关联操作可以将外部数据加入图中，聚合操作可以向指定顶点发送消息并将数据聚集。如表 6-6 所示，aggregateMessages 方法为聚合操作方法，joinVertices 方法和 outerJoinVertices 方法为关联操作方法。

表 6-6　图的关联与聚合操作方法

关联与聚合操作方法	解释
aggregateMessages[MsgL:ClassTag](sendMsg: EdgeContext[VD, ED, A] => Unit,mergeMsg: (A, A) => A, tripletFields: TripletFields = TripletFields.All): VertexRDD[A]	向指定顶点发送消息，并聚合收到的消息
joinVertices(table:RDD[(VertexId,U)])(mapFunc:　(VertexId, VD, U) => VD): Graph[VD, ED]	将原图的顶点信息和输入的顶点 RDD 进行关联，返回一个新的图。新图的顶点属性的个数和类型保持不变；在 mapFunc 方法中，可以使用原来的图的顶点属性和输入的 RDD 的顶点属性 U 来计算新的顶点属性
outerJoinVertices(other: RDD[(VertexId, U)])(mapFunc: (VertexId, VD, Option[U]) => VD2)	与 joinVertices 方法类似，但在 mapFunc 方法中可以修改原图中顶点属性的个数与类型

下面将详细介绍这 3 个方法。在开始介绍前，首先需要构建一个用户追随关系图用于操作演示。如代码 6-4 所示，根据用户顶点数据与用户追随者边数据构建的用户追随关系图。其中，用户顶点数据包括用户顶点 Id、用户顶点属性、用户姓名与用户年龄；用户追随者边数据包括起点 Id、目标点 Id 和边属性。

代码 6-4　创建用户追随关系图

```
import org.apache.spark._
import org.apache.spark.graphx._
import org.apache.spark.rdd.RDD
val
vertices:RDD[(VertexId,(String,Int))]=sc.parallelize(Array((1L,("rxin",45)),(2L,("jgonz
```

```
al",
46)),(3L,("franklin",50)),(4L,("istoica",48)),(5L,("lisa", 55))));
val edges=sc.parallelize(Array(Edge(5L, 3L,"follower"),Edge(5L,1L,"follower"),Edge(2L,
1L,"follower"), Edge(3L, 2L,"follower"),Edge(3L, 4L,"follower")));
val followerGraph = Graph(vertices, edges);
```

在 Spark Shell 交互式编程环境中运行上述代码，得到如图 6-20 所示的用户追随关系图的三元组视图。

```
scala> followerGraph.triplets.collect.foreach(println(_));
((5,(lisa,55)),(3,(franklin,50)),follower)
((5,(lisa,55)),(1,(rxin,45)),follower)
((2,(jgonzal,46)),(1,(rxin,45)),follower)
((3,(franklin,50)),(2,(jgonzal,46)),follower)
((3,(franklin,50)),(4,(istoica,48)),follower)
```

图 6-20　用户追随关系图的三元组视图

1. aggregateMessages 聚合操作方法

在图计算中经常需要汇总每个顶点附近的顶点信息，Spark GraphX 提供了一个聚合操作方法 aggregateMessages。该方法可以向其他顶点发送消息，在目标顶点聚合收到的消息后，最终返回一个 VertexRDD[A]类型的数据。该方法需要 3 个参数，参数解释如下。

（1）sendMsg 函数：用于向邻边发送消息。函数左侧为一个三元组，包含边的起点 Id、目标点 Id、边属性、起点属性及目标点属性，函数右侧为发送到的目标顶点及发送的消息。

（2）mergeMsg 函数：用于合并 sendMsg 函数发送到每一个顶点的消息。

（3）TripletFields 参数：该参数为可选项，代表哪些数据可以被访问，有 3 种可选值，分别为 TripletFields.Src、TripletFields.Dst、TripletFields.All（默认值），分别表示起点顶点特征可被访问、目标顶点特征可被访问、两者皆可被访问。

如图 6-21 所示，获取用户追随关系图中每个用户的追随者的平均年龄。通过 sendMsg 函数对每一个目标点发送起点中的第 2 个属性值用户年龄，并发送一个追随者计数值 1，在 mergeMsg 函数中合并用户年龄及追随者数量，最后对得到的返回结果进行除法运算从而得到用户追随者的平均年龄。

```
scala> val followerTotalAgeAndCount = followerGraph.aggregateMessages[(Int,Int)
](triplet=>triplet.sendToDst((1,triplet.srcAttr._2)),(msgA,msgB)=>(msgA._1+msgB
._1,msgA._2+msgB._2),TripletFields.All);
followerTotalAgeAndCount: org.apache.spark.graphx.VertexRDD[(Int, Int)] = Verte
xRDDImpl[153] at RDD at VertexRDD.scala:57

scala> val avgAge = followerTotalAgeAndCount.mapValues((a,value)=> value match
{case (count,totalAge)=>totalAge/count.toDouble})
avgAge: org.apache.spark.graphx.VertexRDD[Double] = VertexRDDImpl[155] at RDD a
t VertexRDD.scala:57

scala> avgAge.collect.foreach(println(_))
(4,50.0)
(1,50.5)
(2,50.0)
(3,55.0)
```

图 6-21　aggregateMessages 聚合操作方法

2. joinVertices 关联操作方法

joinVertices 关联操作方法会将原图的顶点信息和输入的顶点 RDD 进行关联，返回一个新的图。新图的顶点属性的个数和类型保持不变。如图 6-22 所示，通过 aggregateMessages 聚合操作方法将每个起点发送 1 给目标顶点，用于计算用户的追随者人数，然后通过 joinVertices 关联操作方法将追随者人数拼接到关联顶点的用户姓名属性中。

```
scala> val input = followerGraph.aggregateMessages[Int](triplet=>triplet.sendTo
Dst(1),(x,y)=>(x+y),TripletFields.All);
input: org.apache.spark.graphx.VertexRDD[Int] = VertexRDDImpl[159] at RDD at Ve
rtexRDD.scala:57

scala> val result = followerGraph.joinVertices(input){case(vid,(name,age),input
)=>(name+"-"+input,age)}
result: org.apache.spark.graphx.Graph[(String, Int),String] = org.apache.spark.
graphx.impl.GraphImpl@78e10a4a

scala> result.vertices.collect.foreach(res=>println(res))
(4,(istoica-1,48))
(1,(rxin-2,45))
(5,(lisa,55))
(2,(jgonzal-1,46))
(3,(franklin-1,50))
```

图 6-22　joinVertices 关联操作方法

3. outerJoinVertices 关联操作方法

outerJoinVertices 关联操作方法与 joinVertices 关联操作方法类似，但是前者可以改变原图中顶点属性的类型和个数。如图 6-23 所示，将通过 aggregateMessages 聚合操作方法统计的用户追随者的总人数添加到对应用户顶点的属性中。

```
scala> val input = followerGraph.aggregateMessages[Int](triplet=>triplet.sendTo
Dst(1),(x,y)=>(x+y),TripletFields.All);
input: org.apache.spark.graphx.VertexRDD[Int] = VertexRDDImpl[187] at RDD at Ve
rtexRDD.scala:57

scala> val result = followerGraph.outerJoinVertices(input){case(vid,(name,age),
Some(count))=>(name,age,count);case(vid,(name,age),None)=>(name,age,0);}
result: org.apache.spark.graphx.Graph[(String, Int, Int),String] = org.apache.s
park.graphx.impl.GraphImpl@491f73ed

scala> result.vertices.collect.foreach(res=>println(res))
(4,(istoica,48,1))
(1,(rxin,45,2))
(5,(lisa,55,0))
(2,(jgonzal,46,1))
(3,(franklin,50,1))
```

图 6-23　outerJoinVertices 关联操作方法

通过图的关联操作与聚合操作可以实现很多强大的图计算功能，也正是因为 Spark GraphX 提供的转换操作、关联操作与聚合操作，才使得用户可以以很低的学习成本快速上手图计算，并通过图计算来解决实际场景中的问题。

实战演练 6.3：构建用户购物行为网络并分析用户行为

在电商购物网站中，用户的购物浏览行为数据是至关重要的。通过分析用户购物行为可以挖掘潜在用户的价值，对不同价值的用户实现精准营销，可以提高用户的忠诚度和依赖度，进而提高用户的成功购买率、用户的成交转化率，最终提高商家的利润。本节以电商网站用户购物行为数据为基础，基于前两节所学的 Spark GraphX 图计算知识构建用户的购物行为网络，并借助相关图操作实现用户购物行为网络的构建、商品的用户购物行为次数排名、用户不同购物行为次数统计等功能。本节通过项目实战，帮助读者培养 Spark 图计算实践能力。

6.3.1 用户购物行为网络的构建

本节选取了 100 万条电商网站的用户购物行为数据，用于进行用户购物行为网络的构建与分析。笔者已将数据集文件 userShoppingBehavior.txt 放入书籍附件资料中，读者可以自行下载。图 6-24 所示为部分数据集，文件中的一行数据代表用户的一次购物行为，每行数据都是由空格分隔的 4 个字段组成的。从左到右 4 个字段依次代表用户编号、商品编号、商品分类编号及购物行为。其中，购物行为字段有 4 个取值，分别为 click、buy、cart、collect，分别代表点击行为、购买行为、加购物车行为和收藏行为。

```
100 4572582 2188684 click
100 2971043 4869428 click
100 2379198 4869428 click
100 2971043 4869428 click
100 1220136 4869428 click
100 2518420 3425094 click
100 3763048 3425094 click
100 2518420 3425094 click
100 1953042 3425094 click
```

图 6-24　部分用户购物行为数据

将用户购物行为数据集文件上传至 HDFS 的/sparkgraphx/project 路径下。随后以用户编号为起点、商品编号为目标点、购物行为为边属性，借助 Graph.fromEdges 方法构建用户购物行为网络图，具体实现如代码 6-5 所示。

代码 6-5　用户购物行为网络图的构建

```
import org.apache.spark._
import org.apache.spark.graphx._
import org.apache.spark.rdd.RDD
//加载文件数据成为 RDD
val rdd =
sc.textFile("hdfs://node1:9000/sparkgraphx/project/userShoppingBehavior.txt");
//构建边对象 RDD。其中，边对象以用户编号为起点、商品编号为目标点、购物行为为边属性
val edges: RDD[Edge[String]] = rdd.map(line =>{val array = line.split(" ");
Edge(array(0).
toLong, array(1).toLong, array(3))})
val graph= Graph.fromEdges(edges,1L)
```

构建的部分用户购物行为网络的三元组视图数据如图 6-25 所示。

```
scala> val graph= Graph.fromEdges(edges,1L)
graph: org.apache.spark.graphx.Graph[Long,String] = org.apache.spark.graphx.imp
l.GraphImpl@67e3839b

scala> graph.triplets.take(10)
res1: Array[org.apache.spark.graphx.EdgeTriplet[Long,String]] = Array(((1,1),(4
6259,1),click), ((1,1),(46259,1),click), ((1,1),(79715,1),click), ((1,1),(23038
0,1),click), ((1,1),(266784,1),click), ((1,1),(266784,1),click), ((1,1),(271696
,1),click), ((1,1),(568695,1),click), ((1,1),(818610,1),click), ((1,1),(929177,
1),click))
```

图 6-25　部分用户购物行为网络的三元组视图数据

用户购物行为网络图构建成功后，就可以使用 Spark GraphX 提供的图相关操作完成用户

购物行为的分析。

6.3.2　商品的用户购物行为次数排名

通过用户的点击购物行为可以统计每个商品的购买行为次数，实现商品的受欢迎程度排名，为电商网站的用户商品推荐提供支撑。

在构建的用户购物行为网络图 **graph** 中，顶点数据集由用户编号与商品编号构成。其中，边方向均是由用户顶点指向商品顶点，边属性由用户的购物行为构成。如果要统计商品的用户购买行为次数，只需统计每个顶点的入度数即可。代码 6-6 所示为统计商品的用户购买行为次数大于 100 的商品编号排名。

代码 6-6　统计商品的用户购买行为次数大于 100 的商品编号排名

```
var resultRDD =
graph.inDegrees.filter(tuple=>tuple._2>100).repartition(1).sortBy(tuple=>
tuple._2)
resultRDD.saveAsTextFile("hdfs://node1:9000/sparkgraphx/project/goodsRank")
```

先通过 inDegrees 统计每个顶点的入度数，然后将顶点入度数小于 100 的数据舍弃，最后将保留数据按照顶点入度数进行排名，并输入到 HDFS 中存储。图 6-26 所示为统计的部分结果。

```
[root@node1 ~]# hdfs dfs -cat /sparkgraphx/project/goodsRank/part-00000
(3836557,101)
(4336726,103)
(3529591,103)
(3077270,104)
(1402604,104)
(4622270,105)
(2167765,105)
(1459442,108)
(1962765,108)
(2783905,110)
(1951985,111)
(2931524,112)
(1444258,113)
```

图 6-26　部分商品的用户购买行为次数排名结果

通过商品的用户购买行为次数排名，可以统计用户关注度较高的商品信息，从而为电商网站的营销决策、商品推荐等提供数据支撑。

6.3.3　用户不同购物行为次数统计

在 6.3.1 节中提到，用户对商品的购物行为分为 click、buy、cart、collect 这 4 种情况，分别代表用户的点击行为、购买行为、加购物车行为和收藏行为。通过构建的用户购物行为网络图可以统计用户的不同购物行为次数，为分析每个用户的购物习惯提供支撑。代码 6-7 所示为统计每个用户的购物行为次数。

代码 6-7　统计每个用户的购物行为次数

```
val resultRDD = graph.aggregateMessages[(Long,Long,Long,Long)](triplet => {
    val behavior: String = triplet.attr;
    val clickNum = if (behavior.contains("click")) 1L else 0L;
    val buyNum = if (behavior.contains("buy")) 1L else 0L;
    val cartNum = if (behavior.contains("cart")) 1L else 0L;
    val collectNum = if (behavior.contains("collect")) 1L else 0L;
```

```
     triplet.sendToSrc((clickNum,buyNum,cartNum,collectNum))
  }, (msgA, msgB) => (msgA._1 + msgB._1, msgA._2 + msgB._2, msgA._3 + msgB._3, msgA._4
+ msgB._4), TripletFields.All)
resultRDD.repartition(1).saveAsTextFile("hdfs://node1:9000/sparkgraphx/project/userBeha
viorCount")
```

借助 aggregateMessages 聚合操作方法向用户购物行为网络图的顶点发送一个四元组信息数据，边的起点即为用户编号。其中，先使用 aggregateMessages 聚合操作方法的 sendMsg 函数对每一个起点发送一个四元组数据，四元组数据分别代表用户的 4 种购物行为的计数值 1 或 0，然后在 mergeMsg 函数中合并汇总用户的 4 种购物行为次数，最后将汇总的用户购物行为次数结果保存至 HDFS 的 sparkgraphx/project/userBehaviorCount 路径下。图 6-27 所示为部分用户 4 种购物行为次数的汇总结果。

```
[root@node1 ~]# hdfs dfs -cat /sparkgraphx/project/userBehaviorCount/part-00000
(107756,(31,2,2,0))
(117612,(22,1,8,0))
(106814,(145,1,3,0))
(123530,(144,3,9,1))
(126402,(147,0,5,0))
(102142,(264,0,3,43))
(120836,(205,0,13,0))
(127954,(23,1,0,7))
(114974,(8,1,1,1))
(10642,(84,1,0,5))
(125022,(89,0,20,0))
(10240,(199,2,10,0))
(1005638,(11,0,1,0))
(110040,(101,0,22,0))
(1015998,(142,0,17,0))
(121076,(42,1,0,6))
(113690,(27,3,0,0))
(1001186,(222,4,5,4))
```

图 6-27　部分用户 4 种购物行为次数的汇总结果

其中，第一个数据表示用户编号，括号内的 4 位数据依次表示用户的点击行为次数、用户的购买行为次数、用户的加购物车行为次数及用户的收藏行为次数。

归纳总结

本章共分为 3 节，详细为读者介绍了 Spark GraphX。第 1 节从全局让读者认知图计算的概念及 Spark GraphX 的概念和特性。第 2 节将理论与实践相结合，为读者介绍了 Spark GraphX 的核心编程模型及基本操作。第 3 节通过项目实战既展示了 Spark GraphX 在实际生产环境中的应用，又巩固了读者前两节所学的理论知识。本章将理论与实践相结合，帮助读者扩展 Spark 图计算的实操能力，同时培养读者的 Spark 职业发展能力。

勤学苦练

1.【实战任务 1】以下属于图计算的数据抽象的是（　　　）。

A．DataFrame　　　　　　　　　　　B．Dataset

C．DStream　　　　　　　　　　　　D．Graph

2.【实战任务 1】在 Spark 的软件栈中，用于图计算的是（　　　）。

A．Spark SQL

B．Spark MLlib

C．Spark GraphX

D．Spark Streaming

3.【实战任务 2】Spark GraphX 中 EdgeRDD 继承自（　　　）。

A．EdgeRDD

B．RDD[Edge]

C．VertexRDD[VD]

D．RDD[(VertexId,VD)]

4.【实战任务 2】Spark GraphX 中（　　）是完整提供边的各种操作的类。

A．RDD[Edge]

B．EdgeRDD

C．RDD[(Vertexld, VD)]

D．VertexRDD

5.【实战任务 2】Spark GraphX 中 VertexRDD[VD]继承自（　　　）。

A．EdgeRDD

B．RDD[Edge]

C．VertexRDD[VD]

D．RDD[(Vertexld, VD)]

6.【实战任务 2】Spark GraphX 中（　　）是存放着 Edge 对象的 RDD。

A．RDD[Edge]

B．EdgeRDD

C．RDD[(Vertexld,VD)]

D．VertexRDD

7.【实战任务 3】Spark GraphX 中 Graph 类的 reverse 方法可以（　　　）。

A．反转图中所有边的方向

B．按照设定条件取出子图

C．取两个图的公共顶点和边作为新图，并保持前一个图顶点与边的属性

D．合并边相同的属性

8.【实战任务 3】Spark GraphX 中 graph.triplets 可以得到（　　　）。

A．顶点视图

B．边视图

C．顶点与边的三元组整体视图

D．有向图

9.【实战任务 3】Spark GraphX 中 graph.edges 可以得到（　　　）。

A．顶点视图

B．边视图

C．顶点与边的三元组整体视图

D．有向图

10.【实战任务 3】Spark GraphX 中（　　）方法可以查询顶点信息。

A．numVertices

B．numEdges

C．vertices

D．edges

11.【实战任务 1】Spark 图计算的产品是（　　　）。

A．GraphX

B．Pegel

C．Flume

D．PowerGraph

12.【实战任务 2】Spark GraphX 哪个视图包含图的所有信息？（　　　）

A．顶点视图

B．边视图

C．三元组视图

D．以上均不是

13. 【实战任务 2】以下哪个操作可以将图的方向反转？（　　　）

   A．reverse
            B．subgraph

   C．mapEdges
          D．mask

14. 【实战任务 2】GraphX 中（　　　）方法可以查询度数。

   A．degrees
            B．degree

   C．vertices
            D．edges

15. 【实战任务 1】对 GraphX 描述正确的是（　　　）。（多选）

   A．GraphX 是一种基于内存的分布式的图计算框架与图计算库

   B．GraphX 中引入了弹性分布式属性图

   C．GraphX 实现了表视图与图视图的统一

   D．GraphX 提供了丰富的 Pregel API 用于实现经典的图计算算法

第7章

职业发展能力培养：进阶 Spark MLlib 算法库

实战任务

1. 熟悉并能讲述机器学习的基本概念，掌握机器学习算法分类。
2. 掌握 Spark 的 MLlib 机器学习库，掌握 MLlib 的数据类型。
3. 掌握 MLlib 中常用的机器学习算法，掌握 MLlib 中协同过滤算法的使用。

项目背景

推荐系统是互联网快速发展（特别是移动互联网）之后的产物，随着用户规模的爆炸式增长及供应商提供的物品种类越来越多，用户身边充斥了大量的信息，这时，推荐系统就有了用武之地。推荐系统本质上是在用户需求不明确的情况下，从海量的信息中为用户寻找其感兴趣的信息的技术手段。推荐系统结合用户的信息（地域、年龄、性别等）、物品信息（价格、产地等）及用户过去对物品的行为（是否购买、是否点击、是否播放等），利用机器学习技术构建用户兴趣模型，为用户提供精准的个性化推荐。本章通过实战演练实现商品智能推荐，培养读者的职业发展能力。

能力地图

本章通过 Spark MLlib 概述、机器学习和常用机器学习算法的介绍，以及 MLlib 机器学习库和协同过滤算法的使用方法，帮助读者完成职业发展能力的培养，具体的能力培养地图如图 7-1 所示。

图 7-1　职业发展能力培养地图

新手上路 7.1：初识 Spark MLlib

MLlib 是 Spark 官方提供的机器学习库，其目标是使机器学习具有扩展性和易用性。MLlib 由一些通用的学习算法和工具组成，包括分类、回归、聚类、协同过滤、降维等，还包括底层的优化原语和高层的管道 API。本节通过 Spark MLlib 的讲解，培养读者的机器学习及 Spark MLlib 认知能力和理论扩展能力。

7.1.1　什么是机器学习

机器学习是一种概念，是人工智能近几年来最重要的发展之一。机器学习是指机器会自己学习东西，机器可以直接从经验或数据中学习如何处理复杂的任务。

在机器学习中，通过算法构建出模型，并对模型进行评估。评估的性能如果能达到要求，就使用该模型来测试其他的数据；如果达不到要求，就需要调整算法来重新构建模型，再进行评估，如此循环，最终获得满意的经验来处理其他的数据。

由于技术和存储单元的限制，传统的机器学习只能使用少量的数据进行，使用的基本都是抽样数据，在实际操作过程中，往往会有一系列问题，导致构建的模型不是很准确，在测试数据过程中得到的结果也不是很准确。但是，随着大数据技术的飞速发展，以及 HDFS 等分布式文件系统的出现，存储海量的数据已经成为现实，在海量的数据基础上进行机器学习也成为可能。Hadoop 在分布平台和运行处理海量数据方面功能强大，在 Hadoop 中也有一些机器学习的框架，如 Mahout，但 Mahout 是基于 MapReduce 计算框架的，在进行机器学习计算时非常耗时和消耗磁盘 I/O。在通常情况下，机器学习、参数学习的过程都是迭代计算的，显然，MapReduce 是不适合处理迭代算法的。

在大数据机器学习中，需要处理海量数据并进行大量的迭代计算，这就要求机器学习平台具备强大的数据处理能力。Spark 立足于内存计算，减少了 I/O 消耗的时间，在数据分析时速度快，适合迭代式计算。但即便如此，机器学习对大部分开发者来说，实现分布式机器学习算法仍然是一件极具挑战的事情。因此，Spark 给开发者提供了一个基于海量数据的机器学习库，开发者只需要有 Spark 基础并了解机器学习算法的原理及方法相关参数的含义，就可以轻松地通过调用相应的 API 来实现基于海量数据的机器学习过程。

目前，机器学习已经成功应用到很多领域。例如，金融领域：检测信用卡欺诈、证券市场分析等；互联网领域：自然语言处理、语音识别、语言翻译、搜索引擎、广告推广、邮件的反垃圾过滤系统等；医学领域：医学诊断等；自动化及机器人领域：无人驾驶、图像处理、信号处理等；生物领域：人体基因序列分析、蛋白质结构预测、DNA 序列测序等；游戏领域：游戏战略规划等；新闻领域：新闻推荐系统等；刑侦领域：潜在犯罪预测等。

7.1.2　机器学习算法

机器学习已经应用到很多领域，常见的机器学习算法主要分为以下几类。

1）分类算法

给定了非连续（离散）的属性值，通过一定的逻辑将样本进行归类。常见的分类算法有 SVM、SGD、贝叶斯、Ensemble、KNN 等。

2）回归算法

产生连续的结果，通常是一条回归曲线，和分类问题相似。常见的回归算法有 SVM、SGD、Ensemble 等。

3）聚类算法

没有给定属性值，通过一定的标准将样本划分为不同的集合，同一集合内样本相似，不同集合样本相异。常见的聚类算法有 k-means（K-均值）、GMM（高斯混合模型）等。

4）降维算法

用维数更低的子空间表示原来高维的特征空间。常见的降维算法有 PCA、LDA、LLE 等。

7.1.3　Spark 机器学习库 MLlib

MLlib 是基于 Spark Core 的机器学习库，具有 Spark 的优点，并且 MLlib 底层经过优化，比常规代码的执行效率更高，实现了多种机器学习的算法。

MLlib 由一些统一的学习算法和工具组成，同时包含底层的优化原语和高层的管道 API，主要包括以下部分。

1）ML 算法

常见的学习算法，如分类、回归、聚类和协同过滤。

2）特征化

特征提取、转换、降维和选择。

3）管道

用于构建、评估和调整 ML 管道的工具。

4）持久性

保存和加载算法、模型及管道。

5）实用程序

线性代数、统计、数据处理等。

MLlib 由 4 部分组成：数据类型、数学统计计算库、算法评测和机器学习算法，每部分的详细介绍信息如表 7-1 所示。

表 7-1　MLlib 组成

名称	说明
数据类型	向量、带类别的向量、矩阵等
数学统计计算库	基本统计量、相关分析、随机数产生器、假设检验等
算法评测	AUC、准确率、召回率、F-Measure 等
机器学习算法	分类算法、回归算法、聚类算法、协同过滤等

7.1.4　MLlib 数据类型

MLlib 提供了一系列基本数据类型用于支持底层的机器学习算法。主要的数据类型包括本地向量、标注点（Labeled Point）、本地矩阵、分布式矩阵等，单机模式存储的本地向量与矩阵，以及基于一个或多个 RDD 的分布式矩阵。其中，本地向量与本地矩阵作为公共接口用于提供简单数据模型，底层的线性代数操作由 Breeze 库和 jblas 库提供，标注点类型用来表示监督学习（Supervised Learning）中的一个训练样本。

在正式学习机器学习算法前，先来了解一下这些数据类型的用法。

1. 向量（Vector）

MLlib 实现了向量类，在 MLlib 函数中传递的参数类型都是 MLlib 自己的向量。在使用向量前需要先导入 MLlib 中的 Vector 包，操作如图 7-2 所示。

```
scala> import org.apache.spark.ml.linalg.{Matrices, Matrix, Vectors}
import org.apache.spark.ml.linalg.{Matrices, Matrix, Vectors}

scala> import org.apache.spark.ml.feature._
import org.apache.spark.ml.feature._
```

图 7-2　导入 Vector 包

MLlib 中定义了向量接口，向量接口的主要方法如表 7-2 所示。

表 7-2　向量接口的主要方法

方法	介绍
toArray()	向量转数组
toBreeze()	向量转 Breeze 向量
toSparse()	向量转稀疏向量
toDense()	向量转密集向量
copy()	复制

向量又分为稀疏向量（Sparse Vector）和密集向量（DenseVector），两个向量都继承自 Vector 接口，并重写了其中的部分方法。稀疏向量是基于一个整数索引数组和一个双精度浮点型的值数组，密集向量则是使用一个双精度浮点型数组来表示每一维元素。

稀疏向量的表现形式为[1.0,0.0,3.0]。密集向量的表现形式为（3,[0,2],[1.0,3.0]），其中，3 是向量的长度；[0,2]表示向量中的非 0 维度的索引值，表示位置为 0，2 表示两个索引位置的值为非零值；[1.0,3.0] 是按索引排列后的数组元素值。

稀疏向量的操作方法如图 7-3 所示。

密集向量的操作方法如图 7-4 所示。

```
scala> import org.apache.spark.ml.feature._
import org.apache.spark.ml.feature._

scala>     val sv = Vectors.sparse(3,Array(0, 2),Array(1.0, 3.0))
sv: org.apache.spark.ml.linalg.Vector = (3,[0,2],[1.0,3.0])

scala>     println("稀疏向量: " + sv)
稀疏向量: (3,[0,2],[1.0,3.0])

scala>     println("转换成密集向量: " + sv.toDense)
转换成密集向量: [1.0,0.0,3.0]

scala>     val sv1 = Vectors.sparse(6, Array(0, 2, 3, 4),Array(2.0, 8.0, 5
.0, 6.0) )
sv1: org.apache.spark.ml.linalg.Vector = (6,[0,2,3,4],[2.0,8.0,5.0,6.0])

scala>

scala>     println("稀疏本地向量: " + sv1)
稀疏本地向量: (6,[0,2,3,4],[2.0,8.0,5.0,6.0])

scala>     println("转换成密集本地向量: " + sv1.toDense)
转换成密集本地向量: [2.0,0.0,8.0,5.0,6.0,0.0]

scala>     val sv2 = Vectors.sparse( 9, Array(0, 2, 3, 4, 7, 8), Array(2.0
, 8.0, 5.0, 6.0, 9.0, 8.0) )
sv2: org.apache.spark.ml.linalg.Vector = (9,[0,2,3,4,7,8],[2.0,8.0,5.0,6.0
,9.0,8.0])

scala>

scala>     println("稀疏本地向量: " + sv2)
稀疏本地向量: (9,[0,2,3,4,7,8],[2.0,8.0,5.0,6.0,9.0,8.0])

scala>     println("转换成密集本地向量: " + sv2.toDense)
转换成密集本地向量: [2.0,0.0,8.0,5.0,6.0,0.0,0.0,9.0,8.0]
```

图 7-3　稀疏向量操作示例

```
scala> import org.apache.spark.ml.linalg.{Matrices, Matrix, Vectors}
import org.apache.spark.ml.linalg.{Matrices, Matrix, Vectors}

scala> import org.apache.spark.ml.feature._
import org.apache.spark.ml.feature._

scala> val array = Array(1.0, 0.0, 3.0)
array: Array[Double] = Array(1.0, 0.0, 3.0)

scala> val dv = Vectors.dense(array)
dv: org.apache.spark.ml.linalg.Vector = [1.0,0.0,3.0]

scala> println("密集向量: " + dv)
密集向量: [1.0,0.0,3.0]

scala> println("转换成稀疏向量: " + dv.toSparse)
转换成稀疏向量: (3,[0,2],[1.0,3.0])

scala> val dv1 = Vectors.dense(2.0, 0.0, 8.0, 5.0, 6.0, 0.0)
dv1: org.apache.spark.ml.linalg.Vector = [2.0,0.0,8.0,5.0,6.0,0.0]

scala> println("密集本地向量: " + dv1)
密集本地向量: [2.0,0.0,8.0,5.0,6.0,0.0]

scala> println("转换成稀疏本地向量: " + dv1.toSparse)
转换成稀疏本地向量: (6,[0,2,3,4],[2.0,8.0,5.0,6.0])

scala> val dv2 = Vectors.dense(2.0, 0.0, 8.0, 5.0, 6.0, 0.0, 0.0, 9.0, 8.0)
dv2: org.apache.spark.ml.linalg.Vector = [2.0,0.0,8.0,5.0,6.0,0.0,0.0,9.0,8.0]

scala> println("密集本地向量: " + dv2)
密集本地向量: [2.0,0.0,8.0,5.0,6.0,0.0,0.0,9.0,8.0]

scala> println("转换成稀疏本地向量: " + dv2.toSparse)
转换成稀疏本地向量: (9,[0,2,3,4,7,8],[2.0,8.0,5.0,6.0,9.0,8.0])
```

图 7-4　密集向量操作示例

2. 本地矩阵（Local Matrix）

本地矩阵具有整型的行、列索引值和双精度浮点型的元素值，它存储在单机上。MLlib 支持稠密矩阵（Dense Matrix）和稀疏矩阵（Sparse Matrix）两种本地矩阵。稠密矩阵将所有元素的值存储在一个列优先（Column-major）的双精度型数组中，而稀疏矩阵则将非零元素以列优先的 CSC（Compressed Sparse Column）模式进行存储。

例如，将矩阵存储在一段一维数组[1.0, 3.0, 5.0, 2.0, 4.0, 6.0]中，矩阵大小为(3, 2)，即 3 行 2 列。创建一个稠密矩阵和稀疏矩阵的操作如图 7-5 所示。

```scala
scala> import org.apache.spark.mllib.linalg.{Matrix, Matrices}
import org.apache.spark.mllib.linalg.{Matrix, Matrices}

scala> val dm: Matrix = Matrices.dense(3, 2, Array(1.0, 3.0, 5.0, 2.0, 4.0, 6.0))
dm: org.apache.spark.mllib.linalg.Matrix =
1.0  2.0
3.0  4.0
5.0  6.0

scala> val sm: Matrix = Matrices.sparse(3, 2, Array(0, 1, 3), Array(0, 2, 1), Array(9,
6, 8))
sm: org.apache.spark.mllib.linalg.Matrix =
3 x 2 CSCMatrix
(0,0) 9.0
(2,1) 6.0
(1,1) 8.0
```

图 7-5　创建本地矩阵

3. 分布式矩阵（Distributed Matrix）

分布式矩阵由长整型的行、列索引值和双精度浮点型的元素值组成。它可以分布式地存储在一个或多个 RDD 上，MLlib 提供了 4 种分布式矩阵的存储方案：行矩阵（Row Matrix）、索引行矩阵（Indexed Row Matrix）、坐标矩阵（Coordinate Matrix）和分块矩阵（Block Matrix），它们都属于 org.apache.spark.mllib.linalg.distributed 包。下面主要介绍前 3 种矩阵。

1）行矩阵（Row Matrix）

行矩阵是最基础的分布式矩阵类型。每行都是一个本地向量，行索引无实际意义（无法被直接使用）。数据存储在一个由行组成的 RDD 中，其中每一行都使用一个本地向量来进行存储。由于行是通过本地向量来实现的，因此列数（行的维度）被限制在普通整型（integer）的范围内。在实际使用时，由于单机处理本地向量的存储和通信代价，行维度更需要被控制在一个更小的范围内。行矩阵可以通过一个 RDD[Vector]实例来创建，操作如图 7-6 所示。

2）索引行矩阵（Indexed Row Matrix）

索引行矩阵与行矩阵类似，但它的每行都带有一个有意义的行索引值，这个索引值可以被用来识别不同行或进行诸如 join 之类的操作，其数据存储在一个由索引行矩阵组成的 RDD 中，即每一行都是一个带长整型索引的本地向量。与行矩阵类似，索引行矩阵可以通过 RDD[IndexedRow]实例来创建，操作如图 7-7 所示，执行结果如图 7-8 所示。

```
scala>      val spark = SparkSession.builder().master("local[*]").app
Name("spark-ml").getOrCreate()
2022-07-09 19:00:53 WARN  SparkSession$Builder:66 - Using an existin
g SparkSession; some configuration may not take effect.
spark: org.apache.spark.sql.SparkSession = org.apache.spark.sql.Spar
kSession@150eab74

scala>      import spark.implicits._
import spark.implicits._

scala>      val dv1 = Vectors.dense(1.0, 2.0, 3.0)
dv1: org.apache.spark.mllib.linalg.Vector = [1.0,2.0,3.0]

scala>      val dv2 = Vectors.dense(5.0, 7.0, 9.0)
dv2: org.apache.spark.mllib.linalg.Vector = [5.0,7.0,9.0]

scala>      val rows = spark.sparkContext.parallelize(Array(dv1, dv2)
)
rows: org.apache.spark.rdd.RDD[org.apache.spark.mllib.linalg.Vector]
= ParallelCollectionRDD[11] at parallelize at <console>:76

scala>      println(rows.foreach(x => println(x)))
[5.0,7.0,9.0]
[1.0,2.0,3.0]
()

scala>  val rm: RowMatrix = new RowMatrix(rows)
rm: org.apache.spark.mllib.linalg.distributed.RowMatrix = org.apache
.spark.mllib.linalg.distributed.RowMatrix@7d321ac3

scala>      println(rm.numRows())
2

scala>      println(rm.numCols())
3

scala>      println(rm.rows.collect().toList) //List([1.0,2.0,3.0], [
5.0,7.0,9.0])
List([1.0,2.0,3.0], [5.0,7.0,9.0])

scala>      rm.rows.foreach(x => println(x))
[5.0,7.0,9.0]
[1.0,2.0,3.0]
```

图 7-6　创建行矩阵

```
scala>      val spark = SparkSession.builder().master("local[*]").app
Name("spark-ml").getOrCreate()
2022-07-09 18:56:39 WARN  SparkSession$Builder:66 - Using an existin
g SparkSession; some configuration may not take effect.
spark: org.apache.spark.sql.SparkSession = org.apache.spark.sql.Spar
kSession@150eab74

scala>      val dv1 = Vectors.dense(3.0, 5.0, 7.0)
dv1: org.apache.spark.mllib.linalg.Vector = [3.0,5.0,7.0]

scala>      val dv2 = Vectors.dense(6.0, 5.0, 4.0)
dv2: org.apache.spark.mllib.linalg.Vector = [6.0,5.0,4.0]

scala>  println(dv1)
[3.0,5.0,7.0]

scala>  println(dv2)
[6.0,5.0,4.0]

scala>      val idxr1 = IndexedRow(1, dv1)
idxr1: org.apache.spark.mllib.linalg.distributed.IndexedRow = Indexe
dRow(1,[3.0,5.0,7.0])

scala>      val idxr2 = IndexedRow(2, dv2)
idxr2: org.apache.spark.mllib.linalg.distributed.IndexedRow = Indexe
dRow(2,[6.0,5.0,4.0])

scala>  println(idxr1)
IndexedRow(1,[3.0,5.0,7.0])

scala>  println(idxr2)
IndexedRow(2,[6.0,5.0,4.0])

scala>      val indexRows = spark.sparkContext.parallelize(Array(idxr
1, idxr2))
indexRows: org.apache.spark.rdd.RDD[org.apache.spark.mllib.linalg.di
stributed.IndexedRow] = ParallelCollectionRDD[9] at parallelize at <
console>:73

scala>      val irMatrix = new IndexedRowMatrix(indexRows)
irMatrix: org.apache.spark.mllib.linalg.distributed.IndexedRowMatrix
= org.apache.spark.mllib.linalg.distributed.IndexedRowMatrix@312492
4e
```

图 7-7　创建索引行矩阵

```
scala>      println(indexRows.foreach(println))
IndexedRow(1,[3.0,5.0,7.0])
IndexedRow(2,[6.0,5.0,4.0])
()

scala>      println(irMatrix.numRows()) //3
3

scala>      println(irMatrix.numCols()) //3
3

scala>      println(irMatrix.rows.foreach(x => println(x)))
IndexedRow(1,[3.0,5.0,7.0])
IndexedRow(2,[6.0,5.0,4.0])
()
```

图 7-8　索引行矩阵执行结果

3）坐标矩阵（Coordinate Matrix）

坐标矩阵是一个基于矩阵项构成的 RDD 的分布式矩阵。每一个矩阵项（Matrix Entry）都是一个三元组(i: Long, j: Long, value:Double)。其中，i 是行索引，j 是列索引，value 是该位置的值。坐标矩阵一般在矩阵的两个维度都很大且矩阵非常稀疏时使用。

坐标矩阵可以通过 RDD[MatrixEntry]实例来创建，其中每一个矩阵项都是一个（rowIndex,collndex, elem）的三元组，创建坐标矩阵的操作如图 7-9 所示，执行结果如图 7-10 所示。

```
scala>      val spark = SparkSession.builder().master("local[*]").app
Name("spark-ml").getOrCreate()
2022-07-09 19:03:02 WARN  SparkSession$Builder:66 - Using an existin
g SparkSession; some configuration may not take effect.
spark: org.apache.spark.sql.SparkSession = org.apache.spark.sql.Spar
kSession@150eab74

scala>      val ent1 = new MatrixEntry(0, 1, 0.5)
ent1: org.apache.spark.mllib.linalg.distributed.MatrixEntry = Matrix
Entry(0,1,0.5)

scala>      val ent2 = new MatrixEntry(2, 2, 1.8)
ent2: org.apache.spark.mllib.linalg.distributed.MatrixEntry = Matrix
Entry(2,2,1.8)

scala>      println(ent1)
MatrixEntry(0,1,0.5)

scala>      println(ent2)
MatrixEntry(2,2,1.8)

scala>      val entries = spark.sparkContext.parallelize(Array(ent1,
ent2))
entries: org.apache.spark.rdd.RDD[org.apache.spark.mllib.linalg.dist
ributed.MatrixEntry] = ParallelCollectionRDD[12] at parallelize at <
console>:78

scala>      val coordMatrix = new CoordinateMatrix(entries)
coordMatrix: org.apache.spark.mllib.linalg.distributed.CoordinateMat
rix = org.apache.spark.mllib.linalg.distributed.CoordinateMatrix@3f7
11d2e
```

图 7-9　创建坐标矩阵

```
scala>      println(entries.foreach(println))
MatrixEntry(0,1,0.5)
MatrixEntry(2,2,1.8)
()

scala>      coordMatrix.entries.foreach(x => println(x))
MatrixEntry(0,1,0.5)
MatrixEntry(2,2,1.8)

scala>      val transMat = coordMatrix.transpose()
transMat: org.apache.spark.mllib.linalg.distributed.CoordinateMatrix
 = org.apache.spark.mllib.linalg.distributed.CoordinateMatrix@7173fc
92

scala>      transMat.entries.foreach(x => println(x))
MatrixEntry(2,2,1.8)
MatrixEntry(1,0,0.5)

scala>      val indexedRowMatrix = transMat.toIndexedRowMatrix()
indexedRowMatrix: org.apache.spark.mllib.linalg.distributed.IndexedR
owMatrix = org.apache.spark.mllib.linalg.distributed.IndexedRowMatri
x@440ea55a

scala>      indexedRowMatrix.rows.foreach(x => println(x))
IndexedRow(1,(3,[0],[0.5]))
IndexedRow(2,(3,[2],[1.8]))
```

图 7-10　坐标矩阵执行结果

循序渐进 7.2：MLlib 算法介绍

在对机器学习的介绍中提到，Spark 适合迭代式的计算，这正是机器学习算法训练所需要的。MLlib 是基于 Spark 之上的算法组件，基于 Spark 来实现。

目前，在 MLlib 中提供了主要的机器学习算法。例如，分类回归、聚类、关联规则、推荐、降维、优化、特征抽取筛选、用于特征处理的数理统计方法、算法的评测、主题模型 LDA、高斯混合模型 GMM、FP-Growth 关联规则。本节通过对 MLlib 算法的介绍及协同过滤算法的讲解，培养读者的 Spark MLlib 认知能力及机器学习算法理论扩展能力。

7.2.1 协同过滤算法简介

协同过滤是一种基于一组兴趣相同的用户或项目进行的推荐，它根据邻居用户（与目标用户兴趣相似的用户）的偏好信息产生对目标用户的推荐列表。关于协同过滤的一个经典案例就是看电影，如果不知道哪一部电影是自己喜欢的或者评分比较高的，那么通常的做法是询问周围的朋友，看看最近有什么好的电影推荐，但在问的时候，肯定都习惯问跟自己口味差不多的朋友，这就是协同过滤的核心思想。因此，协同过滤是在海量数据中挖掘小部分品味类似的用户，在协同过滤中，这些用户成为邻居，并根据他们喜欢的物品组成一个排序目录进行推荐，如图 7-11 所示。

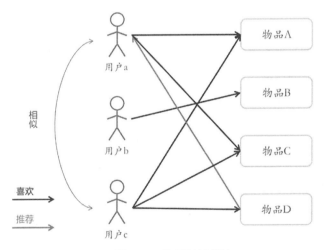

图 7-11　协同过滤算法

7.2.2 协同过滤算法分类

协同过滤算法主要分为基于用户的协同过滤（User-based）、基于项目的协同过滤（Item-based）及基于模型的协同过滤（Model-based）。

1. 基于用户的协同过滤算法

基于用户的协同过滤算法是根据用户的历史数据来计算用户的相似度，并根据用户群体间的相似度进行推荐。它的基本假设是喜欢类似物品的用户可能有相同或相近的偏好。

主要流程：

1）收集用户信息

收集可以代表用户兴趣的信息，如用户购买的商品记录、用户经常点赞的视频或用户看到后选择不感兴趣的内容等。用户兴趣既可以是用户感兴趣的，也可以是用户不感兴趣的。

2）最近邻搜索（Nearest Neighbor Search，NNS）

以用户为基础（User-based）的协同过滤的出发点是寻找与用户 A 兴趣爱好相同的另一组用户 B，并计算两个用户的相似度，多次计算用户 A 与其他用户的相似度，得到用户 A 的最近邻集合。

3）产生推荐结果

根据最近邻集合，对目标用户的兴趣进行预测，并产生推荐结果。依据推荐目的进行推荐，较常见的推荐结果有 Top-N 推荐和关系推荐。Top-N 推荐是针对个体用户产生的，会对每个人产生不一样的结果。例如，通过对用户 A 的最近邻用户进行统计，选择出现频率高且在用户 A 的评分项目中不存在的作为推荐结果。关系推荐是指对最近邻用户的记录进行关系规则挖掘。

2. 基于项目的协同过滤算法

基于项目的协同过滤算法是通过计算已评价项目和待预测项目之间的相似度，将相似的项目推荐给目标用户。

主要流程：

1）收集项目信息

收集已经被用户评价过的项目信息，如用户对项目的评价、用户浏览项目的次数或用户为项目打的标签等。

2）针对项目的最近邻搜索

先计算已评价项目和待预测项目的相似度，并以相似度作为权重，加权各个已评价项目的分数，从而得到待预测项目的预测值。

3）产生推荐结果

以项目为基础的协同过滤算法不用考虑用户间的差别，精度比较差，但不需要用户的历史数据或进行用户识别。对项目来讲，它们之间的相似性要稳定很多，因此可以离线完成工作量很大的相似性计算步骤，从而降低了在线计算量，提高了推荐效率，尤其是在用户多于项目的情形下使用效果尤为显著。

3. 基于模型的协同过滤算法

基于模型的协同过滤算法主要是用机器学习的思想来建模解决，用模型来进行预测和推荐。Spark MLlib 中使用的就是基于模型的协同过滤算法。在基于模型的协同过滤算法中使用的主流方法包括关联算法、神经网络、矩阵分解、聚类算法、分类算法、回归算法、图模型及隐语义模型。主要算法介绍如下。

1）关联算法

算法核心就是要找出通过条件 A 可以推出条件 B 的强关联规则。挖掘强关联规则的方法主要是先通过计算每个项集的频繁项集，然后筛选出比最小支持度大的项集，一直反复循环查找，直到没有符合要求的频繁项为止，最后计算符合要求的频繁项集的置信度和提升度，得出强关联规则。关联规则算法中找寻频繁项集主要依赖 3 个指标，分别是支持度、置信度和提升度。常用的关联算法有 Apriori、FP Tree 和 PrefixSpan。

2）神经网络

从目前来看，使用神经网络做协同过滤和其他推荐算法相融合是以后研究、应用的一个趋势。目前比较主流的使用两层神经网络来做推荐算法的是限制玻尔兹曼机（RBM）。如果用多层的神经网络来做协同过滤效果应该会更好，用深度学习的方法来做协同过滤应该是一个趋势。

3）矩阵分解

目前，用矩阵分解做协同过滤也是使用很广泛的一种方法。因为在协同过滤使用过程中经常会遇到数据稀疏性的问题，可以通过矩阵分解将高维矩阵分解为低维矩阵再进行计算。目前主流的矩阵分解推荐算法主要是 SVD 的一些变种，如 FunkSVD、BiasSVD 和 SVD++。

7.2.3　MLlib 中的协同过滤

MLlib 当前支持基于模型的协同过滤。其中，用户和商品通过一小组隐语义因子进行表达，并且这些因子也可以预测缺失的元素，无论是显性的交互（如在购物网站上进行评分），还是隐性的交互（如用户访问了一个产品的页面，但是没有对产品进行评分），仅根据这些交互，协同过滤算法就能知道哪些产品之间比较相似（因为相同的用户与它们发生了交互）及哪些用户之间比较相似，然后就可以做出新的推荐。Spark MLlib 中包含了最小二乘法（ALS），用来实现协同过滤算法。

ALS 会为每个用户和产品都设置一个特征向量，这样用户向量与产品向量的点积就接近于它们的得分。MLlib 中的协同过滤算法需要以下参数。

（1）rank：使用的特征向量的大小，更大的特征向量会产生更好的模型，但是也需要花费更大的计算代价，默认 10。

（2）iterations：要执行的迭代次数，默认 10。

（3）lamda：正则化参数，默认 0.01。

（4）alpha：用来在 ALS 中计算置信度的常量，默认 1.0。

（5）numUserBlocks，numProductBlocks：切分用户和产品数据的块的数目，用来控制并行度，可以选择传递-1 来让 MLlib 自动决定。

实战演练 7.3：商品智能推荐

目前最流行的商品推荐系统所应用的算法是协同过滤算法，它实现了很好的推荐效果，实现原理是利用大量已有用户偏好来估计用户对其未接触物品的喜好程度。它包含两个分支。

（1）基于物品的推荐（itemCF）：利用现有用户对物品的偏好或评级情况，计算物品之间的某种相似度，以用户接触过的物品来表示这个用户，然后寻找出和这些物品相似的物品，并将这些物品推荐给用户。

（2）基于用户的推荐（userCF）：对用户历史行为的数据进行分析，如购买和收藏的物品、评论内容或搜索内容，通过某种算法将用户喜好的物品进行打分。根据不同用户对相同物品或内容数据的态度和偏好程度来计算用户之间的关系程度，在有相同喜好的用户之间进行物品推荐。

Spark MLlib 实现了交替最小二乘法（ALS），它是机器学习的协同过滤推荐算法，机器学习的协同过滤推荐算法是通过观察所有用户对物品的评分来推断每个用户的喜好，并向用户推荐合适的物品。通过本节的学习，可以培养读者的机器学习实践扩展能力。

7.3.1 数据准备

本项目数据源于某电商网站，需要使用 commodity.data 和 user.data 两个数据文件。commodity.data 是用户对商品的评分数据，包含 userId、commodityId、评分 rate、时间戳等，如图 7-12 所示。

user.data 是用户的个人信息，用于个性化推荐使用，包含 userId、age、sex、job、zip code 等，这里只需使用 userId，如图 7-13 所示。

```
 62  257 2   879372434
286 1014  5   879781125
200  222 5   876042340
210   40 3   891035994
224   29 3   888104457
303  785 3   879485318
122  387 5   879270459
194  274 2   879539794
291 1042  4   874834944
234 1184  2   892079237
119  392 4   886176814
167  486 4   892738452
299  144 4   877881320
291  118 2   874833878
308    1 4   887736532
 95  546 2   879196566
 38   95 5   892430094
```

图 7-12　用户对商品的评分数据示例

```
1|24|M|technician|85711
2|53|F|other|94043
3|23|M|writer|32067
4|24|M|technician|43537
5|33|F|other|15213
6|42|M|executive|98101
7|57|M|administrator|91344
8|36|M|administrator|05201
9|29|M|student|01002
10|53|M|lawyer|90703
11|39|F|other|30329
12|28|F|other|06405
13|47|M|educator|29206
14|45|M|scientist|55106
15|49|F|educator|97301
16|21|M|entertainment|10309
17|30|M|programmer|06355
```

图 7-13　用户数据示例

这里有 10 万条用户对商品的评分，从 1～5 分，1 分表示差劲，5 分表示非常好。根据用户对商品的喜好，为用户推荐可能感兴趣的商品。

7.3.2 模型构建

将上节获取的数据上传到 HDFS 的/SparkMLlib 目录下。

使用 Spark 读取数据，生成 RDD，并从中读取一行数据，操作如图 7-14 所示。

```
scala> val dataRdd=sc.textFile("hdfs://node1:9000/SparkMLlib/commodity.da
ta")
dataRdd: org.apache.spark.rdd.RDD[String] = hdfs://node1:9000/SparkMLlib/
commodity.data MapPartitionsRDD[7] at textFile at <console>:24

scala> dataRdd.first()
[Stage 0:>                                                          (0 +
[Stage 0:=================================================(1 +

res3: String = 196      242     3       881250949
```

图 7-14　读取 HDFS 中的数据

使用 take 方法取前 3 个字段进行训练，先使用 map()方法拆分并读取一行数据，可以看到原先的一个 String 字段变成了包含 3 个数字的数组，操作如图 7-15 所示。

```
res3: String = 196       242      3         881250949

scala> val dataRdd3=dataRdd.map(_.split("\t").take(3))
dataRdd3: org.apache.spark.rdd.RDD[Array[String]] = MapPartitionsRDD[8] a
t map at <console>:25

scala> dataRdd3.first()
res4: Array[String] = Array(196, 242, 3)
```

图 7-15　对数据进行拆分

下面使用 Spark MLlib 训练模型，导入 MLlib 实现 ALS 算法模型库，如图 7-16 所示。

```
scala> import org.apache.spark.mllib.recommendation.ALS
import org.apache.spark.mllib.recommendation.ALS
```

图 7-16　导入 ALS 包

train()函数训练，模型如图 7-17 所示。

```
scala> def train(ratings:RDD[Rating],
     | rank:Int,
     | iterations:Int,
     | lambda:Double): MatrixFactorizationModel
```

图 7-17　模型

训练模型需要 Rating 格式的数据，可以使用 map()方法将 dataRdd3 进行转换，操作如图 7-18 所示。

```
scala> import org.apache.spark.mllib.recommendation.Rating
import org.apache.spark.mllib.recommendation.Rating

scala> val ratings=dataRdd3.map{case Array(user,movie,rating)=> Rating(us
er.toInt,movie.toInt,rating.toDouble)}
ratings: org.apache.spark.rdd.RDD[org.apache.spark.mllib.recommendation.R
ating] = MapPartitionsRDD[3] at map at <console>:27

scala> ratings.first()
res1: org.apache.spark.mllib.recommendation.Rating = Rating(196,242,3.0)
```

图 7-18　转换为 Rating 格式的数据

使用 case 语句提取各属性对应的变量名，由于 dataRdd3 是从 u.data 文本中得到的数据，因此需要把 String 转换为相应的数据类型，提取简单特征后，就可以调用 train()函数训练模型，如图 7-19 所示。

```
scala> val model=ALS.train(ratings,50,10,0.01)
[Stage 4:>                                                    (0 +

2022-07-10 01:06:18 WARN  BLAS:61 - Failed to load implementation from: c
om.github.fommil.netlib.NativeSystemBLAS
2022-07-10 01:06:18 WARN  BLAS:61 - Failed to load implementation from: c
om.github.fommil.netlib.NativeRefBLAS
2022-07-10 01:06:18 WARN  LAPACK:61 - Failed to load implementation from:
 com.github.fommil.netlib.NativeSystemLAPACK
2022-07-10 01:06:18 WARN  LAPACK:61 - Failed to load implementation from:
 com.github.fommil.netlib.NativeRefLAPACK
[Stage 15:>                                                   (0 +
[Stage 15:==============>                                      (1 +

model: org.apache.spark.mllib.recommendation.MatrixFactorizationModel = o
rg.apache.spark.mllib.recommendation.MatrixFactorizationModel@4f9871a2
```

图 7-19　提取特征

调用 train()函数训练数据集后，就会创建推荐引擎模型 MatrixFactorizationModel 矩阵分解对象，然后实验 predict()函数，在如图 7-20 所示的执行结果中可以看到，该模型预测用户

id=100 对商品 id=200 的评级约为 2.77。

```
scala> val predictedRating=model.predict(100,200)
predictedRating: Double = 2.767007034441746
```

图 7-20　评级结果

至此，模型构建完成。

7.3.3　实战实现

7.3.2 节构建了商品推荐模型，并进行了简单测试，但在实际使用中，用户推荐的物品是多个的，如果要为某个用户推荐多个物品，可以调用 MatrixFactorizationModel 对象所提供的 recommendProducts(user:Int,num:Int)函数，返回值即为预测得分当前最高的前 num 个物品，它就是通过这种排名方式给用户推荐的，取前 num 个定义用户及推荐数量。为用户推荐多个物品的推荐结果如图 7-21 所示。

```
scala> val topRecoPro=model.recommendProducts(100,10)
topRecoPro: Array[org.apache.spark.mllib.recommendation.Rating] = Arr
y(Rating(100,489,5.591482065221399), Rating(100,89,5.4785189561849315
, Rating(100,114,5.436239824457056), Rating(100,83,5.382934076447376)
 Rating(100,238,5.218455368691732), Rating(100,173,5.199181233862013)
 Rating(100,474,5.186543797485111), Rating(100,196,5.149311837904726)
 Rating(100,124,5.105818461860539), Rating(100,461,5.090898814750894)
```

图 7-21　为用户推荐多个物品的推荐结果

基于物品就是挖掘某个人的特点，再为其推荐他喜欢的同类产品，而基于用户的就是横向开拓，分析大家都喜欢什么，然后在这群人中进行推荐，这个人喜欢什么，另一个人也可能会喜欢。

如果要将某商品推荐给多个用户，可以调用 MatrixFactorizationModel 对象所提供的 recommendUsers(product:Int,num:Int)函数。其中，第 1 个参数是物品 id，第 2 个参数是要推荐给多少个用户，其实就是取排名的前 num 个。将某个物品推荐给多个用户的推荐结果如图 7-22 所示。

```
scala> model.recommendUsers(100,5)
res2: Array[org.apache.spark.mllib.recommendation.Rating] = Array(Rat
ing(695,100,6.735498756042545), Rating(890,100,6.442289139652051), Ra
ting(836,100,6.391194628350789), Rating(322,100,6.064767154694536), R
ating(291,100,6.051242416754419))
```

图 7-22　将某个物品推荐给多个用户的推荐结果

归纳总结

本章共分为 3 节，详细为读者介绍了 Spark MLlib。第 1 节让读者认知机器学习、机器学习算法、MLlib 的概念及组成。第 2 节介绍了 Spark 中常用的协同过滤算法、协同过滤算法分类及 MLlib 中的协同过滤算法。第 3 节通过项目实战既展示了 Spark MLlib 算法在实际生活中的应用，又巩固了读者前两节所学的理论知识。通过本章的学习，读者可以培养自身的机器学习算法理论综合能力和技术应用能力。

勤学苦练

1.【实战任务 2】MLlib 包括（　　）。

A．分类模型　　　　　　　　　　　　B．聚类模型

C．特征抽取　　　　　　　　　　　　D．统计模型

2.【实战任务 2】Spark MLlib 主要提供了哪几个方面的工具？（　　）

A．算法工具：常用的学习算法，如分类、回归、聚类、协同过滤等

B．特征化工具：特征提取、转化、降维和选择工具

C．流水线：用于构建、评估和调整 ML 工作流的工具

D．实用工具：线性代数、统计、数据处理等工具

3.【实战任务 2】Spark MLlib 数据类型有（　　）。

A．Local Vector 本地向量集

B．Labeled Point 向量标签

C．Local Matrix 本地矩阵

D．Distributed Matrix 分布式矩阵

4.【实战任务 1】下面论述中错误的是（　　）。

A．机器学习和人工智能是不存在关联关系的两个独立领域

B．机器学习强调 3 个关键词：算法、经验、性能

C．推荐系统、金融反欺诈、语音识别、自然语言处理和机器翻译、模式识别、智能控制等领域，都用到了机器学习的知识

D．机器学习可以看作是一门人工智能的科学，该领域的主要研究对象是人工智能

5.【实战任务 1】下面关于机器学习处理过程的描述，错误的是（　　）。

A．在数据的基础上，通过算法构建出模型并对模型进行评估

B．评估的性能如果达到要求，就用该模型来测试其他的数据

C．评估的性能如果达不到要求，就要调整算法来重新建立模型，再次进行评估

D．通过算法构建出的模型不需要评估就可以用于其他数据的测试

6.【实战任务 1】下面论述中，正确的是（　　）。

A．传统的机器学习算法，由于技术和单机存储的限制，因此大多只能在少量数据上使用

B．利用 MapReduce 框架在全量数据上进行机器学习，这在一定程度上解决了统计随机性的问题，提高了机器学习的精度

C．MapReduce 可以高效支持迭代计算

D．Spark 无法高效支持迭代计算

7.【实战任务 2】下面关于 Spark MLlib 库的描述正确的是（　　）。

A．MLlib 库自 1.2 版本后分为两个包：spark.mllib 和 spark.ml

B．Spark.mllib 包含基于 DataFrame 的原始算法 API

C．Spark.mllib 包含基于 RDD 的原始算法 API

D．Spark.mllib 提供了基于 RDD 的、高层次的 API

8.【实战任务 1】Spark 生态系统组件 MLlib 的应用场景是（　　）。

A．图结构数据的处理

B．基于历史数据的交互式查询

C．复杂的批量数据处理

D．基于历史数据的数据挖掘

9.【实战任务 1】Spark MLlib 实现了一些常见的机器学习算法和应用程序，包括（　　）。

A．分类　　　　　　　　　　　　B．聚类

C．降维　　　　　　　　　　　　D．回归

10.【实战任务 1】MLlib 中创建稀疏矩阵((0.0，2.0)，(3.0，0.0)，(0.0，6.0))的语句是（　　）。

A．val dm: Matrix=Matrices.dense (3, 2 Array (0.0, 3.0, 0.0, 2.0, 0.0, 6.0))

B．val dm: Matrix=Matrices.sparse (3, 2 Array (0.0, 2.0, 3.0, 0.0, 0.0, 6.0))

C．val sm: Matrix=Matrices.sparse (3, 2. Array (0, 1, 2) , Array (1, 0, 1), Array (2, 3, 6))

D．val sm: Matrix=Matrices.dense (3, 2. Array (0, 1, 2), Array (1, 0, 1) , Array (2, 3, 6))

11.【实战任务】对 MLlib 的特点描述正确的是（　　）。

A．运算速度快，适用于具有较多迭代次数的算法

B．具有易用性，RDD 中分装了大量的操作，提供了机器学习算法 API

C．集成度高，能够与 Spark 上的其他组件进行无缝对接

D．运行原理是将 Spark 程序转换为 MapReduce，并行度高

12.【实战任务 1】Spark 生态系统组件 MLlib 的应用场景是（　　）。

A．图结构数据的处理

B．基于历史数据的交互式查询

C．复杂的批量数据处理

D．基于历史数据的数据挖掘

13.【实战任务 1】下列不是 MLlib 数据类型的是（　　）。

A．本地向量　　　　　　　　　　B．标记向量

C．本地矩阵　　　　　　　　　　D．向量矩阵

14.【实战任务 2】对 MLlib 中向量 Labeled Point，以下描述正确的是（　　）。

A．Labeled Point 是一种基于向量扩展得到的数据结构

B．向量既可以是本地的也可以是分布式的

C．MLlib 中既可以定义稀疏向量也可以定义密集向量

D．在 Labeled Point 中除了包含一个向量成员，还包含一个 Double 类型的标识成员

15.【实战任务 1】Spark 在一个应用中，不能同时使用 Spark SQL 和 MLlib。（　　）

A．错误　　　　　　　　　　　　B．正确

16.【实战任务 1】MLlib 提供的分布式矩阵中，既有行索引又有列索引的是（　　）。

A．Row Matrix　　　　　　　　　B．Indexed Row Matrix

C．Matrix　　　　　　　　　　　D．Coordinate Matrix

17.【实战任务 2】协同过滤主要包括（　　）。

A．基于用户的协同过滤

B．基于物品的协同过滤

C. 基于模型的协同过滤

D. 基于分类的协同过滤

18.【实战任务 2】基于用户的协同过滤有哪些特点？（　　　）

A. 思想简单、容易实现

B. 不存在数据稀疏问题

C. 个性化程度低

D. 不需要领域知识

参考文献

[1] 林子雨. 大数据技术原理与应用[M]. 北京：人民邮电出版社，2021.

[2] 肖芳，张良均. Spark 大数据技术与应用[M]. 北京：人民邮电出版社，2018.

反侵权盗版声明

电子工业出版社依法对本作品享有专有出版权。任何未经权利人书面许可，复制、销售或通过信息网络传播本作品的行为；歪曲、篡改、剽窃本作品的行为，均违反《中华人民共和国著作权法》，其行为人应承担相应的民事责任和行政责任，构成犯罪的，将被依法追究刑事责任。

为了维护市场秩序，保护权利人的合法权益，我社将依法查处和打击侵权盗版的单位和个人。欢迎社会各界人士积极举报侵权盗版行为，本社将奖励举报有功人员，并保证举报人的信息不被泄露。

举报电话：（010）88254396；（010）88258888

传　　真：（010）88254397

E-mail：　dbqq@phei.com.cn

通信地址：北京市万寿路 173 信箱
　　　　　电子工业出版社总编办公室

邮　　编：100036